国家社会科学基金项目"祛弱权视阈的生命伦理问题研究"
（项目编号：11BZX073）研究成果

生命伦理学体系

任丑 —— 著

社会科学文献出版社
SOCIAL SCIENCES ACADEMIC PRESS (CHINA)

目 录

引　言

亚里士多德在《尼各马可伦理学》开篇就说，每一种艺术和研究，每一种行为和选择都以某种善为目的。因此，善乃万物之目的。目的不同，与之相应的善也不同。伦理学的目的是人性之善，"医学艺术的目的就是健康"①。生命伦理学的目的又是什么呢？为了回答这个问题，我们首先进入生命伦理学领域。

一般而言，"bioethics"（生命伦理学）也可翻译为生物伦理学；"biolaw"（生命法学）也可翻译为生物法学；"philosophy of biology"通常可翻译为"生物哲学"，但就其探究生命起源、生命密码、生命价值等而言，翻译为"生命哲学"反而更具体地揭示了其本质。有鉴于此，为术语的统一简明起见，我们把 bioethics、biolaw 和 philosophy of biology 分别译为生命伦理学、生命法学和生命哲学。

一　生命伦理学的诞生

生命伦理学产生的背景固然复杂深刻，但大致可归结为两大重要因素：深刻的历史境遇和现代医疗科学技术。

（一）深刻的历史境遇

二战后的 1946 年，第一届世界卫生大会通过了《世界卫生组织法》，1947 年纽伦堡宣判中 23 个医生因参与德国纳粹的医学实验被判定为战争

---

① Aristotle, *The Nicomachean Ethics*, translated by David Ross, revised by Lesley Brown, Oxford: Oxford University Press, 2009, p. 1.

罪犯。美国的一些生命伦理学家和生命法学家把这次宣判和宣判后发表的《纽伦堡法典》（1947）看作生命伦理学和生命法学的发端和契机。之后，《世界人权宣言》（1948）、《赫尔辛基宣言》（1964，第一版）、《世界人类基因组与人权宣言》（1997）、《关于人类遗传数据的国际宣言草案》（2003）、《世界生物伦理与人权宣言》（2005）等其他国际人权文件发表，世界医学法律学会组织、国际生命伦理学会和亚洲生命伦理学会召开了十多届世界医学法律和伦理大会，芬兰国家福利和卫生研究发展中心与赫尔辛基大学还举办了"新世纪生命伦理和医学法律"研讨班，同时世界各地各种关涉医疗技术伦理法律问题的研究机构成立。另外，相关的民权运动、女权运动等为关涉人权的生命伦理和法学奠定了组织、文化、思想和文献基础。

（二）现代医疗科学技术

二战后，作为现代生命科学的医学科学技术与生物技术的发展应用带来了前所未有的伦理和法律问题。现代医疗技术的实质是生命科学技术。20 世纪下半叶以来，人类在生命科学、生物医疗技术开发与应用领域取得了辉煌成就。1953 年，美国生物学家沃森（James Dewey Watson）和英国物理学家克里克（Francis Harry Compton Crick）合作提出了生物遗传物质 DNA 分子的双螺旋结构和半保留复制机理。1954 年，美国科学家莫里（Joseph E. Murray）等采取同卵双生兄弟的活体肾脏移植进行的肾脏移植在移植医学史上首次获得了成功。1978 年，第一个试管婴儿在英国诞生。1996 年，第一例从成年动物体细胞克隆出来的哺乳动物绵羊"多莉"问世，使克隆人变得可能。1998 年，科学家成功分离出了人体胚胎干细胞。2001 年，人类基因组序列草图发表。2004 年，人类基因组序列图正式完成并公布，其精确度高于 99%。2006 年，美国科学家用一种完全成熟的体细胞——粒细胞克隆出小鼠，使处于分化状态的体细胞培育哺乳动物成为现实。2007 年，日美两国的科学家几乎同时宣布成功创制出"万能细胞"。特别值得注意的是，2010 年 5 月 20 日，美国科学家克雷格·文特尔（Craig Venter）宣布在人造生命研究中取得了重大突破：他的研究所已创造出首例由人造基因控制的细胞，文特尔给这个人造生命体取名"辛西娅"（Synthia）——取自英文"Synthetic"（合成）。与 20 世纪 70 年代以来人们关于生命科学研究中的人体试验、克隆技术、试管婴儿、胚胎干细胞等问题不同，文特尔发布的研究成果表明，人类具有了合成生命或者说不依赖于自然界而创造新物种的可能。继克隆人问题之后，人造生命问题再次把生命哲学、生命伦理和法律问题推向一个新的高度。目前，在生物制药、变性、死亡判定、基因治疗、产前诊断等方面，现代生命科学的发展与生物技术的应用也都达到了前所未有的水平。

　　生命科学的飞速发展使人类能够在更深层次上认识生命、控制生命乃至改造生命，生物技术在医疗卫生、农业、环保、轻化工、食品保健等重要领域对改善人类健康状况及生存环境、提高农牧业以及工业的产量与质量发挥越来越重要的作用。与此同时，生命科学的发展与生物技术的应用也带来了大量新的伦理和法律问题。人类基因组研究的成功完成，对预防及控制疾病以及人类对自身的了解做出巨大贡献，同时也对人类隐私权及人生道德观、传统生命伦理和法律提出了严峻挑战，传统伦理学和医学伦理无法解决新技术带来的伦理困境。代孕、克隆人、基因食品、基因密码、人造生命等新的生命技术的产生更使原有的家庭形式受到挑战进而对亲子关系、法律父母的定义以及继承法的实施等提出了新的难题。从伦理学的角度反思和揭示人类生命科技活动之成果的生命伦理学应时而生，并在推动生命伦理规范消除人类与生命科技的对立和冲突方面发挥作用，在一定程度上遏止了人类生命科技活动的负面影响。生命科技活动所带来的挑战渗及传统立法及司法领域，促使新的法律关系的产生。从法理上阐释这些问题，并运用法律手段引导或规范人们的生命科技活动，开始成为伦理学家和法学家们共同关注的问题。

　　现代生命科学和生物技术的发展使科学技术和伦理、法律等问题交织在一起，日益受到全世界的普遍关注与重视。独立的生命伦理或生命法律不能独自承担应对挑战的使命。在国际社会公认的准则框架下，深入探讨生命科学研究中的伦理和法律问题，把传统医学伦理学和法学发展提升为现代生命伦理学和生命法学，促进生命科学健康发展，成为人类共同关心的重大课题。

二　生命伦理学的发展

生命伦理学（bioethics）由两个希腊词"bio"（生命）和"ethike"（伦理学）共同构成。其中，生命主要是指人的生命，也涉及其他生物的生命乃至生态。20世纪60年代末，生命伦理学诞生，它秉承传统伦理思想，反思应对新的医疗技术带来的新的伦理和法律问题。

美国是现代生命伦理学的重要发源地。生命伦理学这一概念和美国威斯康星州的生态学家波特（Van Rensselaer Potter）有关。1970年，他发表文章《生命伦理学这个生存的学科》，1971年出版《生命伦理学——通往未来的桥梁》一书。1971年，美国的《时代周刊》刊登的一篇文章引用该书名，公众由此知道生命伦理学（bioethics）的概念。

1969年，美国生命伦理学家卡拉汉（Daniel Callahan）成立海斯汀中心，定期举行生命伦理学座谈会，1971年出版《海斯汀中心报告》。1973年美国肯尼迪研究所在肯尼迪基金的资助下，出版了许多生命伦理学论证。影响最大的生命伦理原则是乔治敦大学的比彻姆（Tom Beauchamp）和丘卓斯（James Childress）在其《生命医学伦理原则》中，在康德义务论和边沁、密尔后果论的道德哲学基础上提出的"乔治敦四原则"（the four Georgetown principles）：自律（autonomy）、无害（nonmaleficence）、仁爱（beneficence）和公正（justice）。此四原则被认为是对欧洲生命伦理原则的侵害。

20世纪90年代以来，在欧洲诸多试图挑战美国"乔治敦四原则"。最为值得关注的是，在1995~1998年欧洲委员会资助的联合研究工程中，凯姆（Peter Kemp）和其他21位来自欧洲各地的合作者提出了欧洲基础的生命价值原则。在最后决定的会议上，16位合作者发表了《巴塞罗那宣言》（Barcelona Declaration），把自律（autonomy）、尊严（dignity）、完整性（integrity）和脆弱性（vulnerability）作为四个基本生命伦理原则。其中，尊严作为首要原则，统摄其他原则，即其他原则都建立在尊严的基础上。因此，四原则可归结为尊严原则。

最近，英国中央兰开夏大学（University of Central Lancashire）的玫迪·瓦瑞（Matti Häyry）在 2000～2003 年芬兰研究院资助课题"基因，信息和商务"和 2002～2004 年欧洲委员会第 5 次结构规划项目"生命的质量"的部分成果中，反思欧洲和美国原则，介绍了与尊严并列的欧洲的预防原则（precaution）、协作原则（solidarity），并逐一进行了反驳。他主张"审慎（prudence）、团结协助（communality）和行为的内在道德性（the intrinsic morality of human actions）"，即以深刻的内在价值感（a deep sense of values）作为生命伦理和生命法学的道德基础原则。

欧美的生命伦理学者试图把生命伦理和法律研究融为一体，并做了可贵的探索，但在确立何种价值基准以及如何在法律中实践方面较为薄弱。

在中国，1979 年，美国肯尼迪研究所的学者访问中国社会科学院。1979 年 12 月，中国社会科学院邱仁宗研究员在广州召开的全国医学哲学会议上，介绍了英语国家有关生命伦理研究的情况。1987 年，邱仁宗出版国内第一部《生命伦理学》。1988 年 11 月、12 月召开的两次关于生命伦理的学术会议，标志着国内生命伦理研究的发端。90 年代以来，一些医学院校开始开设医学伦理学或生命伦理学课程，一批医学伦理学或生命伦理学教材出版。同时，由美国福特基金会资助中国社会科学院哲学所的课题，在王延光研究员主持下，开展了"生殖健康伦理学项目""性病、性、生殖和伦理项目""女性主义哲学与公共政策项目"等的研究工作。以此为标志，中国的生命伦理学进入反思西方生命伦理、自觉独立研究的阶段。

21 世纪以来，出现了一批新的重要成果，主要有：邱仁宗、翟晓梅主编的《生命伦理学概论》（中国协和医科大学出版社，2003）、沈铭贤主编的《生命伦理学》（高等教育出版社，2003）、冯泽永、任丑、杨小丽等编写的《医学伦理学》（辽宁大学出版社，2005）、任丑的《医务之道》（沈阳出版社，2007）、王延光的《中国当代遗传伦理研究》（北京理工大学出版社，2003）和《艾滋病预防政策与伦理》（社会科学文献出版社，2006）、韩跃红的《护卫生命的尊严——现代生物技术中的伦理问题研究》（人民出版社，2005）、王文科的《走进生命伦理》（人民出版社，2008）等。

中国的生命伦理学的研究成果影响了国家相关方面的政策和法规：生命伦理学家参与制定的重要政策和法规有《涉及人类受试者的生物医学研究伦理审查原则》（1998）、《人类辅助生殖技术管理办法》《人类精子库管理办法》、《实施人类辅助生殖技术的伦理原则》（2001）、《人胚胎干细胞研究伦理指导原则》（2003）、《人体器官移植技术临床应用管理暂行规定》（2006）、《人体器官移植条例》（2007）等。这也成为生命伦理和法律制度相结合的一种有效形式，为生命法学研究提供了一定的价值判断和伦理论证。

三 祛弱权视域下的生命伦理问题

一般而言，伦理学主要推崇人的坚韧性，其理论形态主要是乐观性伦理学，如幸福德性论（亚里士多德），最大幸福原则（边沁、密尔），德福一致的至善（康德），超人伦理（尼采），等等。乐观性伦理学有意无意地遮蔽了人的脆弱性。

不可否认，人类也早对脆弱性进行了伦理思考。如"自知其无知"（苏格拉底），契约论伦理（霍布斯、洛克等）、基督教伦理等。不过，脆弱性在坚韧性遮蔽之下并未成为传统伦理学的主流。二战以来，深重的苦难和上帝救赎希望的破灭激起了人们对自身脆弱性的深度反省。对脆弱性的伦理思考和近年来新的伦理问题（如环境危机、人造生命等）从理论和现实两个层面把脆弱性推向伦理前沿。

如今，人类已经明确地意识到了脆弱性在伦理学尤其在生命伦理学中的基础地位。欧美乃至世界范围内的生命伦理学学者对脆弱性的研究业已形成一股伦理思潮。鲁德道弗（Jacob Dahl Rendtorff）、凯姆（Peter Kemp）等一批生命伦理学学者断言"脆弱性是伦理学的基础"，并把自律原则、尊严原则、完整性原则、脆弱性原则作为生命伦理学的基本原则。中国学者邱仁宗的《脆弱性：科学技术伦理学的一项原则》① 一文较早地涉及脆弱性。

---

① 参见邱仁宗《脆弱性：科学技术伦理学的一项原则》，《哲学动态》2004 年第 1 期。

不过，脆弱性作为生命伦理原则存在如下问题。

从学理上讲，伦理学原则必须是价值判断。脆弱性只是事实判断，不能作为生命伦理的道德原则。鉴此，我们主张把祛弱权（人权范畴的人人享有其脆弱性不受侵害并得到尊重、帮助和扶持的权利）作为生命伦理学的根本原则。这就引出一个学术难题：如何从脆弱性（事实）和权利（价值）的内在关系中确证祛弱权（价值）的合法性。

如果祛弱权得以确证，生命伦理学也就面临着一个重大的现实问题：从祛弱权视域来看，生命伦理学迫切需要跨出传统视域，从完整生命的高度直面现实的生命伦理的各种权利冲突。目前，斯德瑞克（Margrit Shildrick）等的身体伦理、皮恩斯（Gregory E. Pence）等的食品伦理、乔顿（Mark D. Jorden）等的性伦理以及文特尔（Craig Venter）等的人造生命引发的伦理争论等，业已为生命伦理将视域拓展到关注食品、性、身体等奠定了基础。这就提出如何从祛弱权的全新视角建构涵纳食品伦理、性伦理、身体伦理、基因伦理、人造生命伦理等综合视域的生命伦理学的问题。

因此，反思和研究这两大问题就成为祛弱权视域的生命伦理研究的核心使命，也是生命伦理学体系的建构。

四 生命伦理学体系的研究使命

祛弱权视域的生命伦理学研究话题众多，我们既不可能穷尽所有问题，也没必要涉及所有问题。我们知道，生命伦理的基本范围涵纳自然生命的伦理问题和人造生命的伦理问题以及生命伦理原则问题。据此，祛弱权视域的生命伦理原则、自然生命伦理以及人造生命伦理构成生命伦理学体系研究的基本使命。具体说来，祛弱权视域的生命伦理学体系研究的主要内容如下。

（一）祛弱权视域的生命伦理原则

比较欧美生命伦理原则共同认可的自律原则，反思祛弱权视域的知情同意何以可能？个体自律何以可能？程序自律何以可能？

（二）祛弱权视域的自然生命伦理问题

这一领域话题杂多繁复，大致可以归结为自然生命的延续、生存和死亡过程中四个层面的生命伦理问题。

其一，生育权利与生育责任，主要讨论生殖技术视域的生育权利、生殖技术视域的生育责任。

其二，食物权与食品伦理，主要研究食品伦理的生成、食物伦理律令、食品伦理的冲突与和解。

其三，健康关爱权与身体伦理，主要思考健康、疾病与伦理是否有关？健康、疾病与伦理有何关系？身体伦理的价值基准（健康关爱权）。

其四，死亡权与安乐死立法，主要研究质疑安乐死立法的伦理论证（滑坡论证）、安乐死立法的价值基础（死亡权）、安乐死立法的可能出路（磐路论证）。

（三）人造生命伦理问题，主要探究人造生命带来的哲学危机、人造生命之伦理生命、人造生命——后应用伦理学发端的可能契机

综上，生命伦理学体系就是由祛弱权视域的生命伦理原则、自然生命伦理问题、人造生命伦理问题共同构成的理论体系。

第一章　祛弱权

　　自古希腊以来，伦理学领域的普遍主义和相对主义之争（如苏格拉底和智者关于德性的争论）绵延不绝。如今，作为道德相对主义的后现代伦理学强调否定性、流动性、破坏性，执着于不确定化、多元化、相对化，推崇无立场、无原则的伦理学，甚至为此不惜离"家"出走，流浪荒野。后现代伦理学对现代理性主义伦理学的断然否定和全面解构，把道德相对主义和道德普遍主义之争推到空前尖锐的地步，其结果必然引发应用伦理学领域的普遍主义和相对主义之争。生命伦理学就是激烈争论的主战场之一。极为典型的是，当代美国著名生命伦理学学者恩格尔哈特（H. Tristram Engelhardt）曾在《生命伦理学基础》（1986年）中提出了后现代伦理学境遇中的生命伦理学达成共识的基础原则：形式的允许原则和质料的行善原则。[1] 20年之后，他在主编的《全球生命伦理学：共识的崩溃》（2006年）一书中却明确否定了后现代伦理学境遇中的生命伦理学达成共识的可能性。[2] 恩格尔哈特前后矛盾的转变，使我们不得不思考如下问题：他何以由肯定生命伦理学的基础到宣称生命伦理学共识的溃败？生命伦理学是否可以达成共识？如果能，共识的基础又是什么？归结为一个问题，就是生命伦理学的基础和共识何以可能？

　　我们认为，脆弱性是生命伦理学的基础，与脆弱性密切相关的祛弱权

---

[1]　H. Tristram Engelhardt, *The Foundations of Bioethics*, Oxford: Oxford University Press, 1986, pp. 66-103.

[2]　H. Tristram Engelhardt (ed.), *Global Bioethics: The Collapse of Consensus*, Salem, Mass: M&M. Scrivener Press, 2006, pp. 2-15.

问题应当成为生命伦理学的核心理念和理论基础。

关于脆弱性的伦理思考，正如玛莎·纳斯鲍姆（Martha C. Nussbaum）在《善的脆弱性》的修订版序言中所说："即使脆弱性和运气对人类具有持久的重要性，但直到本书出版之前，当代道德哲学对它们的讨论却极其罕见。"① 一般而言，人类社会主要推崇人类生活的乐观状态，相应地，伦理学主要推崇人的坚韧性而贬低人的脆弱性。建立在坚韧性基础上的理论形态主要是乐观主义伦理学，典型的如柏拉图以来的优生伦理学，亚里士多德的幸福德性论，边沁、密尔等古典功利主义的最大多数人的最大幸福原则，康德等古典义务论的德性和幸福一致的至善，达尔文主义的进化论伦理学等。尤其是尼采的超人哲学过度夸大人类的坚韧性而蔑视人类的脆弱性，其推崇的必然是丛林法则而不是伦理法则，希特勒等法西斯分子给人类带来的道德灾难和人权灾难就是铁证。② 麦金太尔通过考察西方道德哲学史也指出，脆弱和不幸本应当置于理论思考的中心，遗憾的是，"自柏拉图一直到摩尔，人们通常只是偶然性地才思考人的脆弱性和痛苦，只有极个别的例外"③。乐观主义伦理学在乐观地夸大人的坚韧性的同时，却有意无意地遮蔽了人的脆弱性。

不可否认，人类对坚韧性的否定方面即脆弱性的思考也源远流长。苏格拉底的"自知其无知"，契约论伦理学家（如霍布斯、洛克、卢梭等）的国家起源论在一定程度上也是基于人的脆弱性。不过，脆弱性在坚韧性的遮蔽之下并未成为传统伦理学的主流。以坚韧性（理性、自由和无限性等）为基础的传统伦理学所追求的目的主要是乐观性的美满和完善，即使探讨脆弱性也只是为了贬低它以便提高坚韧性的地位，如基督教道德哲学把身体的脆弱性作为罪恶之源以便为基督教伦理学作论证，或者在把人分为弱者和强者的前提下对强者的关注，如尼采的超人道德哲学等。不过，

---

① Martha C. Nussbaum, *The Fragility of Goodness: Luck and Ethics in Greek Tragedy and Philosophy*, Cambridge: Cambridge University Press, 2001, Preface.

② Richard Weikart, *From Darwin to Hitler: Evolutionary Ethics, Eugenics, and Racism in Germany*, New York: Palgrave Macmillan, 2004, pp. 71-103.

③ Alasdair MacIntyre, *Dependent Rational Animals: Why Human Beings Need Virtue*, Chicago: Carus Publishing Company, 1999, p. 1.

这和关注普遍脆弱性并提出人权视域的祛弱权还相去甚远。

二战以来，深重的苦难和上帝救赎希望的破灭激起了人们对自身不幸和脆弱性的深度反省，人们在反思传统乐观主义伦理学贬低脆弱性并夸大、追求人的无限性和完满性的基础上，已经明确地意识到了脆弱性在伦理学中的基础地位，这是以脆弱性同时进入当代德性论、功利论和义务论为典型标志的。当代英国功利主义哲学家波普尔批判谋求幸福的种种方式都只是理想的、非现实的，认为苦难一直伴随着我们，处于痛苦或灾难之中的任何人都应该得到救助，应该以"最小痛苦原则"（尽力消除和预防痛苦、灾难、非正义等脆弱性）取代古典功利主义的最大多数人的最大幸福原则。[1] 如果说波普尔主要从消极的功利角度关注个体的脆弱性，麦金太尔的德性论则把思路集中到人类的各种地方性共同体，认为它们在某种程度上就是以人的生命的脆弱性和无能性为境遇的，因而它们在一定程度上是靠着依赖性的德性和独立性的德性才能维持下去。[2] 当代义务论者罗尔斯批判功利论，把麦金太尔式的个体德性提升为社会制度的德性，明确提出公正是"社会制度的首要德性"，并把公正奠定在最少受惠者的基础上。[3] 在一定程度上，这些重要的理论成果已经把脆弱性引入了应用伦理学领域。

上述对脆弱性的理论研究和近年来新的天灾人祸和伦理问题（如恐怖事件、金融危机、环境危机、克隆人、人兽嵌合体等问题）一起，从理论和现实两个层面把人类的脆弱性暴露无遗，彻底摧毁了柏拉图以来的乌托邦式的空想或超人的狂妄，祛弱性不可阻挡地走向前台，深入应用伦理学各个领域，尤其是和脆弱性直接相关的生命伦理学领域。如今，在欧美乃至在世界范围内的生命伦理学的研究中，对脆弱性的关注和反思业已形成一股强劲的理论思潮。美国生命伦理专家卡拉汉说："迄今为止，欧洲生

---

① Karl R. Popper, *The Open Society and Its Enemies*, Vol. I, New Jersey: Princeton University Press, 1977, pp. 237-239, 284-285.

② Alasdair MacIntyre, *Dependent Rational Animals: Why Human Beings Need Virtue*, Chicago: Carus Publishing Company, 1999, p. 1.

③ John Rawls, *A Theory of Justice*, Massachusetts: Harvard University Press, 1971, pp. 3, 302-303.

命伦理学和生命法学认为其基本任务就是战胜人类的脆弱性，解除人类的威胁，现代斗争已经成为一场降低人类脆弱性的战斗。"[1] 其中，丹麦著名生命伦理学家鲁德道弗教授、哥本哈根生命伦理学与法学中心执行主任凯姆教授等一批欧洲学者对脆弱性原则的追求和阐释特别引人注目。他们以自由为线索，把自律原则、脆弱性原则、完整性原则、尊严原则作为生命伦理学和生命法学的基本原则，并广泛深入地探讨了其内涵和应用问题。他们不但把脆弱性原则作为一个重要的生命伦理学原则，甚至还断言："深刻的脆弱性是伦理学的基础。"[2] 这对恩格尔哈特否定生命伦理学共识的观点提出了挑战。

对此，智利大学的克奥拓却不以为然。他特别撰文批评说，脆弱性和完整性不能作为生命伦理学的道德原则，因为它们只是"对人之为人的特性的描述，它们自身不具有规范性"。不过，他也肯定脆弱性是人类的基本特性，认为它"足以激发生命伦理学从社会公正的角度要求尊重和保护人权"[3]。

克奥拓的批评有一定道理：描述性的脆弱性本身的确并不等于规范性的伦理要求。他的批评引出了人权和脆弱性的关系问题：描述性的脆弱性可否转变为规范性的伦理要求的祛弱权？

克奥拓的批评的理论根据源自英国著名分析哲学家黑尔。黑尔在《道德语言》中主张，伦理学的主体内容是道德判断。道德判断具有可普遍化的规定性和描述性双重意义，因为只有道德判断具有普遍的规定特性或命令力量时才能达到其调节行为的功能。[4] 他沿袭休谟与摩尔等区分事实与价值以及价值判断不同于而且不可还原为事实判断的观点。他认为，价值判断是规定性的，具有规范、约束和指导行为的功能；事实判断作为对事物

① Jacob Dahl Rendtorff and Peter Kemp (eds.), *Basic Ethical Principles in European Bioethics and Biolaw*, Vol. I, Printed in Impremta Barnola, Guissona (Catalunya-Spain), 2000, p. 46.

② Jacob Dahl Rendtorff and Peter Kemp (eds.), *Basic Ethical Principles in European Bioethics and Biolaw*, Vol. I, Printed in Impremta Barnola, Guissona (Catalunya-Spain), 2000, p. 49.

③ Michael H. Kottow, "Vulnerability: What Kind of Principle is It?", *Medicine, Health Care and Philosophy*, 2005 (3): 281-287.

④ Richard Mervyn Hare, *The Language of Morals*, Oxford: Oxford University Press, 1964, p. 311.

的描述，不具有规定性，事实描述本身在逻辑上不蕴含价值判断，因此单纯从事实判断推不出价值判断。但是，描述性的东西一般是评价性东西的基础，即对事物的真理性认识是对它做出价值判断的基础。[1] 道德哲学的任务就是证明普遍化和规定性是如何一致的。[2] 我们认为黑尔的观点是有道理的。依据黑尔，要从描述性的脆弱性推出规范性的脆弱性，并提升为祛弱权，需要解决的主要问题是，脆弱性是否具有普遍性？从描述性的脆弱性能否推出价值范畴的规范性的祛弱权？如果能，祛弱权能否作为生命伦理学的基础？回答了这些问题，也就回答了"生命伦理学的基础和共识何以可能"的问题。

第一节　脆弱性之普遍性

每个人都是无可争议的脆弱性存在，脆弱性在人的状况的有限性或界限的意义上具有普遍一致性，这主要体现在三个基本层面：非人境遇的脆弱性、同类境遇的脆弱性以及自我本身的脆弱性。

一　非人境遇的脆弱性

每个人相对于时间、空间以及非同类存在物如动物、植物等都具有脆弱性，甚至可以说"我们对外界的依赖丝毫也不少于对我们自身的依赖；在疑难情况下，我们宁肯舍弃我们自己自然体的一部分（如毛发或指甲，甚至肢体或器官），也不能舍弃外部自然界的某些部分（如氧气、水、食物）"[3]。

从进化论的角度看，人类是生物学上的一个极为年轻的种类。赫胥黎认为，人类大约在不到50万年前产生的，直到新石器时代革命后即1

---

[1] Richard Mervyn Hare, *The Language of Morals*, Oxford: Oxford University Press, 1964, p. 111.

[2] Richard Mervyn Hare, *Freedom and Reason*, Oxford: Oxford University Press, 1977, pp. 4, 16–18.

[3] 〔德〕库尔特·拜尔茨：《基因伦理学》，马怀琪译，华夏出版社，2000，第211页。

万年左右，才成为一个占统治地位的种类。人的自然体并非必然如今天的样式，也可以是其他模样。所有占统治地位的种类在其历程开始时都是不完善的，需要经过改造和进化，直到把它的全部可能性发挥殆尽，取得种系发展可能达到的完满结果。① 不过，种系发生学上的新构造越根本越彻底，其包含的弱点和不足的可能性就越大。据拜尔茨（Kurt Bayertz）说，意大利解剖学家皮特·莫斯卡蒂曾从比较解剖学的角度证明了直立行走在力学上的缺陷：皮特博士证明人直立行走是违反自然且迫不得已的。人的内部构造和所有四条腿的动物本没有区别，理性和模仿诱使人偏离最初的动物结构直立起来，于是其内脏和胎儿处于下垂和半翻转的状态，这成为畸形和疾病如动脉瘤、心悸、胸部狭窄、胸膜积水等的原因。雷姆也认为虽然能保存下来的种类都是理想的，但造化过于匆忙，给我们的机体带来了四条腿的祖先没有的缺陷，他们的骨盆无须承担内脏的负担，人则必须承担，故而韧带发达，导致分娩困难及无数的病痛。② 更何况，今人仅仅处在一个新的阶段，有待更长更久更完善的改进和进化。面对无限的时空和无穷的非人自然，每个人每时每地都处于脆弱性的不完善的状况之中。这种非人境遇综合造成的人类的脆弱性，甚至是人类不可逃匿的宿命。不过，我们的当下使命不是抱怨为何没有被造成另外的一种理想的样式，也不是无视自身的脆弱性而肆意夸大自身的坚韧性，而是应当勇敢地直面自身的脆弱性，把祛除脆弱性（即祛弱性）上升为普遍人权。

二　同类境遇的脆弱性

霍布斯曾描述过人对人是豺狼的自然状态，这种状态实际上暗示了任何人在面对他人时都有一种相对的脆弱性。其实，国家制度等形成的最初目的正是祛除个体面对他者的脆弱性。

在每个人的生命历程中，疾病是一种具有普遍性的根本的脆弱性。患

---

① 〔德〕库尔特·拜尔茨：《基因伦理学》，马怀琪译，华夏出版社，2000，第217～218页。

② 〔德〕库尔特·拜尔茨：《基因伦理学》，马怀琪译，华夏出版社，2000，第218～222页。

者相对于健康者尤其是掌握了医学技术和知识的医务人员来讲，是高度脆弱性的存在者。伽达默尔（Hans-Georg Gadamer）在《健康之遮蔽》一书中认为，健康是一种在世的方式，疾病是对在世方式的扰乱，它表达了我们基本的脆弱性，"医学是对人类存在的脆弱性的一种补偿"①。医务人员相对于其他领域和专业如教育、行政、管理等方面也同样是脆弱者。任何强者包括科学家、国家元首、经济大亨、体育冠军等在其他领域相对于其他人或团体都可能是脆弱者。如果尼采的超人是人的话，也必然是相对于他者的弱者。诚如雅斯贝尔斯所说："在今天，我们看不见英雄。……历史性的决定不再由孤立的个人作出，不再由那种能够抓住统治权并且孤立无援地为一个时代而奋斗的人作出。只有在个体的个人命运中才有绝对的决定，但这种决定似乎也总是与当代庞大的机器的命运相联系。"② 由于自我满足的不可能性，绝大多数人害怕毁谤和反对而被迫去做取悦于众人的事，"极少有人能够既不执拗又不软弱地去以自己的意愿行事，极少有人能够对于时下的种种谬见置若罔闻，极少有人能够在一旦决心形成之后即无倦无悔地坚持下去"③。相对于他者，每个人任何时候都是弱者——既有身体方面的脆弱性，又有精神和意志方面的脆弱性；但每个人并非任何时候都是强者。没有普遍性的坚韧，却有普遍性的脆弱。就是说，强韧性体现着差异，脆弱性则体现着平等。

三　自我本身的脆弱性

人自身的脆弱性是自然实体（身体）的脆弱性和主体性的脆弱性的综合体。法国哲学家保罗·利科认为"人的存在的典型方式是身体的有限性和心灵或精神的欲求的无限性之间的脆弱的综合"④。这种脆弱性显示为人

---

① Jacob Dahl Rendtorff and Peter Kemp（eds.），*Basic Ethical Principles in European Bioethics and Biolaw*，Vol. I，Printed in Impremta Barnola，Guissona（Catalunya-Spain），2000，p. 51.

② 〔德〕卡尔·雅斯贝尔斯：《时代的精神状况》，王德峰译，上海译文出版社，2008，第155页。

③ 〔德〕卡尔·雅斯贝尔斯：《时代的精神状况》，王德峰译，上海译文出版社，2008，第156页。

④ Jacob Dahl Rendtorff and Peter Kemp（eds.），*Basic Ethical Principles in European Bioethics and Biolaw*，Vol. I，Printed in Impremta Barnola，Guissona（Catalunya-Spain），2000，p. 49.

类主体的有限性及其世俗的性格，我们必须面对生活世界中作恶的长久的可能性或者面对不幸、破坏和死亡。鉴此，拜尔茨说："我们和我们的身体处于一种双重关系之中。一方面，不容置疑，人的自然体是我之存在和我们主观的物质基础；没有它，就不可能有思想感觉或者希望，甚至不可能有最原始的人的生命的表现。另一方面，同样不容怀疑，从我们主观的角度来看，这个人的自然体又是外界的一部分。尽管他也是我们的主观的自然基础，可同时又是与之分离的；按照它的'本体'状态，与其说是我们主观的一部分，还不如说他是外部自然界的一部分。"①

我们作为个体都是身体的实体的有限性和主体性的综合存在，但个体的实体是具有主体性的实体。不但实体是有限的脆弱的，而且实体的主体性也是有限的脆弱的。康德曾阐释了人的本性中趋恶的三种倾向："人的本性的脆弱"即人心在遵循以接受的准则方面的软弱无力；心灵的不纯正；人性的败坏，如自欺、伪善、欺人等。② 其实，这都是主体性本身的脆弱性的体现。另外，人的自然实体（身体）是主体性的基础，它本身的规律迫使主体服从，主体对自身实体的依赖并不亚于对外部自然界的依赖。就身体而言，遗传基因和生理结构形成人的一种无可奈何的命运或宿命。人自婴儿起，就必须发挥其主体性去学会控制其自然实体、本能、欲望和疾病等。自然实体和主体性的对立，身体和精神的矛盾常常体现为心有余而力不足。"这种现象首先被看作是病态，它让我们最清楚、最痛苦不过地想到，有时候，我们的主观与我们的自然体相合之处是何等之少。"③ 每一个人都具有这种普遍的脆弱性。

尽管脆弱性的程度会随着人生经历的不同和个体的差异而有所变化，但基本的脆弱性是普遍一致的，如生理结构、死亡、疾病、生理欲求、无能等不会随着人生境遇的差异而消失，任何人都不可能逃匿自身的这种基本脆弱性。在这个意义上，人是被抛入脆弱性之中的有限的自由存在，人生而平等（卢梭语）的实质就是人的脆弱性的平等。每一个人都是有限的

---

① 〔德〕库尔特·拜尔茨：《基因伦理学》，马怀琪译，华夏出版社，2000，第 210~211 页。
② 《康德论上帝与宗教》，李秋零编译，中国人民大学出版社，2004，第 305~315 页。
③ 〔德〕库尔特·拜尔茨：《基因伦理学》，马怀琪译，华夏出版社，2000，第 211 页。

脆弱的存在者，自我和他人都是处于特定境遇之中的脆弱性主体，不论其地位、身份、天赋、修养等有何不同，概莫能外。因此，普遍的脆弱性"或许能够成为多样化的社会中的道德陌生人之间的真正桥梁性理念"①。不过，诚如克奥拓所言，身体生理、理性认识、主体性和道德实践的不足以及缺陷等脆弱性，都只是描述性的，如果它不具有价值和规范意义，就不可能成为价值范畴的人权。同时，另外一个不可回避的问题也出现了：由于脆弱性不可能靠脆弱性自身得到克服，乐观主义伦理学有理由质疑，如果人类只有脆弱性，那么人们凭什么来保障其脆弱性不受侵害呢？

第二节　祛弱权何以可能

传统乐观主义伦理学的功绩在于重视人的坚韧性（自由、理性、快乐、幸福等），其问题主要在于夸大坚韧性，忽视甚至贬低脆弱性。的确，人不仅是脆弱性的存在，而且是坚韧性的存在。人主要靠坚韧性来保障脆弱性不受侵害。

我们认为，描述性的脆弱性或坚韧性不能形成规范性的权利的本真含义是：纯粹坚韧性或纯粹脆弱性都和价值无关，都不具备道德价值和规范性的要求。就是说，只有相对于坚韧性的脆弱性或者相对于脆弱性的坚韧性才具有价值可能性。因此，只有集脆弱性和坚韧性于一身的矛盾统一体（人），才具有产生价值的可能性。换言之，人自身的脆弱性和坚韧性都潜藏着善的可能性和恶的可能性。

一　脆弱性之善恶可能性

脆弱性既潜藏着善的可能性，也潜藏着恶的可能性。脆弱性具有善的可能性在于它内在地赋予了人类生活世界以意义和价值。为简明集中起见，我们以作为脆弱性标志的死亡或可朽作为考察对象。

---

① Jacob Dahl Rendtorff and Peter Kemp（eds.），*Basic Ethical Principles in European Bioethics and Biolaw*，Vol. I，Printed in Impremta Barnola，Guissona（Catalunya-Spain），2000，p. 46.

生命伦理学体系

　　尽管我们梦想不朽以及运用自己的能力完全掌握我们的身体存在而摆脱自然力的控制，但是我们总是被自身的身体条件所限制而使梦幻成空。实际上，如果生命不朽成为现实，它不但会徒增烦恼、忧郁，而且必然导致朋友、家庭、工作，甚至道德本身都不必要而且无用，生活乃至整个人生就会毫无意义。因此，"不朽不可能是高贵的"①。康德曾经把道德作为上帝和不朽的基础，实际上应当把作为道德权利的普遍人权作为人生的基础。不朽和上帝的价值仅仅在于，它只能作为一个高悬的永远不可达到的理念，在与可朽以及其他世俗的有限的脆弱性的对比中衬托或对比出后者的价值和意义。

　　生命（生活）的所有的价值和意义都是以可朽（必死）为条件的。似乎矛盾的是，在生命科学领域，"一些生物医学科学家不把死亡、极限看作人类本性的根本，而宁可看作我们在未来可以战胜的偶然的生物学事件。但是，这样一来就出现了我们是否能够彻底消除所有脆弱性的问题，诸如来自我们自身的死亡、极限和心理痛苦等问题，以及这样一来会产生什么样的人的问题。因此，极为重要的是，我们必须认识到各种形式的脆弱性对好生活的贡献是如此丰富和重要"②。脆弱性和有限性使追求完美人生的价值和德性具有了可能性，"道德的美和崇高在于我们能够捐献自己的生命，不仅是为了好的理由而牺牲，也是为了把我们自己给予他人。如果没有脆弱性和可朽，所有德性如勇敢、韧性、伟大的心灵、献身正义等都是不可能的"③。脆弱性不应当仅仅被看作恶，它应当被看作需要尊重的生命礼物和人类种群的福音。生命意义的根基就在于我们是在不断产生和毁灭的宇宙中生活的世俗存在。脆弱性由此使善和德性具有了可能性。

　　脆弱性使善具有可能性本身就意味着它使恶也具有了可能性。因为如果没有恶，也就没有必要（祛恶）求善。恶是善得以可能的必要条件，反

---

① Jacob Dahl Rendtorff and Peter Kemp（eds.），*Basic Ethical Principles in European Bioethics and Biolaw*，Vol. I，Printed in Impremta Barnola，Guissona（Catalunya-Spain），2000，p. 50.

② Jacob Dahl Rendtorff and Peter Kemp（eds.），*Basic Ethical Principles in European Bioethics and Biolaw*，Vol. I，Printed in Impremta Barnola，Guissona（Catalunya-Spain），2000，p. 48.

③ Jacob Dahl Rendtorff and Peter Kemp（eds.），*Basic Ethical Principles in European Bioethics and Biolaw*，Vol. I，Printed in Impremta Barnola，Guissona（Catalunya-Spain），2000，p. 50.

之亦然。奥古斯丁在晚年所写的《教义手册》中，曾从宗教伦理的角度阐释了脆弱性与恶的关系。他把恶分为三类："物理的恶"、"认识的恶"和"伦理的恶"。"物理的恶"是由自然万物（包括人）与上帝相比的不完善性所致，任何自然事物作为被创造物都"缺乏"创造者（上帝）本身所具有的完善性。"认识的恶"是由人的理性有限性（主体性）所决定的，人的理性不可能达到上帝那样的全知，从而难免会在认识过程中"缺乏"真理和确定性。"伦理的恶"则是意志选择了不应该选择的东西，放弃了不应该放弃的目标，主动背离崇高永恒者而趋向卑下世俗者所导致的善的缺乏。在这三种恶中，前两者都可以用受造物本身的有限性来解释，属于一种必然性的缺憾；但是"伦理的恶"却与人的自由意志（主体性）有关，它可以恰当地被称为"罪恶"。奥古斯丁说："事实上我们所谓恶，岂不就是缺乏善吗？在动物的身体中，所谓疾病和伤害，不过是指缺乏健康而已……同样，心灵中的罪恶，也无非是缺乏天然之善。"① 我们认为，如果祛除其上帝的神秘性，这三种恶其实就是人的脆弱性、有限性的（描述性的）较为完整的概括。如果说（对人来说的）"物理的恶"是自然实体即身体的脆弱性的话，"认识的恶""伦理的恶"则是主体的脆弱性。由于脆弱性使人易受侵害，这就使它潜在地具有恶的可能性。奥古斯丁的错误在于他把描述性的脆弱性和其价值（恶）简单地等同起来，因为脆弱性只是具有恶的可能性，其本身并不就是恶，更何况它还同时具有善的可能性，且其本身也并不等于善。

脆弱性之所以潜藏着善恶的可能性，是相对于与之一体的坚韧性而言的，就是说坚韧性既潜藏着善的可能性，也潜藏着恶的可能性。

二　坚韧性之善恶可能性

坚韧性既潜藏着善的可能性，也潜藏着恶的可能性。1771 年，康德对皮特·莫斯卡蒂反对进化论的观点进行了哲学批判，并肯定了坚韧性（主要是理性）的善的可能性。他说，人的进化固然带来了诸多问题，"但这

① 《西方哲学原著选读》上卷，商务印书馆，2005，第 220 页。

其中包含着理性的起因，这种状态发展下去并在社会面前确定下来，人便接受了两条腿的姿势。这样一来，一方面，他有无限的胜出动物之处，但另一方面，他也只好暂且将就这些艰辛和麻烦，并因此把他的头颅骄傲地扬起在他旧日的同伴之上"①。我们同意康德的观点，即人直立行走等带来的脆弱性的代价赋予了人类独特的理性和自由等坚韧性。与脆弱性相应，坚韧性也体现在三个基本层面：非人境遇中的坚韧性、同类境遇中的坚韧性，以及集生理、心理和精神为一体的自我的坚韧性。坚韧性既有可能保障脆弱性（潜藏着善的可能性），也有可能践踏脆弱性（潜藏着恶的可能性）。

一方面，坚韧性潜藏着善的可能性。如果说"物理的善"的可能性是自然实体即身体的坚韧性，"认识的善"的可能性指理性具有追求无限的可能性，使人具有祛除认识不足的可能性，"伦理的善"的可能性则是主体坚强的自由意志使人具有克服脆弱性的可能性。就是说，个体的坚韧性使主体自身具有帮助扶持他者的能力，并构成整体的坚韧性如伦理实体、国家、法律制度等的基础。因此，个体的坚韧性使主体祛除其脆弱得以可能。因为如果主体自身丧失或缺乏足够的坚韧性，只靠外在的帮助，其脆弱性是难以根本克服的。不过，坚韧性的这三种善只是潜在的而非现实的。比如，生命科学本身就是人类坚韧性的产物，它使人具有有限地祛除脆弱性的可能性。不过，只有生命科学实现其作为治病救人、维持健康、保障人权、完善人生的目的和价值时，才会体现出坚韧性祛除脆弱性的善。

另一方面，坚韧性也潜藏着恶的可能性。坚韧性具有善的可能性，也同时意味着它有能力践踏和破坏脆弱性，具有恶的可能性——具有"物理的恶"（利用身体控制他人身体或戕害自己的身体）、"认识的恶"（利用知识限制他者的知识、戕害自己或危害人类）和"伦理的恶"（自由地选择为恶）的可能性。这在医学领域特别突出。医学本身是人类坚韧性的产物，但作为纯粹实证科学的医学把各种器官、结构仅仅根据身体功能看作

---

① 〔德〕库尔特·拜尔茨：《基因伦理学》，马怀琪译，华夏出版社，2000，第218~222页。

生理过程和因果性的机械装置，它把疾病仅仅规定为能够导致人体器官的生理过程的客观性错误或功能紊乱。这种观念植根于解剖学对尸体的分析上：解剖学易于把身体作为一个物件和有用的社会资源，"当身体作为科学和技术干预的客体时，它在医学科学领域中不再被看作一个完美的整体，而是常常被降格为一个仅仅由器官构成的集合体的客体"①。实证的医学生命科学没有把人的身体看作一个完整的有生命的存在，亦没有把克服人体的脆弱性以实现人体的完美健康作为目的，从而丧失了人性关怀和哲学思考而陷入片面的物理分析，背离了其本真的目的和价值。这样一来，生命科学就会成为践踏人权的可能途径之一。

既然人的脆弱性和坚韧性都同时具有善与恶的可能性，那么祛弱权何以具有人权资格？

三　祛弱权之人权资格

如上所述，描述性的脆弱性是相对于坚韧性而言的，它本身就潜藏着价值（善恶）的可能性。因此，从包含着价值的脆弱性推出作为价值的祛弱权并不存在逻辑问题。真正的问题在于，既然每个人都是坚韧性和脆弱性的矛盾体，他就同时具有侵害坚韧性、提升坚韧性、侵害脆弱性和祛除脆弱性四种（价值）可能性。何者具有普遍人权的资格，必须接受严格的伦理法则的检验。检验的标准是普遍性，因为人权是普遍性的道德权利，而且道德判断必须具有普遍的规定性（黑尔）。所谓道德普遍性，就是康德的普遍公式所要求的不自相矛盾。康德认为道德上的"绝对命令"的唯一原则就是实践理性本身，即理性的实践运用的逻辑一贯性。因此，"绝对命令"只有一条："要只按照你同时也能够愿意它成为一条普遍法则的那个准则而行动。"②

在这里，"意愿"的（主观）"准则"能够成为一条（客观的）"普遍法则"的根据在于，意志是按照逻辑上的"不矛盾律"而维持自身的始终

---

① Jacob Dahl Rendtorff and Peter Kemp（eds.）, *Basic Ethical Principles in European Bioethics and Biolaw*, Vol. I, Printed in Impremta Barnola, Guissona（Catalunya-Spain）, 2000, p. 42.

② 〔德〕康德：《道德形而上学原理》，苗力田译，上海人民出版社，2002，第38~39页。

它有资格成为普遍有效的人权——祛弱权。

这就为全球生命伦理学的共识奠定了坚固的基础,同时也回应了克奥拓的批评,解决了从描述性事实到规定性的人权的过渡问题。至此,"祛弱权作为生命伦理学的基础何以可能"或者"生命伦理学达成共识是否可能"这类问题也就迎刃而解了。在祛弱权这里,恩格尔哈特所谓"共识的崩溃"也就彻底崩溃了。

第三节 何为祛弱权

要把握祛弱权是何种权利,就涉及人权内容的划分问题。1895 年,德国公法学家耶利内克(Georg Jellinek)在其作为人权史上重要文献的《人权与公民权利宣言》的论著中,将人权区分为消极权利、积极权利和主动权利,为人权内容的完整划分奠定了经典性的基础。我们沿袭这种划分,从消极意义、积极意义和主动意义三个层面阐释祛弱权的要义。

一 消极意义的祛弱权

权利主体要求客体(医学专家等)不得侵害主体人之为人的人格完整性的防御权利。这项权利对客体的要求是禁止某些行为,如禁止破坏基因库的完整性,不得把人仅仅看作机器或各种器官的集合,不得破坏人格完整性等。客体相应的责任是:不侵害。

"Integrity"(完整性)这一术语源自拉丁文 integrare,它由词根 tegrare(碰、轻触)和否定性的前缀 in 构成。从字面上讲,"Integrity"指禁止伤害、损毁或改变。① 人格的完整是生理和精神的完整的统一体。人格主体的经历、直觉、动机、理性等形成精神完整性的不可触动之领域,它不得被看作工具性而受到利用或损害。例如,不得为了控制别人,逼迫或诱导他明确表达出有利于此目的的动机或选择。与精神区域密切相关的是由

---

① Jacob Dahl Rendtorff and Peter Kemp (eds.), Basic Ethical Principles in European Bioethics and Biolaw, Vol. I, Printed in Impremta Barnola, Guissona (Catalunya-Spain), 2000, p. 42.

"身体"构成的生理区域。每个人的身体作为被创造的叙述的生命的一致性，作为生命历程的全体，不得亵渎；每个人的身体作为体验、产生和自我决定（自主）的人格领域，不得以引起痛苦的方式碰触或侵害。

值得重视的是，生理和精神的完整性密切相关，相互影响。斯多葛派所倡导的不受身体干扰的心灵的宁静的思想，割裂了精神和生理的辩证关系，过高地估计了人的坚韧性，遮蔽了人的脆弱性。事实上，如果生理完整性遭到亵渎或者损坏，人就极难具有生存下去的勇气，其精神完整性也必然受到损害。但这并不意味着对身体绝对不可干涉甚至禁止治病，只是要求以特别小心、谨慎、敬重和综合的方式对待身体，因为"对生理完整的敬重就是对人之生命的权利及其自我决定其身体的权利的尊重"①。为了保障人之为人的人格完整性免于受到伤害、危险和威胁，2005 年联合国教科文组织成员国全票通过的《世界生物伦理与人权宣言》第 11 条规定了"不歧视和不诋毁"的伦理原则，要求"不得以任何理由侵犯人的尊严、人权和基本自由，歧视和诋毁个人或群体"。就是说，人格的一致性，不应当被控制或遭到破坏。

目前，极为重要的一个现实问题是，在关涉基因控制和保护基因结构的法律规范的明确表述中，保护人性心理和生理完整性的需求日益成为核心的权利诉求，这就是不得任意干涉、控制和改变人类遗传基因的完整性，反对操纵控制未来人类的基因承传和基因一致性，保护人类"承传不受人工干预而改变过的基因结构的权利"②。这并不是绝对禁止基因干涉，而是禁止那些不适宜于人的生命的完整性的基因干涉。如禁止克隆人、严格限制人兽嵌合体等，就是因为它们有可能破坏人类基因库的完整性而突破人权底线。

二 积极意义的祛弱权

权利主体要求客体帮助自我克服其脆弱性的权利，主要指主体的生存

---

① Jacob Dahl Rendtorff and Peter Kemp（eds.），*Basic Ethical Principles in European Bioethics and Biolaw*，Vol. I，Printed in Impremta Barnola，Guissona（Catalunya-Spain），2000，p. 41.

② Jacob Dahl Rendtorff and Peter Kemp（eds.），*Basic Ethical Principles in European Bioethics and Biolaw*，Vol. I，Printed in Impremta Barnola，Guissona（Catalunya-Spain），2000，p. 45.

保障、健康等方面的权利。该权利要求客体的积极作为，客体相应的责任是：尽职或贡献。

法国哲学家列维纳斯（Emmanuel Lévinas）把他人理解为通过其面孔召唤我去照看他的伦理命令。他在"赤裸"（the nudity）的意义上把脆弱性阐释为人的主体性的内在特质和生命中的基础构成性的东西，如"不得杀人"既是脆弱性的强力标志，也是祛弱权的强力诉求。根据列维纳斯的观点，脆弱性在人与人之间尤其在强者和弱者之间是不平衡的。它要求强者无条件地保护弱者的伦理承诺，"我从他人的赤裸中接受了他者的诉求，以致我必须帮助他人，且仅仅为了他人之故，而不是为了我，我不应当期望任何（他人）对我的帮助报以感激"①。这是对积极意义上祛弱权的有力论证和义务论的道德要求。

由于疾病和健康是每个人的身体的脆弱性和坚韧性的两个基本方面，我们以此为讨论对象。一方面，疾病是对身体本身的平衡及其和环境的关系的毁坏。因为疾病扰乱了我和我之躯体之间的关系，它不但威胁着我的躯体，而且威胁着人格和自我的平衡。另一方面，健康意味着人之存在的各个尺度之间的谐和融洽，体现着个体生命的身体、智力、心理和社会诸尺度之间的平衡。治疗疾病、恢复健康应当被规定为作为整体的各部分回到适宜的秩序，恢复人之存在所必需的整体器官的良好功能的各个尺度之间的平衡。因此，积极意义的祛弱权就意味着病人积极要求医生治愈疾病以便恢复和保障健康的权利，医生则具有相应的贡献自己的专业知识技术和人道精神的义务。医生既应当注重病人的病体，又应当尊重病人生活经历的一致性，以达到病体之健康目的性要求即生命器官的内在平衡和其环境的良好互动关系。生命也因此成为医生和病人一起进行的一场反对毁坏躯体的疾病、积极实践祛弱权的战斗。

作为治疗艺术的医学应当从主观感知和经验的视角把疾病看作对好的生活的威胁。如今，医学科学已经发展为一门精密高端的自然科学，它不

---

① Jacob Dahl Rendtorff and Peter Kemp （eds.）, *Basic Ethical Principles in European Bioethics and Biolaw*, Vol. I, Printed in Impremta Barnola, Guissona （Catalunya-Spain）, 2000, p. 51.

断深入躯体，大规模运用器官移植、基因治疗、治疗克隆、人兽嵌合体、再生技术等，因此，"现代医学比有史以来任何时候对脆弱的人性都负有更大更多的责任"[①]。医学的重要职责和任务在于把医疗重新恢复并持续保持为一门治愈（治疗）疾病、恢复健康的伟大的祛弱权的艺术。这已经涉及主动意义的祛弱权了。

三　主动意义的祛弱权

权利主体自觉主动地参与祛除自身脆弱性，并主动要求自我修复、自我完善的权利，如增强体质、保健营养、预防疾病、控制遗传疾病等的权利。权利客体相应的责任是：尊重与引导。

《世界生物伦理与人权宣言》第 8 条明文规定："尊重人的脆弱性和人格"，"在应用和推进科学知识、医疗实践及相关技术时应当考虑到人的脆弱性。对具有特殊脆弱性的个人和群体应当加以保护，对他们的人格应当给予尊重"。在生物医学对人体的干预范围内的境遇中，祛弱权要求保护病人权利并提醒医生和其他有关人员，医疗不仅意味着尽可能地恢复其器官和心理的完整，而且意味着尊重病人的自主性：在做出决定的程序中，通过告知信息和征求其同意允许，尊重其知情同意权。《世界生物伦理与人权宣言》的第 6 条"同意"原则规定："1. 只有在当事人事先、自愿地作出知情同意后才能实施任何预防性、诊断性或治疗性的医学措施。必要时，应征得特许，当事人可以在任何时候、以任何理由收回其同意的决定而不会因此给自己带来任何不利和受到损害。2. 只有事先征得当事人自愿、明确和知情同意后才能进行相关的科学研究。向当事人提供的信息应当是充分的、易懂的，并应说明如何收回其则和规定，当事人可以在任何时间、以任何理由收回其同意的决定而不会因此给自己带来任何不利和受到损害。除非是依据符合本宣言阐述的原则和规定，特别是宣言第 27 条阐述的原则和规定以及符和国际人权法的国内伦理和法律准则，否则这条原

---

① Jacob Dahl Rendtorff and Peter Kemp (ed.), *Basic Ethical Principles in European Bioethics and Biolaw*, Vol. I, Printed in Impremta Barnola, Guissona (Catalunya-Spain), 2000, p. 53.

则的贯彻不能有例外。3. 如果是以某个群体或某个社区为对象的研究，则尚需征得所涉群体或社区的合法代表的同意。但是在任何情况下，社区集体同意或社区领导或其它主管部门的同意都不能取代个人的知情同意。"这可以看作对主动意义的祛弱权的详尽阐释。它要求医生和医学专家从普遍人权的角度，而不仅仅是从职业规范的角度，充分尊重病人、健康者尤其是专家学者的参与权、知情同意权，并切实履行利用医学专业知识引导、告知并帮助病人或其他主体积极主动参与医疗活动或医学商谈的神圣职责。就是说，职业规范必须以人权为最高的伦理法则。

要言之，作为普遍人权的祛弱权就是人人平等享有的主体完整性不受破坏和受到保护的权利，以及主体克服脆弱性的同时，自我修复和自我完善的权利。

祛弱权的英文翻译有：the right to counteract frailty，the right to defrailty，the right to dispel defrailty，本书选择 the right to counteract frailty。

结语："共识的崩溃"的崩溃

至此，祛弱权作为生命伦理学的基础和共识这一问题也就迎刃而解了。现在，我们有必要从祛弱权的角度反思恩格尔哈特关于全球生命伦理学"共识的崩溃"问题，为生命伦理学的共识扫清障碍。恩格尔哈特否定生命伦理学共识的观点，源于他欠缺哲学辩证思维和反思批判精神，坚持直线式的思维方式。这主要体现在如下三个方面：割裂道德的一和多的辩证关系、固守乐观主义伦理学的藩篱，乃至偏离生命伦理学的学科本性。

一　割裂道德的一和多的辩证关系

违背了基本的道德哲学常识：道德的一和多的辩证关系。所谓道德多样性不过是道德规范的多样性，它是相对于普遍性的道德规律或道德基础而言的。恩格尔哈特主张的作为形式的允许原则，是建立在道德商谈基础上的相互尊重原则，它要求己所不欲，勿施于人，凭相互尊重而签订的契约为别人做事；作为资料的行善原则要求在允许原则的基础上，对别人行善事，属于福利和社会同情的道德。① 恩格尔哈特也看到了人权的普遍性，不过他对此持一种怀疑态度。他认为联合国教科文组织大会 2005 年通过的《世界生物伦理与人权宣言》中关于生命伦理和普遍人权原则的阐释，因其"原则的空洞无物"而如同镜花水月，乃至对于胚胎、胎儿的地位等激烈争论的问题视而不见。② 且不论这种理解是否违背该宣言的基本精神，即使他说的符合事实，也只能说明这是人权冲突问题，并不能否定生命伦理学的普遍性人权基础。

另外，允许原则和行善原则都是道德规范而不是道德本身。它们既然作为生命伦理学原则的形式和资料，就证明它们必然是同一个原则的形式和资料。当我们进一步追问允许原则和行善原则何以可能的道德根据时，祛弱权就呼之欲出了。遗憾的是，恩格尔哈特并没有继续追问这个原则是什么，而是从二元道德倒退到伦理相对主义的多元论，并最终滑向道德怀疑主义，从而堵塞了通往人权原则的祛弱权的可能途径，否定生命伦理学的基础和共识也就顺理成章了。

二 固守乐观主义伦理学的藩篱

恩格尔哈特缺乏人权的视角，没有从生活世界的"应当存在者"（人）的脆弱性和坚韧性这对矛盾做深入内在的研究。允许原则和行善原则的根基依然是人的坚韧性，它们只不过是站在强者（医生或医学家）的角度对待弱者（病人）的一种职业规范。当面对各种紧迫的现实生命伦理问题时，以（体现差异性的）坚韧性为基础的允许原则和行善原则就"合乎逻辑"地展开为各行其是的道德相对主义，致使生命伦理学在他这里丧失了作为一门科学的可能性。这就是恩格尔哈特从寻求生命伦理学的基础到否定生命伦理学达成共识的内在逻辑。

在后现代境遇中，道德多元化不但冲击着传统乐观伦理学的统一性，

---

① 参见 H. Tristram Engelhardt, *The Foundations of Bioethics*, Oxford: Oxford University Press, 1986, Chapt. 3, Chapt. 3。

② H. Tristram Engelhardt (ed.), *Global Bioethics: The Collapse of Consensus*, Salem, Mass: M&M. Scrivener Press, 2006, p. 3.

也给寻求当代普世伦理和人权的努力带来了致命的威胁。恩格尔哈特就是据此断定生命伦理学在后现代伦理境遇中的"共识的崩溃"的。我们认为,后现代多元伦理只是对传统乐观主义伦理学的统一基础带来了冲击,并没有否定伦理自身的普遍基础。实际上,当他的这种乐观思想在后现代多样性道德境遇中碰壁之时,是坚韧性(产生的差异性)的张扬导致的自我矛盾,至此应当反思批判坚韧性并转向脆弱性的思考;但他并没有意识到这个问题,反而由差异性的坚韧性出发走向否定共识的歧途。不过,令他的直线式思维万万没有想到的是,否定共识本身就意味着"有共识",否则,就不存在否定的对象,否定共识也就自我取消了。一旦对这种否定共识进行再否定,就会走向"共识"的基础也即坚韧性的自我否定——脆弱性,进而走向祛弱权。

其实,祛弱权本来就蕴含在生命伦理学的学科本性之中,恩格尔哈特的直线式思维和传统的乐观伦理学立场也使他偏离生命伦理学的学科本性。

三 偏离生命伦理学的学科本性

恩格尔哈特没有深入生命伦理学的学科本性中去探究其伦理基础。生命伦理学是纯粹的哲学思考与实证的自然科学的医学生命科学的融合而形成的实践哲学,它的这种学科本性内在地要求以祛弱权为基础。

众所周知,古典理性哲学终结以来,身体的本源意义及其当下命运,在哲学与思想领域赢得了广泛的理论兴趣,如尼采、胡塞尔、海德格尔、萨特、梅洛-庞蒂、福柯等哲学家对身体等都有自己的哲学思考。哲学对身体的深刻思考彰显了身体的价值,为身体权利奠定了思想基础,但并没有明确直接地和身体权利联结,在祛魅理性的同时却附魅了身体。结果,哲学对身体的思考陷入形而上学的空谈和崇尚欲望非理性的两极,远离了现实最紧迫的身体问题,如疾病等,使之失去了现实问题的支撑而减弱了应有的理论力量。如果身体哲学不走向权利,不对法律和伦理发生重要的现实应用,则必然空洞无力,同时也会丧失其真正的实践生命力。

无独有偶,当代医学生命科学却走向了实证的自然科学的工具化的途径。胡塞尔批判实证科学尤其是自然科学的非人性化问题时说："在19世纪后半叶，现代人的整个世界观唯一受实证科学的支配，并且唯一被科学所造成的'繁荣'所迷惑，这种唯一性意味着人们以冷漠的态度避开了对真正的人性具有决定意义的问题。"这些科学从原则上排除的正是生命攸关的紧迫问题："即关于这整个的人的生存有意义与无意义的问题。"① 这也正是实证化的医学生命科学的症结所在。

合而言之，这些问题就是，无生命科学的哲学是空的，无哲学的生命科学是盲的（套用康德的话）。面对自然科学和实证哲学对人的物化和人权的沉沦，哲学不能停留在形而上的思考和抽象的诗意的栖居之类的自我陶醉之中，应当为身体权利提供伦理的论证，寻求合法的保障，为解决身体权利探求一条切实可行的出路。同时，医学生命科学等维持健康、完善身体功能的使命，以及医学生命科学面临的现实问题如堕胎、治疗性克隆、人兽嵌合体、医患关系等，也需要哲学的人性化的反思和引导来提升生命科学的哲学品位和价值。一旦哲学和生命科学结合起来，关于生命科学的哲学和具有哲学精神的生命科学相融合的实践科学——生命伦理学就产生了。它的使命不是停留在对抽象的哲学思辨或对身体的工具性的修补、恢复上，而是关注生命和人性，并切实地通过医学生命科学的手段使之落实到具体的个体，以达到主体性的超越（哲学）和自然实体（医学）的综合。

进一步讲，生命伦理学的产生，本质上是人性中的脆弱性和坚韧性这对内在矛盾的要求：脆弱性（主要体现为哲学和生命科学的困境）和坚韧性（主要体现为哲学和生命科学的综合）的内在矛盾的否定（纯粹哲学和实证的生命科学的）力量使生命伦理学成为可能。就是说，脆弱性和坚韧性的矛盾是生命伦理学的内在人性根据，生命伦理学是研究坚韧性应当如何扬弃脆弱性的实践哲学。如前所述，（体现差异性的）坚韧性扬弃（具有普遍性的）脆弱性的达成共识的选择只能是祛弱权。

---

① 〔德〕胡塞尔：《欧洲科学的危机与超越论的现象学》，王炳文译，商务印书馆，2005，第15~16页。

　　可见，恩格尔哈特所谓"共识的崩溃"本质上只不过是各种生命伦理规范或伦理命令的多样性的幻象而已。在祛弱权这里，这种"共识的崩溃"也就彻底崩溃了。这样一来，祛弱权就为生命伦理学的共识奠定了坚固的基础。

　　如前所论，祛弱权视域的生命伦理学研究话题众多，但是基本的话题范围就是自然生命的生存、延续、死亡和人造生命的问题。是故，本书的研究集中为祛弱权视域的自律原则、自然生命伦理（生存的生育、食物与身体健康，死亡权安乐死立法）以及人造生命伦理。

第二章　自律原则

自 20 世纪 70 年代生命伦理学肇始于美国以来，对生命伦理原则的讨论一直是基础性的生命伦理学的热门话题。

美国乔治敦大学的比彻姆和丘卓斯在 1979 出版的《生命医学伦理原则》中提出的自律（autonomy）、无害（nonmaleficence）、仁爱（beneficence）、公正（justice）的生命伦理原则成为影响迄今的著名的"乔治敦四原则"。[①] 不过，此四原则一经提出，便受到诸多欧洲学者的质疑，甚至被认为是对欧洲生命伦理原则的侵害。[②] 20 世纪 90 年代，"欧洲四原则"向"乔治敦四原则"发起全面挑战。在 1995~1998 年欧洲委员会资助的联合研究工程中，凯姆、鲁德道弗和其他 20 位来自欧洲各地的合作者提出了欧洲价值基础的生命伦理原则。在最后决定的会议上，16 位合作者发表了《巴塞罗那宣言》，随后把自律（autonomy）、尊严（dignity）、完整性（integrity）和脆弱性（vulnerability）作为四个基本生命伦理原则。这就是著名的"欧洲四原则"[③]。自此，在国际生命伦理学领域，"欧洲四

---

① Beauchamp T. L. and Childress J. F., *Principles of Biomedical Ethics*, First edition, Oxford: Oxford University Press, 1979.

② S. Holm, "Not just autonomy-the principles of American biomedical ethics". *Journal of Medical Ethics*, 1995 (21): 332-338; J. D. Rendtorff, P. Kemp (eds), *Basic Ethical Principles in European Bioethics and Biolaw* 1 & 2, Copenhagen and Barcelona: Centre for Ethics and Law & Institut Borja de Bioètica, 2000; T. Takala, "What is wrong with global bioethics? On the limitations of the four principles approach", *Cambridge Quarterly of Healthcare Ethics*, 2001 (10): 72-77.

③ J. D. Rendtorff and P. Kemp, "Autonomy, dignity, integrity and vulnerability", Vol. 1 of *Basic Ethical Principles in European Bioethics and Biolaw: Report to the European Commission of the BIOMED-II Project*, Copenhagen: Danish Center for Ethics and Law, 2000, pp. 45-56.

原则"和美国"乔治敦四原则"成为相互颉颃、并驾齐驱的两大经典范式。

不难发现，在二者的尖锐对立中蕴含着明显的共识：自律原则。而且，自律原则在医学领域业已转化为具有特定含义的自律的具体形式——知情同意，并被大量运用于各种国际生命伦理和科技伦理的文献条款中。① 可以说，"自律是西方医学和医学伦理学的一个核心价值"②。自律原则似乎已经成为欧美生命伦理学的普遍共识。令人忧虑的是，即使得到欧美共识的自律原则依然面临着巨大的挑战：在医疗实践中，知情同意的自律原则常常成为医务人员推卸自身责任、剥夺病人权利的合法的"正当"借口。这就凸显了一个不可回避的现实问题：为何表面看来体现自律原则的知情同意在医疗实践中常常转变为一种恶和不正当？生命伦理视域的自律原则摆脱困境的可能出路何在？欲解此问，需要回答如下三个和自律原则密切相关的伦理问题：知情同意何以可能？个体自律何以可能？程序自律何以可能？

第一节　知情同意

在生命伦理领域，虽然"自律"的确切含义依然充满歧见，但其基本含义"自治"（self-government）却是得到公认的。瓦琉斯（Jukka Varelius）说："尽管自律观念在不同关联中具有不同意义，但是在生命医学伦理学中有一个普遍性的核心理念。根据这个理念，自律意味着自治。"③ 自律表明有权决定和自己相关的福利或行为。在生命伦理中，自律的实质内涵是要求病人具有自我决定同意治疗或拒绝治疗的权利，并承担与此相应的医疗责任。这就是知情同意（informed consent）——生命伦理

---

① Hans Morten Haugen, "Inclusive and relevant language: the use of the concepts of autonomy, dignity and vulnerability in different contexts", *Med Health Care and Philos*, 2010 (13): 203-213. p. 206.
② Jukka Varelius, "The value of autonomy in medical ethics", *Medicine, Health Care and Philosophy*, 2006 (9): 377-388. p. 377.
③ Jukka Varelius, "The value of autonomy in medical ethics", *Medicine, Health Care and Philosophy*, 2006 (9): 377-388. p. 377.

学视域的自律的具体形式。用鲁德道弗的话说："在生命伦理学中，自律原则主要表达为对'知情同意'的关切。"① 知情同意的使命在于保障病人在医疗中具有自我决定的自由选择权利。

一 知情同意的确立

与具有千年悠久历史传统的自律理念相比，知情同意还是一个刚刚从自律中脱胎而出的崭新观念。1931 年，德国魏玛共和国最后一届政府通过的医学实验法令，首次声明对于医学实验人员的基本标准是个体的自由和知情同意。此项法令以法律的权威性第一次确立了知情同意在生命伦理领域的伦理和法律地位。不幸的是，纳粹统治时期，集中营里恐怖的人体实验肆意践踏这一法令，完全否定了知情同意的自律价值。纳粹独裁结束之后，1947 的《纽伦堡宣言》(the Nuremberg Code) 作为第一个关于医学人体实验的国际宣言，明确宣称知情同意是医学人体试验的必要条件。1964 年，作为《纽伦堡宣言》的发展的《赫尔辛基宣言》(Declaration of Helsinki) 在赫尔辛基被世界医生组织 (the World Organization of Physicians) 采纳 (1975 年在东京修订)。《赫尔辛基宣言》把知情同意发展为一个基本的医学伦理原则："个人的健康福祉必须优先于科学和社会利益。"② 在"欧洲四原则"中，鲁德道弗对知情同意的内涵有一个权威性诠释："知情同意的概念应当能够既保证病人承受医疗待遇的完全自我决定，又能保证病人在相关的医疗过程中有价值的选择和自由。在此境遇中，知情同意的基本要素是：(1) 公开透明，(2) 理解，(3) 自愿，(4) 有能力，(5) 同意。"③ 知情同意要求病人有权利自己决定接受或拒绝相关待遇。如

---

① Jacob D. Rendtorff, "The Limitations and Accomplishments of Autonomy as a Basic Principle in Bioethics and Biolaw", David N. Weisstub (ed.), *Autonomy and Human Rights in Health Care*, The Netherlands: Springer, 2008, p. 80.

② Jacob D. Rendtorff, "The Limitations and Accomplishments of Autonomy as a Basic Principle in Bioethics and Biolaw", David N. Weisstub (ed.), *Autonomy and Human Rights in Health Care*, The Netherlands: Springer, 2008, p. 82.

③ Jacob D. Rendtorff, "The Limitations and Accomplishments of Autonomy as a Basic Principle in Bioethics and Biolaw", David N. Weisstub (ed.), *Autonomy and Human Rights in Health Care*, The Netherlands: Springer, 2008, p. 80.

今，知情同意作为医学决定的一个基本特质在许多国家和国际行为典范中得到认可和确立。

二 知情同意的价值

知情同意原则作为自律原则在生命伦理领域的具体化，具有重要的价值意义。（1）知情同意原则的确立，对于 20 世纪 50、60 年代的医生家长制（physician paternalism）而言，是一个颠覆性的价值突破。医生家长制虽然在医生对病人的责任方面具有其价值，但是并没有充分认识到病人自律和治疗过程的内在关系，乃至把病人自律看作一个不可实现的神话乌托邦，根本否定知情同意的价值和意义。知情同意原则肯定医学治疗中病人和医生之间的平等地位，试图彻底改变二者之间的不平等关系，使传统的医生家长制寿终正寝。（2）知情同意原则是生命科学技术高速发展和价值多样性的内在要求。尽管技术工具论仅仅把生命科学技术（technology）看作一种价值中立的工具，实际上并非如此。生命科学技术的 technology 不仅仅指 techné（技艺）的层面，更是以其 logos 为目的的 techné。其 logos 是在解蔽和无蔽状态中成其自由本质的，而自由正是道德哲学的本体根据。就此而论，生命科学技术"是道德哲学的一个分支"①。就是说，生命科学技术是为了达到理性的道德目的而运用生命科学知识的技艺或技能，是"应当意味着能够"的自由实践而不仅仅是"能够意味着应当"的纯粹工具性活动。生命技术和治疗革命带来了多样性的治疗选择途径，其蕴含的内在价值目的通过提升人的脆弱性直指人的自由和尊严。知情同意原则正是生命科学技术的 logos 的一种医学表达和临床实践的伦理诉求。如果说医学工具论是医学家长制的理论根据，自由实践意义（或道德哲学意义）上的生命科学技术则是建构知情同意的平等医疗关系的理论基础。（3）知情同意的自由选择尊重病人的价值观念和主体地位，使人人享有的人权观念在脆弱境遇中得以确证和实践，在某种程度上肯定了病人的价值和

---

① Mike W. Martin and Roland Schinzinger, *Ethics in Engineering* (3rd edition), Boston：McGraw-Hill Companies, Inc, 1996, p.1.

尊严。其实，除了当下的病人外，每一个人都曾经是病人或者可能是病人。换言之，每一个人都是一个（曾经的、现实的或可能的）病人。在这个意义上，知情同意是一种和每个人息息相关的人权的伦理诉求，此种"自律帮助我们在生命伦理学中致力于关照人权和尊重人格"。① 相反，如果一个人的选择、决定、信念、欲求等都是诸如未经反思的社会化控制、强迫等外在影响导致的结果，"如果一个人的行为是被迫的或意志薄弱导致的结果，它就不是自律的而是他律的（heteronomous）"②。一个他律的人，是一个在某些方面被他者控制或者不能根据其自己的愿望和计划而行动的人，是一个被削弱了其主体自由的人。实际上，即使我们意识到别人（如医生）的决定比我们好，我们也不愿别人替我们做出决定，因为"在自我决定中我们是主体，我们运用自己的理性能力，我们控制自己的生活，我们具有生活在我们自己的生活中的感觉。我们创造、造就自我，我们赋予我们的生活以意义、目的和各自的独特唯一性，我们表达我们自己"③。或许，这正是自律能够成为欧美生命伦理学共识的基本原则的根本原因。

三　知情同意的瓶颈

毋庸讳言，尽管知情同意的自律原则是生命伦理学的一个核心价值理念，但是依然存在着其自身难以逾越的瓶颈。其一，在某些健康关怀的特定境遇中，知情同意的原则似乎并无实际意义。知情同意的基础是个体自由和理性决定能力，而非脆弱性和易受伤害性。病人由于身处病痛之中且对于相关医学信息知之甚少，常常并不知道他们真正的愿望或欲求，很难具备知情同意的基本能力。特别是对于孩子、危重病人、精

---

① Jacob D. Rendtorff, "The Limitations and Accomplishments of Autonomy as a Basic Principle in Bioethics and Biolaw", in David N. Weisstub (ed.), *Autonomy and Human Rights in Health Care*, The Netherlands: Springer, 2008, p. 75.

② Jukka Varelius, "The value of autonomy in medical ethics", *Medicine, Health Care and Philosophy*, 2006 (9): 377-388. p. 378.

③ Jukka Varelius, "The value of autonomy in medical ethics", *Medicine, Health Care and Philosophy*, 2006 (9): 377-388. pp. 379-380.

神病人、智障者、植物人等尚不具备或基本丧失自我决定能力者而言，自律原则几乎丧失了存在的根据。其二，知情同意和医生治疗责任的冲突。病人自律和医疗诊断远非一个问题，知情同意"在医学应当给予病人的自律发挥到何种确定的作用上似乎有些模糊不清"①。病人很难真正理解他们参与的医疗程序，常常在不充足、不理解甚至错误的医疗信息的基础上被迫做出盲目性决定。病人的知情同意常常成为医务人员剥夺病人权利、推卸自身责任的合法的"正当"借口。这种情况甚至比医生家长制的危害更为严重。其三，病人的知情同意忽视了医生的个体自律，脱离了程序自律的轨道，陷入片面的病人个体自律的困境之中。奥涅尔（Onora O'Neill）甚至说："既然知情同意对许许多多病人存在问题，其在医疗中几乎是不必要的。"② 虽然奥涅尔的观点过于偏激，但我们不能不追问：似乎体现着善和正当的知情同意为何在医疗实践中却转变为一种恶？其出路何在？这就需要回答如下两个基本问题：个体自律何以可能？程序自律何以可能？

第二节 个体自律

自律（autonomy）理念植根于悠久的西方文化传统中，主要指奠定在个体自由基础上的个体自律（individual autonomy）和平等公正基础上的程序自律（procedural autonomy）。

自古希腊以来，个体自律一直是道德哲学探究的一个重要话题。亚里士多德已经明确地把自律和个体的自愿行为密切联系起来，初步具备了个体自律的观念。③ 亚里士多德的个体自律观念，在康德那里得到了深刻的

---

① Jukka Varelius, "The value of autonomy in medical ethics", *Medicine, Health Care and Philosophy*, 2006（9）：377-388. p. 377.

② Onora O'Neill, *Autonomy and Trust in Bioethics*, Cambridge：Cambridge University Press, 2002, p. 40.

③ Jacob D. Rendtorff, "The Limitations and Accomplishments of Autonomy as a Basic Principle in Bioethics and Biolaw", David N. Weisstub（ed.）, *Autonomy and Human Rights in Health Care*, The Netherlands：Springer, 2008, p. 78.

哲学论证。康德认为，人既是道德立法又是道德守法的先验道德主体。先验道德主体出自对道德法则普遍有效性的敬重，不受外在条件限制或强迫的自立法自守法的实践理性能力就是个体自律。个体自律的普遍道德法则是："要只按照你同时认为也能成为普遍规律的准则去行动。"① 康德的普遍性道德自律理念遭到了自由主义功利哲学家密尔（John Stuart Mill）等人的批评。对密尔而言，由于每个人的具体理性能力和不同个体的能力不同，个人选择、爱好、欲求和对未来的愿望都是不可普遍化的经验对象。是故，自律并非普遍性的实践理性能力，而是具体经验个体不受外在强制的自我决定和自愿行为的自由能力。② 其实，康德所说的先验道德主体的自律，应当是经验个体自律的价值根据。因为先验道德主体的普遍道德法则正是经验个体自律的普遍化，经验个体的自律也不是任意行为，而是根据普遍道德法则进行选择的自由行为。所以，个体自律是奠定在理性自由等人的坚韧性基础上的理性实践能力。其基本含义可以概括为：（1）先验道德主体和普遍道德法则相一致的自由选择能力；（2）在特定的经验生活境遇中，经验个体出自对普遍道德法则的敬重而独立做出决定的自愿行为或自我管理。换言之，个体自律不是行为的任意选择或受外在强制的被迫行为，它意味着自律主体具有道德理性的自律能力而区别于其他动物和自然界，因而自在地具有不依赖于外在因素的价值和尊严。

个体自律的基本要求在生命伦理领域内具体化为病人个体自律和医生个体自律两个基本层面。

一 病人个体自律

通常情况下，个体自律以理性能力的成熟即人的坚韧性而非脆弱性为前提条件。病人作为在医疗实践的特定境遇中的主体，既是具有意志、愿

---

① Immanuel Kant, *Foundations of the Metaphysics of Morals*, translated by Lewis White Beck, Beijing: China Social Sciences Publishing House, 1999, p. 39.

② Jacob D. Rendtorff, "The Limitations and Accomplishments of Autonomy as a Basic Principle in Bioethics and Biolaw", David N. Weisstub (ed.), *Autonomy and Human Rights in Health Care*, The Netherlands: Springer, 2008, p. 79.

望和欲求的坚韧性存在者，又是遭受疾病折磨的非常脆弱的存在者。鲍姆（M. B. Baum）说，疾病的经历表明："人的主体存在成为一个敏感的易受影响的、遭受痛苦的衰弱性身体。其表征和疾病状态要求通过脆弱性明确其自律界限并予以限制。"① 奥涅尔也说："一个患病或受伤的人相对于他者是一个极度脆弱的人，他极度依赖他者的行为和能力。坚韧性的自律概念对于病人而言或许似乎是一种负担，甚至毫无成效。"② 病人的理性能力、精力和身体处在一种脆弱状态，且一般不具备医疗知识技术，其自律能力极其脆弱甚至丧失。在此经验中，病人签字常常是被迫无奈或者信息不全的盲目之举，这恰好是他律而非自律。对病人而言，知情同意只能在极其严格的限度内有效：（1）从自律主体来讲，知情同意仅仅对具备足够的自律能力的轻度病人适用，对于重病人、精神病人、非成年病人、危急病人等自律能力极其脆弱乃至完全没有自律能力者是无效的；（2）从自律客体来讲，知情同意必须限定在明确无误且病人能够真正理解的医疗信息的基础上。模糊不清或者病人无法理解的医学专业领域的信息不得作为知情同意的内容。

病人的知情同意在某种程度上削弱了医生的责任，增加了病人的心理恐惧和精神负担。我们应该避免陷入去责任化的选择困境，"知情同意不应当使病人更加脆弱"③。病人的优先权是从他人尤其是具有医学技术和知识的医务人员那里得到帮助，而不是无奈、痛苦甚至盲目的知情同意。退一步讲，"即使病人是一个优秀的自律者，也不可能和其医生一样，有能力把握评估其手术风险和益处的所有信息。医生比病人更有能力决定最好的有利于病人的医疗方式"④。自律奠定在理性和坚韧性（robustness）的

① Baum M. B., "The necessary articulation between autonomy and vulnerability", *Working Papers*, *Research Projects*, *VII*, Centre for Ethics and Law, Copenhagen, 1997, p. 22.

② Onora O'Neill, *Autonomy and Trust in Bioethics*, Cambirdge: Cambirdge Univesity Press, 2002, p. 38.

③ Jacob D. Rendtorff, "The Limitations and Accomplishments of Autonomy as a Basic Prin ciple in Bioethics and Biolaw", David N. Weisstub (ed.), *Autonomy and Human Rights in Health Care*, The Netherlands: Springer, 2008, p. 85.

④ Jukka Varelius, "The value of autonomy in medical ethics", *Medicine*, *Health Care and Philosophy*, 2006 (9): 377-388. p. 380.

基础上，病人不是最适宜使用透明权利的知情同意的自律者，不应当是主要的自律主体。这就要求确立医生的个体自律的主体地位。

二　医生个体自律

相对脆弱的病人而言，具备医学专业技能、掌握医学资源的医生是坚韧性和正常理性的存在者。所以，个体自律主要应当是医生个体自律，而非病人个体自律。这是确立医生的个体自律主体地位的基本理据。医生的自律主体地位主要体现在知情自律和同意自律两个基本层面。

（1）知情自律，是医生在对病人病情深刻理解把握的基础上，在尊重病人正当理性意愿的前提下，对最好的医疗途径方法的自由选择、认同和实施。治疗绝非一个仅仅由医生或病人一方独自构建的独白王国，而是双方共同构建的互为目的的商谈伦理王国。在这个伦理王国中，医生应当首先把病人看作医疗自身的目的，通过和病人的交流即治疗对话（a therapeutic dialogue），了解、把握病人之情。交流不同于纯粹的自我表达，"仅当其目的是可接受的且其听众是能够接受的时，才是伦理上可以接受的"①。医疗对话交流听命于伦理倾诉而非纯粹的选择和自我独白表达，它是医患双方对各自存在经历的意义理解和情感交融，是医生对病人的必要的自愿的职责关爱。医生在理解病人特定境遇的经历的基础上，从病人生命历史的角度理解并重构病人的叙述性病历，培育医患双方默契配合的信任程度，为进行良好的治疗打下伦理关怀的坚实基础。这就意味着医患之间的友谊模式先于双方的契约权利模式。或者说，医生的知情自律是其同意自律的必要前提。

（2）同意自律的基本要求是：在知情自律的基础上，医生和病人（或其他相关人员）签订医疗协议，自愿自觉地认同并尊重协议，行使协议规定的医疗权利并承担相应的医疗责任。康德曾说，权利是以每个人自己的自由与每个他人的自由之协调一致为条件而限制每个人的自由，权利由此

---

① Onora O'Neill, *Autonomy and Trust in Bioethics*, Cambridge：Cambridge University Press, 2002, p. 186.

引发的是责任和义务。① 相应地，医生的治疗权利引发的是不可推卸的医疗责任和义务，即使病人签订了免于医疗责任的协议，医生应当承担的医疗责任也并不因此而失效。病人是医生救治的目的而不是医生推卸责任和保障其职业的工具。医生必须为其治疗过程、治疗结果承担职业责任，绝不可以病人的"知情同意"为借口，把医疗责任推卸给病人，使本来就处在弱势的病人处于极其无助的更加弱势的地位。病人签字不能成为医生推卸职业责任的根据，而恰好是医生承担职业责任的证据。把承担医疗责任作为医生自律的重要一环，就有可能保障病人的正当权益，避免病人在脆弱状态下被迫签字并被迫答应承担自己不能也不应承担的所谓医疗责任，因为病人并不具有医生所具有的相应的医疗权利。与此同时，同意自律也增强了医生的主体性、责任心和人格尊严，确认了医生的职业价值和存在意义。

值得注意的是，尽管相对于病人，医生是坚韧者，但是医生并非上帝，亦非天使，而是有限的理性存在者。相对于强大的社会法律制度和人际网络而言，每一个医生自身的理性、判断、素养和医疗水平都是有限的、脆弱的。尤其在医生自觉自愿承担其医疗责任方面，完全靠其自身的自律很难完全落实。如前所述，与医生的个体自律相比，病人的个体自律存在的问题更为严重。所以，就个体自律（病人自律和医生自律）而论，诚如奥涅尔所说："个体自律和自我表达的权利不能为生命伦理学提供一个令人满意的基础。"② 从根本上讲，自律个体自身的局限性和对生物、物质、社会条件、理性信息等的依赖所带来的结构性限制，构成了奠定在理性和坚韧性基础上的个体自律难以逾越的屏障。突破这道屏障是一个亟待解决的问题，也正是程序自律的使命。

---

① Immanuel Kant, *The Metaphysics of Moral*, translated and edited by Mary Gregor, Cambridge: Cambridge University Press, 1996, pp. 24-25.

② Onora O'Neill, *Autonomy and Trust in Bioethics*, Cambridge: Cambridge University Press, 2002, p. 184.

第三节　程序自律

　　个体自律以独立于社会联系的个体为前提，奠定在个体的自由选择和自我决定的实践理性能力的基础上。在真实的伦理生活中，并非每个人都具备这样的能力，具备这种能力的人也并非在任何境遇中都能正常发挥。事实上，自律个体经常处于易受挫败的、不能完全自我控制的境遇之中，极难不受外在干扰而完全独立地做出理性决定。在此情况下，"我们的自律消弱、丧失或不能发挥"[1]。因此，"当自律概念作为运用到保护个人的唯一概念时，其局限性极大。必须考虑包含个体的其他维度"。[2] 自律一旦试图寻求包含个体的其他维度，就突破了个体自律的瓶颈，进入程序自律的领域。

　　程序自律的理念内在地蕴含在 "autonomy"（自律）的词源之中。"autonomy" 由 "auto" 和 "nomos" 构成，是一个具有政治渊源的术语。"auto-nomos" 表明，自律（autonomy）和社会的政治组织密切相关，它意味着古希腊的城邦自治（self-government）[3]。奥涅尔解释说："在古典时代，autonomy 这个术语并非指个体，而是指自我立法的城市。一个自律的城市是和一个由主城赋予其法律甚至是强加其法律的殖民地相对应的概念。"[4] 相对于 "autonomy" 的古典意义，个体自律只是启蒙运动以来（尤其是经过康德、密尔等人哲学论证的）"autonomy" 的现代意义。其实，在康德、密尔、洛克和潘恩等人那里，个体自律已经成为自由民主政治原则的核心观念。在当代民主国家里，个体自律被赋予了正当合法的重要地

---

① Gerald Dworkin, *The theory and practice of autonomy*, Cambridge: Cambridge University Press, 1988, p. 117.

② Jacob D. Rendtorff, "The Limitations and Accomplishments of Autonomy as a Basic Principle in Bioethics and Biolaw", David N. Weisstub（ed.）, *Autonomy and Human Rights in Health Care*, The Netherlands: Springer, 2008, p. 82.

③ Gerald Dworkin, *Theory and Practice of Autonomy*, Cambridge: Cambridge University Press, 1988, p. 12.

④ Onora O'Neill, *Autonomy and Trust in Bioethics*, Cambridge: Cambridge University Press, 2002, p. 29.

位。而今,"保护个体自律是大部分欧洲宪法的基本原则"①。自律的古典意义(城邦自治)和现代意义(个体自律)在当下呈现出融为一体的趋势。这种趋势表明:(1)一个组织、单位(包括医院)、城市、国家等类型的伦理实体和作为自律主体的道德个体有着质的差异;(2)伦理实体的自律和个体自律虽有质的不同,但并不排斥后者。伦理实体的自律是凭借正义价值和民主程序的伦理力量解决各种个体自律问题的程序自律(procedural autonomy)。在程序自律的视域中,自律个体既是处在诸多社会实践、约定、同情和复杂的陌生人际关系之中的自由存在者,又是必须予以关注和尊重的脆弱性和易受伤害性的存在者。如果说个体自律的基础是个体的坚韧性,程序自律的基础则是个体的脆弱性。如果说个体自律意味着道德主体的自由选择,程序自律则既要考虑个体的欲求、渴望、有限性等脆弱性要素,也要考虑如何运用平等公正的程序关照个体的各种不同可能性选择。为此,程序自律必须在尊重文化多样性和公共价值基础的前提下,寻求一套公平正义的伦理价值体系,在此基础上建构公正民主的伦理程序,以弥补个体自律的有限性,纠正个体自律存在的问题,化解或缓解个体自律之间的矛盾冲突,保障并促成自由自律的道德选择。程序自律的这种特质为生命伦理学的个体自律原则走出困境开启了可能途径。

据程序自律的基本理念,生命伦理视域的程序自律的具体设计是:在正义原则的价值基础上,构建民主管理和责任追究相结合的程序自律机制。

一 正义原则

正义主要指权利的正当分配。凯姆培纳(Norbert Campagna)说:"正义,正如亚里士多德和罗马法教导我们的,主要是权利分配:总体权利的

---

① Jacob D. Rendtorff, "The Limitations and Accomplishments of Autonomy as a Basic Principle in Bioethics and Biolaw", David N. Weisstub (ed.), *Autonomy and Human Rights in Health Care*, The Netherlands: Springer, 2008, p. 80.

分配。即使权利是根本不平等的，权利的比例也能够是正当的或公平的。"① 和知情同意（个体自律）的存在根据（坚韧性）不同，程序自律的存在根据是脆弱性。是故，程序自律的正义原则是奠定在脆弱性基础上的祛弱权的正当分配。所谓祛弱权，就是人人（包括医生和病人）享有其脆弱性不受侵害并得到尊重、帮助和扶持的权利。② 程序自律对祛弱权的正当分配原则是：病人祛弱权第一，医生祛弱权第二。换言之，程序自律优先保护病人权利，其次保护医生权利。如果不考虑医务人员的权利，其正当权益就会受到侵害，这本身就是不公正的。医务人员必然因此难以真正履行义务、承担责任，病人权利也难免受到影响甚至伤害。

既然正义原则保障病人和医务人员的正当权利，就必然由此引发相应的责任和义务，各种权利义务之间的冲突也在所难免。解决这些冲突，把正义法则落到实处，是民主管理机制和责任追究机制的使命。

二 民主管理机制

在"乔治敦四原则"中，比彻姆和丘卓斯把自律诠释为：个人自律的最低限度是自治，它既是免于他者控制干涉的自由，又是免于限制的自由，"自律的个人根据自我选择的计划自由行动，类似于一个独立政府管理其疆域和处理其政务一样"③。乔治敦的自律原则已经模糊地意识到了个体自律和独立政府管理方式之间的联系。其实，生命伦理的个体自律和社会政府尤其是医院的民主管理密不可分。

医院民主管理的首要一环是，建立一套民主科学的预防机制，通过严格的医学理论和医学临床实践的考核，把不具备自律素质的医务人员排除在临床实践之外。否则，一旦不合格的人员（即在医疗技术、医德水平等方面达不到自律素质要求的医务人员）具有了合法行医的资格，医务人员

---

① Norbert Campagna, "Which Humanism? Whose Law? *About a debate in contemporary French legal and political philosophy*", *Ethical Theory and Moral Practice*, 2001 (4): 285-304.

② 关于祛弱权的论证和内涵，请参看拙文《祛弱权：生命伦理学的人权基础》（《世界哲学》2009年第6期），兹不赘述。

③ T. L. Beauchamp and J. F. Childress, *Principles of Biomedical Ethics* (5thed.), New York: Oxford University Press, 2001, p.58.

的自律将丧失殆尽。其二，设立医学自律委员会作为权威的监督指导机制，对当下临床实践中的病人自律、医生自律予以指导监督。其三，建立一套民主科学的后果评价机制，重点建立一套出院病人（及其亲属）通过合法程序和伦理机制对医生做出自律性评价的运行机制，以此作为考核医生自律的重要凭据。一般而言，当病人出院后，其自律能力恢复正常，医患双方的不对等关系不复存在，病人不再畏惧医生的权威。在此前提下，出院病人的自律评价具有重要的价值：一方面，能够把病人的自律和知情同意贯彻到底，实现病人和医生的对等关系的自律评价。另一方面，能够真正促进医生致力于治病救人的神圣事业，有效避免医生仅仅为了推卸责任而假借知情同意之名蒙蔽病人的不良行径。

民主管理机制通过开端、过程、后果三个主要环节，把互为工具的"我它"医患关系转化为互为目的的"我你"医患关系的有效可行的伦理程序，既降低了病人知情同意的医疗风险，又提升了医务人员的责任感、自尊心和敬业精神，也为责任追究提供了依据。

三　责任追究机制

在"欧洲四原则"的自律原则中，鲁德道弗等人把自律归纳为五种基本含义：（1）创造理念和生活目的的能力；（2）道德洞察、自我立法和保护隐私的能力；（3）理性决定和不被强迫行为的能力；（4）政治参与和承担个体责任的能力；（5）医学经历中的知情同意能力。[①] 鲁德道弗等人把"政治参与和承担个体责任的能力"作为生命伦理学自律的一个基本含义——虽然没有对此进行深入详尽的阐释论证，毕竟已经涉及责任问题。一个寻求以祛弱权为共同价值并设定民主程序进行商谈沟通和监督的伦理程序，必定是一个勇于承担责任的道德程序。医生和病人不仅仅是医疗机构和某些行政机关谋求福利和政绩的工具，更重要的是，病人或医生也是医疗机构和某些行政机关的目的。绝不允许也不应当把病人或医生仅仅当

---

① Jacob D. Rendtorff, "The Limitations and Accomplishments of Autonomy as a Basic Principle in Bioethics and Biolaw", David N. Weisstub（ed.）, *Autonomy and Human Rights in Health Care*, The Netherlands：Springer, 2008, p. 78.

作手段而不当作目的。为此，医疗行政机构和医院等伦理实体必须建立明确有效的责任追究制，既要保护病人的合法权益，也要保护医生的合法权益。医生只能承担医疗职责范围内的法律和道义责任，而不得承担完全责任，如病人的家庭责任或社会性责任等。否则，医生必不敢承担责任而以知情同意为托词，竭尽全力地把所有责任推给病人，最终受害的还是病人。所以，责任追究的基本自律程序是：最先追究危害病人或医生的有关医院、行政单位、社会团体或其他当事者的责任，其次追究医生危害病人、未尽或放弃医疗义务的责任，然后追究病人因不配合医学治疗等自身原因带来的医疗后果的责任。

综上所述，个体自律和程序自律共同构成了生命伦理视域的自律原则。

结　语

当下欧美生命伦理的知情同意原则仅仅局限在狭小的病人自律范围内，对医生个体自律和程序自律几乎不予关照，这是其陷入伦理困境的重要原因。奠定在坚韧性基础上的（病人、医生）个体自律和奠定在脆弱性基础上的程序自律，把道德个体的自我管理和伦理实体的自我管理融为一体，把个体实践理性和公共伦理程序有机结合，铸就了生命伦理视域的自律原则。此自律原则蕴含着生命伦理领域的民主商谈对话的平等精神，彰显了生命伦理的实践特质和人文精神，为知情同意的自律原则摆脱困境开启了一条切实可行的伦理路径。

究其实质，自律摆脱困境的价值基础正是祛弱权。同理，除了自律原则之外，"乔治敦四原则"的无害、仁爱、公正以及"欧洲四原则"的尊严、完整性和脆弱性之间的冲突和对立，依然可以在祛弱权的价值共识下得以解决。为简洁计，兹不赘述。在考察自律等生命伦理原则的基础上，我们进入祛弱权视域的生命伦理具体问题的反思。首先就是生育权利和生育责任的伦理问题。

第三章　生育伦理

　　生育权利是人人生而具有的自然权利。在自然生殖的范畴内，对于没有生育能力的人来说，其生育权利也就失去了其真正的道德价值和实在意义。与此相应，在自然生殖的范畴内，生育责任则是具有生育能力的人应当承担的义务，没有生育能力者则不具有严格意义的生育责任。这是非常清楚的，不清楚的是生殖技术带来的生育权利和生育责任问题。为此，我们主要研究祛弱权视域下的生殖技术带来的生育权利和生育责任问题。

　　20世纪中叶以来，试管婴儿、克隆技术和人造生命等生殖技术的发展突破了传统自然生殖的藩篱，给生育权利和生育责任带来了前所未有的道德冲击和伦理挑战。生殖技术既为没有生育能力者提供了维系其生育权利的可能性，也为拥有生育能力者提供了推卸或逃避生育责任的可能性，还带来了诸多涉及未来人类的伦理冲突。这些问题使人类在选择和应用生殖技术的实践中陷入一种进退两难的道德困境。用詹穆斯（Scott M. James）的话说："在面对挑战中有两种选择，但是每一种选择看起来都不是善的。如果你做，你会受到谴责诅咒，如果你不做，你也会受到谴责诅咒。"① 这也意味着问题的另一面：每一种选择看起来都不是恶的。如果你做，你会受到（谴责你不做的那部分人的）称赞；如果你不做，你也会受到（谴责你做的另一部分人的）称赞。那么，是否应当利用先进的生殖技术维系生育权利？如果答案是肯定的，在利用生殖技术时，我们是否应当承担相应

---

① Scott M. James, *An Introduction to Evolutionary Ethics*, Chichester: John Wiley & Sons Ltd., 2011, p. 181.

的生育责任？这就涉及生殖技术视域的生育权利和生育责任的内涵和二者之间的内在联系问题。

第一节　生育权利

我们知道，《世界人权宣言》第16条对生育权利有一种模糊性表达："每个成年男性和女性，不受种族、国籍或宗教信仰的限制，都有权利结婚并组建家庭。"[①] 不过，结婚组建家庭的权利并不等同于生育权利，只是生育权利的可能前提。何为生育权利呢？

一般而言，权利有消极权利和积极权利的基本诉求，即"保护个人免受风俗习惯制度和众人侵害的权利；赋予个人在不侵害他人权利限度的范围内，以自己的方式安排其生活的能力的权利"[②]。与此相应，在生殖技术视域内，生育权利主要有积极生育权和消极生育权两个层面。围绕二者，人们展开了激烈的争论。争论的焦点集中在"个人是否具有要求他者帮助其生育的权利或者生育权利是否仅仅要求他人不干预其生育过程"[③]。为什么会有这种争论呢？

一　消极生育权利

消极权利的生育权利是建立在体内受精和孕育这一合乎自然的生物学事实上的，它主张合乎自然是生育权利的基本准则。拜尔茨（Kurt Bayertz）说："直到今天，在天主教会对于避孕、人工授精以及体外受精的谴责中，是否合乎自然仍然起着关键的作用；想有一个孩子的合理愿望，正如教皇庇护十二世所说的，任何时候都不允许通过违反自然的行为

---

① Yvette E. Pearson, "Storks, Cabbage Patches, and the Right to Procreate", Bioethical Inquiry, 2007 (4): 105-115, p. 109.

② Jon Mahoney, "LiberalismAnd The Moral Basis For Human Rights", Law and Philosophy, 2008 (27): 151~191.

③ Yvette E. Pearson, "Storks, Cabbage Patches, and the Right to Procreate", Bioethical Inquiry, 2007 (4): 105-115, p. 109.

来加以满足。"① 所谓合乎自然就是合乎自然生殖的生物学事实。与其他哺乳动物一样，人的受精和妊娠都是必须在雌性身体内完成的自然过程。所以，只有男女之间肉体的结合，才能实现人的繁殖。由于这种生物学事实的限制，"在迄今为止的人类历史中，性交一直都是人类繁殖的一个必不可少的前提条件"②。对于大多数基督教性伦理学家来说："性行为与繁殖的统一不仅是生物学上的一个事实，而且还是一种受到现代生殖技术伤害的道德要求和规范。"③ 正因如此，罗伯特森（John Robertson）说："作为消极权利的生育权利是反对公共干涉生育或个人干涉生育的权利。"④ 这种生育的消极权利也被罗伯特森称为生育自由。什么是生育自由呢？"从基因遗传的意义上看，生育自由与否也包括养育与否……包括妇女怀孕是否和生育孩子有基因遗传关系。"⑤ 值得注意的是，消极权利者也认为生育是个人身份的核心，否定或剥夺生育能力"是人生经历的巨大损失"⑥。因此，消极生育权利明确否定积极生育权，认为积极生育权具有严重问题，因为它是对自然生殖的挑战和否定。问题是，（1）对于没有生育能力的人而言，根本不存在剥夺生育能力的可能。如果秉持自然生殖方式下的消极生育权利，其实也就等于否定了其生育权利和个人身份。（2）自然生殖真的不可挑战吗？

对于没有生育能力或者丧失了生育能力的人来说，治疗不育症似乎并没有引起大的争论。因为一旦治愈，其生殖过程依然属于传统的生物学事实。既然自然赋予其不能生育的体质，治疗也是违背自然的人工行为。这本质上和体外受精、克隆、人造生命等是一样的，都是人工技术在改变、抗争自然，不同的只是抗争的广度、深度乃至价值观念冲突等。对于没有

① 〔德〕库尔特·拜尔茨：《基因伦理学：人的生殖技术化带来的问题》，马怀琪译，华夏出版社，2001，第128页。
② 〔德〕库尔特·拜尔茨：《基因伦理学：人的生殖技术化带来的问题》，马怀琪译，华夏出版社，2001，第136页。
③ 〔德〕库尔特·拜尔茨：《基因伦理学：人的生殖技术化带来的问题》，马怀琪译，华夏出版社，2001，第137页。
④ J. A. Robertson, *Children of Choice*, New Jersey: Princeton University Press, 1994, p. 29.
⑤ J. A. Robertson, *Children of Choice*, New Jersey: Princeton University Press, 1994, p. 23.
⑥ J. A. Robertson, *Children of Choice*, New Jersey: Princeton University Press, 1994, p. 24.

生育能力的夫妇而言，"他们面临的不是在自然方式和人工方式之间进行选择，而是在放弃孩子还是通过人工途径获得孩子之间进行抉择"①。就是说，他们实际上并不享有消极生育权利，仅仅具有享有积极生育权的可能性。如果否定了积极生育权利，也就否定了其生育权利。尽管治疗不育症其实已经是肯定且满足积极生育权利的诉求的事实路径，但并非所有的不育症都可以治愈。那些不可治或没有治愈的不育症夫妇的生育权利又如何保障呢？这是消极生育权利的致命缺憾，也是对积极生育权利的可能诉求。

二 积极生育权利

事实上，20 世纪中叶以来，消极的生育权利受到了空前的质疑、挑战和事实的否定。人工授精等生育技术的发展突破了传统自然生殖方式的藩篱，使受精和妊娠在没有男女肉体的结合或性交的前提下成为可能。体外受精等生殖技术把受胎过程转移到了人体之外的器皿中，"已经存在了数十万年之久的性交意义上的性行为与繁殖的统一开始被打破"②。众所周知，1978 年 7 月 25 日，人类历史上第一个试管婴儿路易斯·布朗在英国一家医院诞生。这是人类繁殖技术革命的标志性事件。对此，拜尔茨说："一个迄今一直在人体的黑暗中发生的过程，不但被带到了实验室的光明之中，而且还被置于技术控制之下，它就超越了通常意义上的技术进步。同时，它又只不过是一次发展的开端；在这一发展之中，人的整个繁殖过程的每一步骤，都将会被一个接一个地从技术上加以掌握。"③ 生殖技术的研究和应用在一定程度上弥补了治疗不育症失败的缺憾，实现了满足积极生育权利诉求的技术突破。正因如此，皮尔森（Yvette E. Pearson）不同意罗伯特森等人把生育权仅仅理解为消极权利（生育自由）的观点，明确主

---

① 〔德〕库尔特·拜尔茨：《基因伦理学：人的生殖技术化带来的问题》，马怀琪译，华夏出版社，2001，第 142 页。
② 〔德〕库尔特·拜尔茨：《基因伦理学：人的生殖技术化带来的问题》，马怀琪译，华夏出版社，2001，第 136~137 页。
③ 〔德〕库尔特·拜尔茨：《基因伦理学：人的生殖技术化带来的问题》，马怀琪译，华夏出版社，2001，第 1 页。

张"生育权是一种积极权利",积极的生育权利"意味着赋予部分其他的人以义务即确保权利主体能够享有权利"①。可见,简单地拒斥积极的生育权利是不合理性的独断论。

值得注意的是,罗伯特森等人主张消极权利,反对积极生育权利的忧虑并非毫无道理。试管婴儿出现后,1995年发生了著名的奥斯丁(James Austin)杀婴案。奥斯丁付给代孕母亲3万美金,得到婴儿。在婴儿接近6周时,他杀死了这个儿子。② 这种恶劣后果告诫人类:如果没有人对生育后代的前途福利予以关注,积极生育权利将会引发诸多质疑和反对。不过,仅仅依靠消极权利或完全拒斥积极权利并不能解决问题,反而会扼杀生育技术的发展并完全剥夺不具备自然生育能力的人的生育权利。所以,真正应该思考的问题不是拒斥积极生育权利,而是如何认可并保障积极权利,同时又避免其可能的不良后果。就是说,问题的根本不在于积极权利,而在于相应的道德责任。

要回应生育权利的诉求,就应当明确并履行相应的生育责任。不幸的是,尽管应当意识到生育权利和生育责任具有密不可分的关系,生育权利自身具有对生育责任的诉求,但是人们易于忽视生育责任而仅仅关注其自身的权利、欲求和利益,进而过分强调生育权利却不切实履行相应的生育责任,"结果个人很难认识到对未来后代的责任以及对参与生育过程的他人的责任"③。必须肯定的是,一些人要求生育权利,另一些人必须有责任提供相应的权利保证。不被干涉的生育权利要求不被干涉的生育义务,保障生育的权利要求满足生育诉求的义务。因此,解决问题的关键是,为了保护生育权利,必须诉之于相应的生育责任。换言之,积极生育权利的实现途径是运用生殖技术尊重并满足不具备生育能力者的人工生育的正当诉求。

---

① Yvette E. Pearson, "Storks, Cabbage Patches, and the Right to Procreate", *Bioethical Inquiry*, 2007(4): 105-115, p. 111.

② Yvette E. Pearson, "Storks, Cabbage Patches, and the Right to Procreate", *Bioethical Inquiry*, 2007(4): 105-115, p. 106.

③ Yvette E. Pearson, "Storks, Cabbage Patches, and the Right to Procreate", *Bioethical Inquiry*, 2007(4): 105-115, p. 108.

第二节　生育责任

生殖技术视域的生育责任主要限定为生殖技术层面的责任，不包括自然生殖层面的责任。生育责任源自行动者完成事件的因果属性，"因为他做了，所以他要对此负责"[①]。这意味着生殖技术主体必须对其行为后果做出回应。这种回应主要有三大层面：人类实存律令赋予生殖技术的责任、生殖技术自身蕴含的责任以及生殖技术应用的责任。

一　人类实存律令赋予的责任

无论以往人类的历史绵延、当下人类的生存活动还是未来人类的可能延续，人类实存都是居于首位的第一律令。汉斯·尤那斯（也译作汉斯·约纳斯）（Hans Jonas）说，"世界内责任的所有客体中，与人的实存密切相关的责任的可能性居于首位"[②]。人类实存是先验的可能性的自在责任，保持这种可能性是宇宙使命，也是人类实存的义务。人的实存仅仅意味着地球上生活着人类，而善的生活则是第二位的律令。直接执行人类实存的第一律令的就是生殖能力。

生殖能力有责任听命于人类实存的第一律令，因为它意味着人类基因的复制和传承。从自然规律来看，人是受基因控制的存在者。如牛津大学的道金斯（Richard Dawkins）所言，"我们熟悉的我们星球上的个体不一定必然存在。只有存在于宇宙的每一个地方的不朽的复制者（基因），才是为了生命存在、兴盛而必须存在的唯一一种实体"[③]。就此而论，人类和所有生物"都是基因创造的机器"[④]。不过，这只是服从自然因果性的人类。此外，人

---

① Hans Jonas, *The Imperative of Responsibility: In Search of an Ethics for the Technological Age*, translated by Hans Jonas with David Herr, Chicago & London: Chicago University Press, 1984, p. 90.

② Hans Jonas, *The Imperative of Responsibility: In Search of an Ethics for the Technological Age*, translated by Hans Jonas with David Herr, Chicago & London: Chicago University Press, 1984, p. 99.

③ Richard Dawkin, *The Selfish Gene*, Oxford: Oxford University Press, 1989, p. 266.

④ Richard Dawkin, *The Selfish Gene*, Oxford: Oxford University Press, 1989, p. 2.

类还是自由规律的主体。道金斯的基因机器论把鸟类、动物等解释为基因机器（gene machine），人类不过是另一种基因机器。由于自私的基因的决定作用，人类只不过是具有粗暴自私特性的内在性匪徒。对此，詹穆斯批评道金斯："如果他（指道金斯——译者注）是对的，那么人们将从来不会有兴趣做正当之事（更不会在意知道什么是做正当的事情）；人们将从来不会敬慕德性，不会奋起反对不正义，或者为了陌生者的福利而牺牲自己的福利。"①其实，道金斯本人也意识到了这个问题，他在《自私的基因》的结尾告诫说："仅仅奠定在普遍的冷酷自私的基因法则之上的社会，将是一个使生活其中的人们深恶痛绝的社会。"② 人并不是完全被自私基因控制的机器，人的生殖能力也并不完全受制于基因控制。实际上，自然并没有赋予每个人生育能力，丧失或不具备生育能力也就意味着不具备直接执行第一律令的生殖能力。由此带来的不育后果并不是当事者的过错，而是自然的因果性所致。那么，人类是完全屈从于自然因果性，还是起而抗争？

作为自由的存在者，人并不是完全直接地服从自然和受基因控制，而是借助各种技术包括生殖技术不断地适应自然甚至改变自然。在此过程中，"人最初只是自然的一个产物，后来成为其自然状态的创造者和主体"③。人类利用一切手段与自然因果性抗争是一种人道的诉求，生殖技术就是与之抗争的技术途径和伦理追求。生殖技术以一种生物学不能解释的方式超越了进化的必然因果性的根基，也赋予了我们把握生殖道德秩序的能力和责任。从某种意义上讲，生殖技术的发展和应用确证着人类和自然世界其他部分的分离，确证着人类并不完全受制于基因机器的自由本性。如今我们已经能够运用各种生殖技术和其他医疗技术进行遗传选择和预见先天性疾病等。在这种情况下，"仍然通过对怀孕和生育不加控制的性的轮盘赌来产生我们的孩子并且对两性偶然组配的结果干脆予以将就，是一

① Scott M. James, *An Introduction to Evolutionary Ethics*, Chichester: John Wiley & Sons Ltd., 2011, p. 8.
② Richard Dawkins, *The Selfish Gene*, Oxford: Oxford University Press, 1989, p. 2.
③ 〔德〕库尔特·拜尔茨：《基因伦理学：人的生殖技术化带来的问题》，马怀琪译，华夏出版社，2001，第107页。

种不负责任的态度。如果我们能从医学上对突变进行控制,那么我们就应该进行控制;如果我们能够控制但却不去控制,这是不道德的"[1]。是故,人们有责任运用生殖技术去执行人类实存的第一律令,以保证那些缺失生育能力且自愿要求生育子女的夫妇的生育权利,即帮助那些丧失或没有生育能力的人们生育孩子。这也是生殖技术自身蕴含的责任所要求的。

二 生殖技术自身蕴含的责任

生殖技术的本质决定了其自身应当承担相应的责任。虽然生殖技术属于应用的自然科学,但是生殖技术并不仅仅是和价值毫无关联的中性的辅助生殖工具。

生殖技术自身具有的道德目的和价值是由技术的本质决定的。柏拉图早就认为:"辩证科学所研究的可知实在,要比从纯粹假设出发的技术科学所研究的东西更明晰。技术科学研究实在时虽然不得不通过思想,而不通过感官,但是它们并不追溯到本源,只是从假设出发。"[2] 在柏拉图这里,技术科学得到的只是意见,而非知识或真理。的确,如果不反思生殖技术的本源目的和存在根据,人类就会成为生殖技术的奴隶。对此,海德格尔说:"所到之处,我们都不情愿地受缚于技术,无论我们是痛苦地肯定它或者否定它。而如果我们把技术当作某种中性的东西来考察,我们便最恶劣地被交付给技术了;因为这种现在人们特别愿意采纳的观念,尤其使得我们对技术之本质茫然无知。"[3] 技术的本质是什么呢?我们知道,从词源学讲,希腊词 techné 主要指偶然发明的技艺和技能。后来,techné 的意义引申为可以传授训练的工艺方法,即 technique。到了 17 世纪,人们把 techné(技艺)和 logos(讨论、演讲、理性等)结合为一个新的语词"technology"。"technology"指关于技艺的讨论、演讲或理性本质。这个

---

① 〔德〕库尔特·拜尔茨:《基因伦理学:人的生殖技术化带来的问题》,马怀琪译,华夏出版社,2001,第 237 页。

② 《西方哲学原著选读》上卷,北京大学哲学系外国哲学史教研室编译,商务印书馆,2005,第 93 页。

③ 孙周兴选编《海德格尔选集》下,上海三联书店,1996,第 925 页。

"道"或"理"（logos）主要有两层含义：一是指技艺所遵循的规则或知识。就此而论，技术是一种（如何制造东西或如何去做工作的）知识。二是指技艺的理性目的，即道德目的。超越了 technique 的 techné 的层面，就可深入其根基性的 logos。是故，海德格尔断言："技术乃是在解蔽和无蔽状态的发生领域中，在真理的发生领域中成其本质的。"① 技术的本质就是技艺所蕴含和追求的道德目的，生殖技术亦不例外。

生殖技术主要关涉生育的各种行为，它既不绝对地隶属于中性的事实世界，也不绝对地隶属于应当的价值世界，而是隶属于生殖技术事实所追求的应当价值的世界。因为生殖技术是一种超越基因控制的自由的解蔽方式，其目的和根据是自由——自由正是道德哲学的本体根据。生殖技术本身并不是目的，其客观功能应当听命于其伦理目的。或者说，生殖技术既属于生物科学范畴，也属于生育道德哲学范畴。除了其客观的自然科学功能外，生殖技术的伦理意义在人类的目的中具有核心地位。在这个意义上，生殖技术既是自然科学技术的一个分支，更是道德哲学的一个分支。由于生殖技术直接与人的存在和生命相关，生殖技术的道德风险"与其他技术操纵不一样，对人的繁殖进行干预所产生的风险始终直接影响人的个体。把一台功能良好的机器搞坏了，可以修理也可以拆除，但如果在体外受精或者基因操纵中发生了失误，那可是无法挽回的"②。生殖技术的道德风险和道德目的都要求它承担生殖方面的相关责任。就此而论，避免或降低道德风险，进而确保生殖技术的道德目的是生殖技术的道德责任的基本法则。这种责任直接体现并落实为生殖技术主体的责任。

三　生殖技术应用的责任

在生殖技术的应用过程中，生殖技术主体和生殖技术客体也随之生成。因此，生殖技术应用的道德责任主要落实为生殖技术主体的道德责任和生殖技术客体的道德责任。

---

① 孙周兴选编《海德格尔选集》下，上海三联书店，1996，第 932 页。

② 〔德〕库尔特·拜尔茨：《基因伦理学：人的生殖技术化带来的问题》，马怀琪译，华夏出版社，2001，第 93 页。

（一）生殖技术主体的道德责任

生殖技术主体就是研究、掌握和应用生殖技术的专业人士，主要包括该领域的科学家、医务人员等。生殖技术主体的思想和行为应当尊重生殖技术的道德目的和伦理诉求。生殖技术主体面临的问题集中体现为人们对生殖技术的质疑：生殖技术的任何应用都是涉及我们自身和我们后代的决定，因此最令人担忧的是生殖技术的干预对于人类来说是善还是恶。生殖技术主体为自己行为所负的责任主要就是对这个质疑的有效回应。如何回应呢？

首先必须寻找最为核心的问题根源。生殖技术主体的能力和思想行为不仅决定后代是否应该活，而且影响甚至在某种程度上决定后代应该怎样活。因此，生殖技术应用所要达到的目标就成了问题的关键。生殖技术主体在考虑、规划未来生育个体的过程中，在和需要生育技术帮助来满足生育诉求的夫妇的伦理商谈中，对于未来子女目标的确定方面将会面临巨大的困惑。无论如何，他们应该考虑未来子女乃至后代的生活，应当对未来子女乃至后代必须具备的适应未来世界的基本素质有所预见。可是，"只要看一看未来之规划者部分荒诞不经的错误预测，就会知道，在实现这一意图时，失策的可能性该有多大"[①]。错误预测的根本原因在于个体所应具有的未来素质是不可规划的偶然预测。所以，未来后代的素质不能成为应用生殖技术主体的责任根据。那么，这个责任的根据是什么呢？

生殖技术主体在一定程度上决定着后代的生命和部分生存方式。从这个意义上讲，生殖技术主体的确扮演着准上帝的角色，由此产生的责任是任何其他责任都无法可比的。拜尔茨分析说："我们后代的生命质量和生存机会主要取决于我们进行操纵时所依据的价值。当然，我们知识的可靠性和完整性、我们技术的作用范围和完全性也起着非常重要的作用；但是，一步一步地向前推进使得这些科学技术问题是可以解决的。在此前提

---

① 〔德〕库尔特·拜尔茨：《基因伦理学：人的生殖技术化带来的问题》，马怀琪译，华夏出版社，2001，第93页。

下，纳入我们决定中的价值立刻就成了一个中心问题。"① 只有可以确定的价值法则才能成为责任的根据，所以有效回应的关键是探求应用生殖技术所依据的价值法则。生殖技术主体责任是该主体具有运用生殖技术的力量所产生的积极回应。对于其参与的生殖技术的事件而言，该事件成为生殖技术主体的事件，因为是生殖技术主体的力量（power）使然，即生殖技术主体的力量和业已发生的事件具有因果性联系。在这个因果性链条中，生殖技术主体直接面对的是人，是和自己同类的应当存在。由此产生的是一种应当存在之间的自由因果性联系。因此，这种价值必须具有形式上的普遍性和内容上的无害性。生殖技术主体必须在对人的普遍理解中把握这种普遍价值。

把握这种普遍价值的途径是，生殖技术主体悬置各种人（包括应用生殖技术所诞生的人如试管婴儿等）的偶然性，探求人的普遍性，最终会把人的存在理解为目的论的应当存在。这种应当存在在生殖技术主体的一切行为与意图中起着支配作用。生殖技术主体借此把自己理解为对人的存在和行为负责的主体。是故，与未来人的行为和主体相对应的伦理命令诚如汉斯·尤那斯所言："要这样行动，使你的行为后果和真正人类生活的恒久不息协调一致；或者否定性表述为：要这样行动，使你的行为后果不要对当下如此生活的未来可能性造成毁坏。"② 这是生殖技术主体必须遵循的道德法则和价值依据。具体而言，其一，它要求生殖技术主体积极行动，为确保没有生育能力者的生育权利而思考研究和应用生殖技术；其二，生殖技术主体仅仅为没有生育能力且自愿要求生育权利者履行责任；其三，生殖技术主体在不危害人类生存境遇和不降低生活质量的前提下履行责任；其四，生殖技术主体必须禁止自己为那些具有生育能力者提供生殖技术应用服务。因为这些人具有生育能力，如果他们放弃了生育权利，就应

---

① 〔德〕库尔特·拜尔茨：《基因伦理学：人的生殖技术化带来的问题》，马怀琪译，华夏出版社，2001，第 185 页。

② Hans Jonas, *The Imperative of Responsibility: In Search of an Ethics for the Technological Age*, translated by Hans Jonas with David Herr, Chicago & London: Chicago University Press, 1984, p. 11.

当自己承担相应的生育责任。同时，如果为他们提供生殖技术服务，就会带来诸多不可预测的消极甚至有害后果，如家庭矛盾、利益冲突、后代同辈之间的伦理关系混乱等。

（二）生殖技术客体的道德责任

生殖技术客体是生殖技术主体应用生殖技术所服务的对象以及产生的生命如试管婴儿及其父母等。所以，这里的核心问题是生育目的以及由此而来的诸多责任。对此，皮尔森说，"由于生育目的应当是创造父母子女间的关系，未来的父母们应当竭尽全力提升处理子女与父母关系的能力"①。这个诉求同样适用于运用过生殖技术的父母与子女的关系以及相应的责任。在尊重生殖技术客体（无生育能力的夫妇）意愿的前提下，生殖技术对生殖过程的干预所带来的直接后果（父母和子女关系的出现）要求生殖技术客体（父母和子女）承当相应的责任。这是由普遍意义上的父母子女之间的关系（包括自然生殖和生殖技术所产生的父母和子女关系）所决定的。

父母子女之间的关系是一种互为我他的权利责任关系。一般说来，人的生命的意义和价值是通过自我对他者诉求的回应不断加以确证、不断加以提升的。在互为我他的关系境遇中，他者的诉求向我显现出其目的价值，把我引向他人的存在境遇。如萨特所说，对于自己来说，"他人是我们身上最为重要的因素"②。他人的存在目的向我发出需要回应的责任的权利诉求。在尊重目的价值和回应的权利诉求中，我接受他者的命令，把他者的命令转化为责任并遵守践行即为此负责。这正是生命存在的价值和意义所在。所以，列维纳斯（Emmannuel Levinas）认为："我的生命有意义的确是因为我遇到需要我并要求我给予帮助的他者，我因此支持他们，对

---

① Yvette E. Pearson, "Storks, Cabbage Patches, and the Right to Procreate", *Bioethical Inquiry*, 2007 (4): 105-115, p.107.
② 〔法〕萨特：《他人就是地狱》，周煦良等译，陕西师范大学出版社，2003，第9~10页。

他们负责，在我的欠缺和回应中，仁善和圣洁融入我的生命。"①

相反，如果自我与他者的关系被异化为工具关系，如果父母与子女的关系被扭曲破坏，那么父母只能是子女的地狱，或者子女是父母的地狱。1995 年发生的著名的奥斯丁杀婴案就是典型的践踏父母子女之间的权利责任关系的恶性事件，其实质是我他关系的工具性异化的恶果。同样，作为生殖技术客体的子女如试管婴儿一旦成人并具有行为能力，就必须承担和自然生殖的成人同样的责任，当然也享有和自然生殖的成人同样的权利。尽管责任不可细数，难以具体确定；但是底线责任是可以确定且必须承担的伦理命令。底线责任应当"懂得某些事情不能做是因为这些事是不正当的"②。道德责任的底线要求是否定性的禁止作恶的伦理命令。在父母与子女（包括生殖技术为中介的父母子女）的关系中，不得相互伤害是基本的道德法则，也是最基本的道德责任；而且，这种责任必须从道德责任转化为法律责任。其前提是，必须在法律上承认通过生殖技术而产生的人和自然生殖的人具有同样的人格尊严，享有基本的人权如生命权等，因此也承担同样的法律责任。

结　语

生育权利是一种生而具有的"应当"的诉求，回应这种诉求的就是以生育能力为基础的生育责任。自然并没有赋予所有的人生育能力，这就剥夺了这部分人的正当诉求使其成为极度脆弱的存在者。人类不是自然的奴隶，具有拒绝自然选票的自由和能力。汉斯·尤那斯就说："向自然说不的能力是人类自由具有的特殊权利。"③ 生殖技术正是人类反抗自然宿命、

① Emmannuel Levinas, "God and Philosophy", in *Basic Philosophical Writings*, Adriaan T. Peperzak, Simon Critchley, and Robert Bernasconi (eds.), Bloomington: Indiana University Press, 1996, p. 140.

② Scott M. James, *An Introduction to Evolutionary Ethics*, Chichester: John Wiley & Sons Ltd., 2011, p. 51.

③ Hans Jonas, *The Imperative of Responsibility: In Search of an Ethics for the Technological Age*, translated by Hans Jonas with David Herr, Chicago & London: Chicago University Press, 1984, p. 76.

维系生育权利的有力武器，尤其是维护极度脆弱者生育权的坚强保障。有鉴于此，尽管应用生殖技术和拒斥生殖技术都会受到谴责和称赞，但是不应当囿于这样的道德悖论而裹足不前。相反，应当在把握生育权利和生育责任的内涵和二者内在联系的基础上，利用先进的生育技术正当地维系生育权利，勇敢地承担相应的生育责任，彰显崇高无上的人性尊严。

生命的延续不仅需要生育权利和生育责任，还需要食物权或食品的日常维系。因此，食物伦理也是生命伦理的必要一环。

第四章 食物伦理

食物是人类日常生活的基本要素，亦是人类生命存在的基本条件①。食物也给生命带来诸多问题。《孟子·告子上》所谓："食，色，性也。"朱熹认为"饮食者，天理也"②。亚里士多德也说："欲求食物乃自然本性。"③ 或许正因如此，与食物相关的吃喝似乎是理所当然、毋庸置疑之事，好像是和伦理无甚关联的自然行为。诚如费尔巴哈所言，"吃和喝是普通的、日常的活动，因而无数的人都不费精神、不费心思地去做"④。与（充满神秘感、不可知的）死亡的伦理反思相比，对（日用不知、维系生存的）食物伦理的追问似乎成了某些哲学家不屑一顾的形而下的边沿话题。

食物伦理（也称食品伦理）的雏形蕴含在人类的食物习俗之中。一般说来，人类的食物习俗倾向于健康快乐的自然目的，并逐步形成相应的节制德性。当食物习俗和节制德性追求社会目的时，节制德性也就突破自身限制，走向外在食物伦理规范的轨道。在特定历史阶段（主要是中世纪），食物习俗和节制德性转化为神圣食物法则与世俗食物伦理的颉颃。二者的

---

① 需要特别说明的是：食物通常指未经加工的可食用之物，即自然食物。食品通常指人工加工的可食用之物，即人工食物。在不严格的意义上，食品也包括自然食物，因为任何自然物要成为食物都不能完全避免人工（如挑选、剥皮、入口等）。鉴于此，本书在同一意义上使用"食品"与"食物"。

② 黎靖德编《朱子语类》卷十三，中华书局，1986，第224页。

③ Aristotle, *The Nicomachean Ethics*, translated by David Ross, revised by Lesley Brown, Oxford: Oxford University Press, 2009, p. 57.

④ 《西方哲学原著选读》下卷，北京大学哲学系外国哲学史教研室编译，商务印书馆，2005，第488页。

颉颃在农业科技大变革的历史境遇中演进为食品科技对人类伦理精神的挑战和后者对前者的反思。在此进程中，食品伦理学应运而生。食物伦理学既应当为人类健康快乐的个体生活提供理性行为规则，也应当为食品立法提供哲学论证和法理支撑，亦能够为生命伦理学开拓出深刻宽广的研究领地。

当然，我们还要讨论食物伦理学和生命伦理学的关系。主要问题是为什么把食物伦理纳入生命伦理学？祛弱权视域的食物伦理与食物伦理学有何关系。我们将在把握食物伦理生成过程后讨论这些问题。

第一节　食物伦理演进

食物（food）与伦理学（ethics）似乎是两个毫无关联的概念：伦理学属于实践哲学，食物则是满足饥饿需求的可食用物品。或许正因如此，直到 20 世纪末，人们才把 food 和 ethics 组合为 "food ethics"（食品伦理学）。不过，食物伦理学绝非凭空而来，它具有传统食物伦理生活的深厚历史根基。诚如胡塞尔所说："在实际生活中，我具有的世界是作为传统的世界。"① 食物伦理学正是源自人类实际生活中具有伦理传统的食物生活世界，它具有其独特的内在逻辑和历史进程。那么，食物伦理学是如何生成的呢？

一　食物习俗与节制德性

如同伦理学源于风俗习惯一样，食物伦理学的最初形式就蕴含在人类的食物习俗中。人类的食物习俗倾向于健康快乐的自然目的，并逐步形成了相应的节制德性。

（一）食物习俗何以可能

食物的本质不仅是食物自身独有的，而且是相对于食者而言的。人之

---

① 〔德〕胡塞尔：《欧洲科学的危机与超越论的现象学》，王炳文译，商务印书馆，2005，第356 页。

外的其他动物是自然食物的被动消费者，因为它们摄入食物时依赖其自然偏好和本能需求。真正人的生活不是被动接受自然食物的本能活动。人不仅是自然食物的被动消费者，还是自然食物的选择改造者。在长期的食物实践过程中，人们逐步认识到好（善）的食物就是能够给食者带来健康快乐的食物。

自然提供的食物常常需要人类的加工提炼。如果人们摄入未经加工的粗糙食物，很有可能带来诸多可怕的痛苦疾病，甚至严重威胁身体健康乃至剥夺生命。为了避免自然食物带来的痛苦疾病、维系人类健康福祉，食物选择成为人类生活的日常行为。人所具备的理性能力使人能够主动自觉地把理性精神渗透到自然食物之中，使自然食物成为人的对象性客体。为此，人们必须发现、判断并选择适宜日常生活和身体健康的潜在食物，进而自觉栽培乃至改造自然作物，使之成为适宜人类美好生活的食物来源。在选取、生产和消费食物的生活实践中，人类逐步成为自然界天然食物的主人。这种行为是为了保持生命健康以抗争自然的利己利人的生存实践活动。在这样的生活实践中，人们逐步认同某些生活规则，达成某种程度的行为共识，形成一定范围内适宜个人生理结构和生存需求的食物习惯或风俗。食物习俗作为人类生活的最基本生存方式，蕴含着丰富的食物伦理内涵。

食物习俗伦理植根于未经反思的日常行为之上，因此各个部落、各个民族或国家的食物规范呈现出千差万别的形态。尽管如此，普遍共识依然存在：保持健康快乐是人类食物习俗的基本目的。在谈到饮食习惯时，毕达哥拉斯特别强调说："不要忽视你的身体的健康。"[1] 人们为了健康目的而遵从于某一种食物习俗，以此逐步培育相应德性并确证自身的道德身份。

（二）食物习俗中的节制德性

在食物习俗中，健康快乐是指食者而言的。这也就不难理解，营养学

---

[1]　周辅成编《西方伦理学名著选辑》上卷，商务印书馆，1996，第17页。

是食品伦理学的主要古典理论形式。在古希腊营养学中，古希腊基本的道德原则——依据自然（本性）生活和行动——同样适用于古希腊食物伦理。在人类的食物活动中，为了健康快乐，基本的行为规范就是避免食物的过度和不及，选择禁止与放纵之间的所谓中道，这就是节制。节制有两个层面的基本要求：一是注重避免食物的不及和过度，二是奉行食物的中道或适度原则。换言之，节制是饮食有节的生活德性。

节制首先是对不节制食物行为的拒斥。不节制的生活方式"摇摆于过度和不及之间，有时消费过多饮食，有时又陷于饥饿和匮乏"①。节制常常以诫命的形式要求禁止食用某些特定的食物。孔子讲到祭品的准备和礼仪时就说："食饐而餲，鱼馁而肉败，不食。色恶，不食。臭恶，不食。失饪，不食。不时，不食。割不正，不食。不得其酱，不食。肉虽多，不使胜食气。惟酒无量，不及乱。沽酒市脯，不食。不撤姜食，不多食。"（《论语·乡党》）毕达哥拉斯曾经要求其弟子禁食豆类、动物心脏等，他对弟子们说："要禁食我们所说的食物。"② 禁食常常和某种行为规范联系起来，如孟子所说："非其道，则一箪食不可受于人。"（《孟子·滕文公下》）禁食还要求拒斥饮食过度或口腹之欲的享乐放纵。朱熹说："盖天只教我饥则食，渴则饮，何曾教我穷口腹之欲？"③ 放纵供给的是豪奢失当的筵席，穷口腹之欲、追求美味悖逆自然之道，是应当禁止的行为。

满足基本的生理需求是食物行为的自然之道。为了尊重生命或其他道德目的，在拒斥过度或不及的前提下，节制就是顺从自然、饮食有节。朱熹说："'饥食渴饮，冬裘夏葛'，何以谓之'天职'？曰：'这是天教我如此。饥便食，渴便饮，只得顺他。'"④ 和自然一致的生活就意味着节制的生活，节制的生活就是理性和道德的生活。⑤ 节制的底线要求是不给身体

---

① Hub Zwart, "A Short History of Food Ethics", *Journal of Agricultural and Environmental Ethics*, 2000（12），113-126.

② 周辅成编《西方伦理学名著选辑》上卷，商务印书馆，1996，第17页。

③ 黎靖德编《朱子语类》卷96，中华书局，1986，第2473页。

④ 黎靖德编《朱子语类》卷96，中华书局，1986，第2473页。

⑤ Aristotle, *The Nicomachean Ethics*, translated by David Ross, revised by Lesley Brown, Oxford: Oxford University Press, 1980, pp. 57-59.

带来苦难或伤害。毕达哥拉斯说:"饮,食,动作,须有节。——我所说有节,即不引来苦难之程度。"① 在避免苦难的前提下,人们应当知足,应当顺应自然生活。伊壁鸠鲁说:"凡是自然的东西,都是最容易得到的,只有无用的东西,才不容易到手。当要求所造成的痛苦取消了的时候,简单的食品给人的快乐就和珍贵的美味一样大;当需要吃东西的时候,面包和水就能给人极大的快乐……不断地饮酒取乐,享受童子与妇人的欢乐,或享用有鱼的盛宴,以及其他的珍馐美味,都不能使生活愉快;使生活愉快的乃是清醒的理性。"② 增进健康的一大因素是"养成简单朴素的生活习惯"③。饮食有节的人用灵魂和理性引领健康的饮食习惯。人们通过节制和生活的宁静淡泊达到增进健康快乐的目的。

节制把道德精英和大众或普遍的食品消费者区别开来,"绅士在任何境遇中都保持所认为良好的生活方式,既不完全沉溺于欲望,也不完全放弃欲望"④。可见,节制在食物行为中造就人的身份和地位。这是因为健康快乐的目的不仅是私人的,也是社会的。或者说,食物伦理行为是在特定境遇中的社会行为,不仅仅是孤零零的个体行为。

一般而言,我的生活总是蕴含着他者的期望。如列维纳斯(Emmanuel Levinas)所说:"我们把这称为他者伦理学呈现出的我的自发性存在的问题。"⑤ 善的生活不但是我自己的生活,而且包括他者的善的生活。如果没有他者的善的生活,我的善的生活就失去了存在的根基和价值。同理,食物伦理是食物习俗和节制德性在我和他者的交互呈现中形成的。当食物习俗和节制德性追求社会目的时,节制德性也就突破自身限制,走向外在食物伦理规范的轨道。

---

① 周辅成编《西方伦理学名著选辑》上卷,商务印书馆,1996,第17页。
② 周辅成编《西方伦理学名著选辑》上卷,商务印书馆,1996,第104页。
③ 周辅成编《西方伦理学名著选辑》上卷,商务印书馆,1996,第104页。
④ Hub Zwart, "A Short History of Food Ethics", *Journal of Agricultural and Environmental Ethics*, 2000 (12): 113-126, p.116.
⑤ Emmanuel Levinas, *Totality and Infinity: An Essay on Exteriority*, translated by Alphonso Lingis, Pittsburgh: Duquensne University Press, 1969, p.43.

二 神圣食物法则与世俗食物伦理

人类历史的发展逐步呈现食物的社会性，食物习俗和节制德性必然受到社会群体规则的冲击和影响。在特定历史阶段（主要是中世纪），人自身的健康快乐失去了食物的目的性地位，取而代之的是某种外在的行为法则：符合某种法则的食物是允许的，悖逆某种法则的食物则是禁止的。就是说，食物伦理推崇的不是私人的节制德性，而是特定团体（如宗教团体）的规则诫命，因而呈现出明显的外在他律倾向。这种倾向的典型现象就是神圣食物法则与世俗食物伦理的颉颃（或者食物禁欲主义与食物纵欲主义的冲突）。

在希伯来圣经中，食物伦理的根据不再是个人的健康快乐、营养或其他实用的世俗目的。希伯来圣经引入了一个新的食物伦理的重要规则："食品被看作从根源上被污染了，不是因为它们不健康，无味道，难于消化，或诸如此类的缘故，而是因为它们自身是非法的。和古希腊的'多些'和'少些'不同，我们面对的是禁止和允许的二元对立的逻辑。"[1]这种规则追求的是遮蔽身体健康的超验宗教目的：它要求教徒们通过遵守食物法则把自己与异教徒区别开来，在自我与他者的对立中确立自己的身份认同，进而获得与众不同的伦理身份和宗教地位。从其道德逻辑看，最为重要的禁止食用某种食物的原因仅仅是他律的法的禁止。达尔文（Charles Darwin）在《人类起源》中说，当时的印度人也具有类似情形："一个印度人，对于抗拒不了诱惑因而吃了脏东西的悔恨，与其对偷盗的悔恨，很难区别开来，但前者可能更甚。"[2]就是说，外在的团体行为法则成为衡量食物道德价值的根据：合乎道德法则的食物是洁净的，违背道德法则的食物则是肮脏的。质言之，被某种团体认同的法则判定为洁净的食物是合乎道德的，被判定为肮脏的食物则是违背道德的。

这样一种食物伦理思想在《圣经·新约》的福音书中得到强化并走向

---

[1] Hub Zwart, "A Short History of Food Ethics", *Journal of Agricultural and Environmental Ethics*, 2000 (12): 113-126.

[2] 周辅成编《西方伦理学名著选辑》下卷，商务印书馆，1996，第287页。

极端：食物的自然价值（健康快乐）在道德上彻底失去了举足轻重的价值地位，比食物和生命更为重要的是超验的上帝和希望。诚如斯瓦特（Hub Zwart）所说："基督把所有希望寄托在上帝王国之中，他只是要求追随者摒弃所有对食物生产和消费的关切。"[1] 对于基督的追随者而言，根本不必关心食物或饮料，因为食物和人的道德身份无关，只有上帝才是终极目的。中世纪僧侣的食物伦理在某种意义上接近基督原则即食物本身是不重要的，食物及其摄入仅仅是戒律训练的工具。如此一来，古希腊的食物节制德性被食物禁欲主义所取代，食物道德规则遭到漠视、践踏甚至废弃。僧侣对食物的漠视逐步达到极端性的入魔状态，节食甚至成为自身正当目的或宗教使命。为了上帝这个终极目的，食物伦理致力于肉体的塑造和所有欲望的灭绝。

禁欲主义规则不可避免地和现实纵欲主义发生了尖锐冲突。过度禁欲节食悖逆了基本的人性要求，带来的是截然相反的现实生活世界的纵欲享乐。过度禁欲主义的官方意识形态在现实中造就了吃喝无度的纵欲形象：大腹便便的僧侣随处可见。僧侣的禁欲食品伦理在16世纪遭到了文艺复兴时期精英们的无情批判。爱拉谟尖锐地批评说，基督教似乎和愚蠢同类和智慧为敌，教士弃绝快乐，饱受饥饿痛苦，乃至恶生恋死，"由于教士和俗人之间存在着如此巨大的差异，任何一方在另一方看来都是疯狂的——虽然根据我的意见，的确，这个字眼用于教士比用于别人要正确些"[2]。这些精英们拒斥中世纪僧侣的禁欲生活，推崇世俗道德生活，试图恢复古罗马奢华美艳的烹饪传统，开始出现更为积极地欣赏、推崇食品的思潮。拉伯雷借高康大之口说：人们不是根据法律、宪章或规则生活，而是根据自愿和自由，"想做什么，就做什么"，喜欢什么时候吃喝，就什么时候吃喝，"没有人来吵醒他们，没有人来强迫他们吃、喝，或者做别的事情"[3]。食物伦理不再仅仅追求满足自然需求和简单回归古希腊的健康和

---

[1]　Hub Zwart，"A Short History of Food Ethics"，*Journal of Agricultural and Environmental Ethics*，2000（12），p. 117.

[2]　周辅成编《西方伦理学名著选辑》上卷，商务印书馆，1996，第398页。

[3]　周辅成编《西方伦理学名著选辑》上卷，商务印书馆，1996，第403页。

节制，而是逐渐提升到追求美味和快乐。古典时代的"美味"或"人欲"由贬低、禁止转变为一种生活时尚和身份标志。这一时期，精英们主张抵制饥饿、满足口腹之欲给身体康宁带来快乐。他们通过消耗大量肉类把自己和乡村大众区别开来，肉类及其食用方式也因此得到社会精英的关注。

为了更好地享用肉类食品，人们在食用前，把肉分成小块、剥皮、分解，然后加工成美味以供享用。与此相应，肉类、其他食品的生产加工等生产预备地点和食用食品地点的距离也随之大为增加。食品生产和消费距离的加大"成为疏远和怀疑的根源，促发了食品生产自身正当性的道德关照"[1]。屠杀动物的道德顾虑开始出现并日益增强，引发了素食主义者的反驳。在素食主义看来，被拒绝的污染性食物不是自然意义上的污染而是道德意义上的污染。肉类不是因为不健康、无味道、难以消化，而是因为源自动物，"这是一种内在污染的形式"[2]。这种素食主义观点在一定程度上得到现代科学的支持。食品科学表明，猪、牛等动物消耗的卡路里比他们最后产出的多，降低肉类消费就意味着减轻全球食物匮乏问题。在此境遇中，古典的"君子远庖厨"（《孟子·梁惠王上》）之类的道德直觉有可能成为自觉的伦理行为规则。一旦进入现代科学视域，禁欲主义与纵欲主义的冲突也就彻底唤醒了人类的食品伦理意识，人类食品伦理学的建构也就被提上了议事日程。

三 食物伦理学的出场

17世纪以来，科技要素日益融入日常生活中的食品健康。到了20世纪，传统农耕生活形式向农业工业化转变。人类依靠农业机械化较为有效地消解了食物匮乏带来的全球性饥饿威胁。从此，"农业成为和其他工业密切相关的一个生产单元"[3]。在农业科技大变革的历史境遇中，禁欲主义

---

① Hub Zwart, "A Short History of Food Ethics," *Journal of Agricultural and Environmental Ethics*, 2000 (12): 113-126, p. 119.

② Hub Zwart, "A Short History of Food Ethics", *Journal of Agricultural and Environmental Ethics*, 2000 (12): 113-126, p. 123.

③ Christian Coff, *The Taste for Ethics: An Ethic of Food Consumption*, translated by Edward Broadbridge, Dordrecht: Springer, 2006, p. 69.

与纵欲主义的颉颃演化为食品科技对人类伦理精神的挑战和后者对前者的反思。人类共同的食物道德意识被逐步唤醒，食物伦理的哲学反思日益深化。这就为食品伦理学的出场奠定了理论和实践的坚实基础。

（一）科技唤醒人类共同食物伦理意识

总体上讲，"古代营养学基本上是一种私人道德"[①]。17 世纪以来，古代营养学发展为养生学或美食学，其主要著作如：意大利医师散克托留斯（Sanctorius）的《医学静力学格言》（1614 年出版），德国柏林大学胡弗兰（Christoph Wilhelm Hufeland）教授的《益寿饮食学》（1796 年出版），等等。诸如此类的养生学著作把医学、道德和延年益寿联系起来，力图把道德因素渗透于日常饮食生活的养生健身活动。现代营养学依靠精确的测量（体重观察）和食品标签，告知饮食消费者相关食品的成分和元素、身体需要的维生素和蛋白质的数量等，把食品生产、摄入卡路里和体重（磅或公斤）体现在一种直接的数学关系中。现代营养学为饮食摄入和现代食品伦理提供了科学技术的新元素，把饮食营养和食品节制德性转化为一种可以量化的客观标准和科学要求，使传统的食物节制德性摆脱了个人主观经验的偶然性和随意性，为寻求涉及人类的共同食品伦理法则奠定了基础。

17 世纪末至 19 世纪期间，食品供应的社会水平开始成为国际争论的重要话题。全球规模的饥饿灾难威胁着人类的生活，食品成为人类面对的主要生存和道德问题。马尔萨斯（Thomas Robert Malthus）在《人口规则论》中认为："所有生命的增长都具有超越为之提供营养的界限。就动物而言，其数量的增长迟早会被食物匮乏所限制，人类或许可以依赖远见、算计和道德寻求一种更为理性的解决途径。通过当下的牺牲，或许可以阻滞全球灾难和饥饿。所有欲望中最强烈的是食物欲望，紧随其后的是两性

---

① Hub Zwart, "A Short History of Food Ethics", *Journal of Agricultural and Environmental Ethics*, 2000 (12), p. 114.

间的欲求。"① 食品匮乏不仅仅是个人问题,也不仅仅是某些领域或某些地域的社会问题,还是关乎全球食品需求和人类生存的重大国际问题。幸运的是,马尔萨斯的可怕预测被新的食品科技所阻挡而未能成为现实。19 世纪,科尔 (Thomas Cole)、布莱克韦尔 (Robert Blackwell) 等人成功地发展了食品技术。在食品科技的推动下,食品生产体系发生了重大转变。农业产品大幅度增长,全球饥饿的可能灾难得到有效遏制。先进、精良的食品生产技术在避免灾难促进道德的同时,也增强了人类对生命和环境的控制力量。新的食物污染形式随之出现,农药、人工饲料、转基因、防腐剂以及其他形式的生物技术产生了道德上令人质疑的至少是潜在的食品生产问题。面对备好的食品,"我们关注其经济的和技术起源及根源,因为这是决定其道德地位的"②。出于安全原因和生物多样性的考虑,人们开始忧虑并担心食品科技会导致物种灭绝、环境污染以及其他全球问题。这就表明:食品科技和人类生存重叠交织的历史进程唤醒了人类共同价值追求的食品伦理意识,这种意识最为深刻地体现在食品的哲学反思和道德批判之中。

(二) 食物的哲学反思和道德批判

现代营养学和食品科技带来的食物伦理问题引发了哲学领域的深刻反思。早在 18 世纪,德国古典哲学的开创者康德就把普遍性人类意识抽象提升为著名的哲学问题:"人是什么?"③ 这既是哲学的根基问题,也是食物伦理必备的理论追问。在康德看来,人是有限的理性存在者。人们把食品科技运用于健康只是技术应用,而非道德实践。与此相关的福利或健康仅仅是饮食审慎的生理消费后果,并非实践理性或伦理行为。④ 因此,食物和食品科技不具有道德价值,营养学也不是伦理学的形式。康德的这一观

---

① Hub Zwart, "A Short History of Food Ethics", *Journal of Agricultural and Environmental Ethics*, 2000 (12), p. 121.

② Hub Zwart, "A Short History of Food Ethics", *Journal of Agricultural and Environmental Ethics*, 2000 (12), p. 124.

③ 〔德〕康德:《逻辑学讲义》,许景行译,杨一之校,商务印书馆,1991,第 15 页。

④ 李秋零主编《康德著作全集》第 6 卷,中国人民大学出版社,2007,第 436~438 页。

点遭到了费尔巴哈等人的激烈反对。

在"人是什么？"这个问题上，费尔巴哈并不认同康德的观点，他主张："人是其所食（Man is what he eats）。"[1] 实证食品科学给费尔巴哈的这一极端命题提供了一定程度的科学证据：摄入含铁少的食物的人，则血液中容易缺铁；摄入脂肪多的食物的人，则易肥胖；吃简单食物的人，则易消瘦；吃健康食物的人，则健康；等等。事实上，我们知道我们并不完全成为我们所食之物，"人和其所食大不相同"[2]。不过，费尔巴哈并没有简单地把人等同于其所食，而是赋予食物以伦理意蕴。费尔巴哈认为，根据道德（包括康德的道德），延续自己的生命是义务。因此，"作为延续自己的生命的必要手段的吃饭也是义务。在这种情况下，按照康德的说法，道德的对象只是与延续自己的生命的义务相适应的吃的东西，而那些足够用来延续自己的生命的食品就是好（善）的东西"[3]。和食物相关的吃喝等行为是道德养成的必要途径，人"吸食母亲的奶和摄取生命的各种要素的同时，也摄取道德的各种要素，例如相互依赖感、温顺、公共性、限制自己追求幸福上的无限放肆"[4]。无独有偶，斯宾塞（Herbert Spencer）在1892年出版的《伦理学原理》中也把母亲喂养婴孩食物作为绝对正当的行为，"在以自然的食物喂养婴孩的过程中，母亲得到了满足；而婴孩有了果腹的满足——这种满足，促进了生命增长，以及加增享受"[5]。费尔巴哈还把食物、美味和道德密切联系起来，他认为如果有能力享受美味，"并且不因此而忘记对他人的义务和责任，那末吃美味的东西无论何时也不会就是不道德的；但是，如果剥夺别人或不让他们享受如你所享受的那么好，那末，这就是不道德的"[6]。在此意义上，食物甚至是"第二个自我，是我的另一半，我

① Christian Coff, *The Taste for Ethics: An Ethic of Food Consumption*, translated by Edward Broadbridge, Dordrecht: Springer, 2006, p. 9.

② Christian Coff, *The Taste for Ethics: An Ethic of Food Consumption*, translated by Edward Broadbridge, Dordrecht: Springer, 2006, p. 9.

③ 周辅成编《西方伦理学名著选辑》下卷，商务印书馆，1996，第460页。

④ 《费尔巴哈哲学著作选集》上卷，荣震华、王太庆、刘磊等译，三联书店，1959，第573页。

⑤ 周辅成编《西方伦理学名著选辑》下卷，商务印书馆，1996，第308页。

⑥ 周辅成编《西方伦理学名著选辑》下卷，商务印书馆，1996，第479页。

的本质"①。其实，食物是一系列行为的产物，其中关键的一环是"吃"。在某种程度上，人类通过"吃"确证自我的存在方式。用萨特（Jean-Paul Sartre）的话说："吃，事实上就是通过毁灭化归己有，就是同时用某种存在来填充自己。"②对食物的综合直观本身是同化性毁灭，"它向我揭示了我将用来造成我的肉体的存在。从那时起，我接受或因恶心吐出的东西，是这存在物的存在本身，或者可以说，食物的整体向我提出了我接受或拒绝的存在的存在方式"③。吃食物作为人的重要存在方式，在一定程度上彰显人的本质。人的本质也在吃食物中得到一定程度的磨砺和实现。问题是，在食品科技境遇中，食品生存实践是如何把人的存在和本质联结为一体的？

（三）公平与自律的双重建构

在食品科技境遇中，食物成为工业化产品，也就意味着不从事食品生产的人们只是远离食品生产体系的消费者。因此，食品生存实践把人的存在和本质联结为一体的基本途径在于：（1）为了维系人人应当享有的食品权益；（2）食品生产者必须考虑消费者的喜好和正当诉求；（3）食品消费者（食品生产者同时也是食品消费者）应当具有相应的食品知情选择的权利。这就需要个体自律和社会公平的双重建构。

食物和人的存在是处于社会结构中的自我与他者的交互实践。因此，"必须把食品伦理看作在公平的食品生产实践中，和他者一起为了他者的好的生活的观点"④。只有公平的社会制度，才可能达此目的。罗尔斯（John Rawls）强调："公平是社会制度的首要德性。"⑤

在公平的社会制度中，食品伦理遵循为了自我和他者的善的生活的道德观念，古典的节制德性转化为食品自律（甚至是"自主权"）。罗尔斯

① 《费尔巴哈哲学著作选集》上卷，荣震华、王太庆、刘磊等译，三联书店，1959，第530页。
② 〔法〕萨特：《存在与虚无》，陈宣良等译，杜小真校，三联书店，2007，第743页。
③ 〔法〕萨特：《存在与虚无》，陈宣良等译，杜小真校，三联书店，2007，第743页。
④ Christian Coff, *The Taste for Ethics: An Ethic of Food Consumption*, translated by Edward Broadbridge, Dordrecht: Springer, 2006, p. 24.
⑤ John Rawls, *A Theory of Justice*, Massachusetts: Harvard University Press, 1971, p. 3.

（John Rawls）说："自律行为是出自我们作为自由平等的理性存在者将会认同的、现在应当这样理解的原则而做出的行为。"① 自律本质上和正当客观性相一致，它是"要求每一个人都遵循的原则"②。自律是一个补偿诚信遮蔽的食品伦理原则，这个原则的价值基准是人人生而具有的食品人权。食物伦理权益的保障也就是对食品负责的追求。胡塞尔说："人最终将自己理解为对他自己的人的存在负责的人。"③ 这种责任是对食品权益的重叠综合性的回应和承担，主要包括食品消费者和食品生产者的责任、食品生产销售监督等相关机构的责任乃至国家政府和国际组织的相应责任。自律和公平共同构成追求食物权益、维系食物伦理以及把存在与本质联为一体的伦理实践力量。

人类共同食物价值的维系、食品科技的道德批判、食物伦理权益的诉求和相应的责任体系的思考建构奠定了食品伦理学的基本理论框架。在食物伦理的实践诉求和理论反思的双重推动下，食物伦理学呼之欲出。

（四）食物伦理学的应运而生

食物伦理学深深植根于饮食风俗习惯中，食物风俗习惯既能呈现分歧差异又能强化共识联系。古典节制德性正是中道的共识联系，它所抵制的则是不及和过度两个极端。中世纪的食物禁欲主义和纵欲主义是古典节制德性所反对的两个极端的膨胀和叛逆。食品科技的冲击、食物伦理的反思是对禁欲主义和纵欲主义两个极端的实证消解和理论批判，而自律和公平则是在此前提下解决节制和极端（禁欲主义和纵欲主义）的冲突、寻求良好的善的生活的食品伦理建构。如此一来，食物伦理学的产生也就水到渠成了。

20世纪末，作为应用伦理学重要分支领域的食物伦理学（也称食品伦理学）应运而生，其标志性著作是1996年出版的《食品伦理学》

---

① John Rawls, *A Theory of Justice*, Massachusetts: Harvard University Press, 1971, p. 516.
② John Rawls, *A Theory of Justice*, Massachusetts: Harvard University Press, 1971, p. 516.
③ 〔德〕胡塞尔：《欧洲科学的危机与超越论的现象学》，王炳文译，商务印书馆，2005，第324页。

（Food Ethics），该书由密赫姆（Ben Mepham）主编。密赫姆强调，在诸多应用伦理学领域，食物伦理关涉普遍的、长期的、具有说服力的伦理问题①。自《食品伦理学》出版以来，食物伦理学的研究和实践日益成为重要的国际课题。一些重要的食物伦理组织机构相继成立：1998 年，食物伦理委员会（the Food Ethics Council）在英国成立；1999 年，欧洲农业和食品伦理学协会成立；2000 年，荷兰创办农业和食品伦理学论坛，联合国食品和农业组织成立了研讨食品伦理学和农业的杰出专家小组②；等等。同时，一些重要著作也相继出版，如荷兰考沙尔斯（Michiel Korthals）的《饭餐之前——食品哲学和伦理学》（2004 年出版）、丹麦柯弗（Christian Coff）的《伦理的味道——食品消费伦理》（2006 出版）、德国戈德瓦尔德（Franz-Theo Gottwald）、尹晋希玻（Hans Werner Ingensiep）和曼哈特（Marc Menhardt）主编的《食品伦理学》（2010 年出版）。尤其值得注意的是美国汤姆森（Paul B. Thompson）和凯普兰（David M. Kaplan）主编的巨著《食品和农业伦理学百科全书》——该书 2014 年出版，近 2000 页，几乎囊括了食品伦理学涉及的主要问题，堪称当下食品伦理学的百科全书。

时至今日，食物伦理学凭借其理论成就和实践业绩已经成为应用伦理学的重要分支领域。随着食品科技的日益发展和国家间经济、文化、政治的深刻交融，食品问题呈现前所未有的复杂景象。因此，食品伦理学依然任重而道远。

结　语

食物伦理学是以食物人权为价值基准、以寻求食品实践和食品行为之善为目的的学问。它既能够为人类健康快乐的个体生活提供理性行为规则，也能够为食物立法提供哲学论证和法理支撑，亦能够为应用伦理学和哲学的发展开拓出一片广阔的领地。

---

① Ben Mepham, *Food Ethics*, London: Routledge, 1996, p. xiii.
② Christian Coff, *The Taste for Ethics: An Ethic of Food Consumption*, translated by Edward Broadbridge, Dordrecht: Springer, 2006, p. 21.

现在必须回答的问题是：食物伦理学与生命伦理学是何种关系？为什么把食物伦理纳入生命伦理学？祛弱权视域的食物伦理与食物伦理学有何关系？

作为独立的应用伦理学领域，食物伦理学与生命伦理学各自有其范畴、方法、话题和规则体系。不过，食物伦理学与生命伦理学又都是关涉人类生存和自由的领域，不可避免地存在重叠交织之处。

众所周知，通常的生命伦理学并不研究食物伦理问题，它因此陷入消极补救性的医学伦理学藩篱，只能成为一种缺少生命力的生命伦理学。仅就生命伦理学而言，不研究食物这个至关重要的生命要素的伦理问题是一个巨大的缺憾，至少是难以自圆其说的。这是把食物伦理纳入祛弱权视域的生命伦理问题的主要原因。

特别需要提及的是，作为独立的应用伦理学领域，食物伦理学致力于全面深刻地研究食品伦理学领域的范畴、规范、原则、道德实践和伦理程序等诸多问题，建构独立的食物伦理学理论体系与食物伦理实践的章程。与此不同，在生命伦理学范畴内，研究食物伦理的基本任务是探究祛弱权视域的当下食物伦理冲突与和解问题以及食物伦理律令，或者说，主要反思作为生命要素的食物或食品的基本伦理问题。

第二节 食物伦理冲突

衣食住行是人之为人的基本存在方式，诚如费尔巴哈所说："吃和喝是普通的、日常的活动，因而无数的人都不费精神、不费心思地去做。"[1] 人们享用食物好像是理所当然、毋庸置疑的自然现象，似乎是和伦理无甚关联的生活事实。其实，自从人类出现以来，食物伦理就以饮食习俗的素朴方式渗透在人类历史进程之中，并逐步形成一定的食物伦理规则。20 世纪 90 年代末，食物伦理学正式诞生并成为应用伦理学的一个重要领域。

---

[1] 《西方哲学原著选读》下卷，北京大学哲学系外国哲学史教研室编译，商务印书馆，2005，第 488 页。

近年来，随着食品科技高度发展和生态环境问题日益严重，频繁出现的转基因食品、三鹿婴幼儿奶粉、地沟油之类的事件把食物伦理冲突推向食物伦理学前沿。这些食物伦理问题集中在三个层面：（1）素食与非素食的伦理冲突；（2）自然食物与人工食物的伦理冲突；（3）食物信息遮蔽与知情的伦理冲突。这就引发当下食物伦理学不可推卸的研究使命：透过纷纭复杂的食物伦理冲突的表象，反思食物伦理冲突之本质，进而探求和解之道。

一　素食与非素食的伦理冲突

依据食物构成的基本要素，食物可以分为素食与非素食（主要指肉类食品）。围绕素食与非素食引发的素食主义与非素食主义的冲突是一个亘古长新的食物伦理问题。比如，早在公元前 450 年，素食主义者罗马诗人奥维德与古希腊哲学家恩培多克勒对此问题就有过颇为激烈的争论。[①] 当下的食物伦理冲突主要来自素食主义者的挑战，用约翰逊（Andrew Johnson）的话说就是：除了人之外，"吃其他动物又会怎样呢？"[②] 换言之，人类是否应当食用肉类？

在素食者（尤其是素食主义者）看来，吃肉必须以屠戮人类伙伴和邻居为代价，这是极不人道的侵害行为。甚至可以说，"吃肉就等同于谋杀"[③]。素食主义者奥斯瓦德（John Oswald）在其书《自然的哭泣，或基于迫害动物立场对仁慈和公正的诉求》中对此有较为详尽的深刻论述。[④] 素食主义者的理由是：人类与其他动物类似，具有物种共同体的同感。既然人们普遍认为吃人是错误的，那么就应该禁食肉类。绝对素食主义者不仅要求禁食肉类和鱼类，甚至还呼吁禁食所有动物产品如鸡蛋、牛奶等。

---

① Christian Coff, *The Taste for Ethics: An Ethic of Food Consumption*, translated by Edward Broadbridge, Dordrecht: Springer, 2006, p. 12.

② Ben Mepham, *Food Ethics*, London: Routledge, 1996, p. 49.

③ Christian Coff, *The Taste for Ethics: An Ethic of Food Consumption*, translated by Edward Broadbridge, Dordrecht: Springer, 2006, p. 12.

④ Timothy Morton, *Radical Food: The Culture and Politics of Eating and Drinking 1790-1820*, Vol. 1, London: Routledge, 2000, pp. 143-170.

与素食主义的悲悯思想不同，非素食主义其实是一种快乐主义。快乐主义把好（善）的饮食的意义锁定在感官快乐的基点上，认为肉食及其带来的愉悦是对身体的鼓励。拉美特利说，饥饿者有了食物，就意味着"快乐又在一颗垂头丧气的心里重生，它感染着全体共餐者的心灵"①。餐桌的愉悦是对食肉者的褒奖，讨论肉食和所吃动物的来源有悖礼貌优雅，甚至不可想象。法国哲学家德里达（Jacques Derrida）一直秉持快乐主义思想。对他而言，"杀死动物是不需要考虑的——既然我们必须吃以维系生存。吃是对死亡的拒斥，吃的道德问题是关注好（善）的餐饭。……这是生命快乐的延绵——当然不是为了被食者，而是为了食者"②。在快乐主义者这里，吃肉是感官快乐的自然需求，根本不用考虑食用肉类或者杀死动物的道德问题，更不可能听命于素食主义的哀婉苦求。

那么，如何化解素食主义和非素食主义（即快乐主义）的冲突？素食主义和快乐主义的冲突源于二者对人和食品的单一片面的理解。首先，杂食性动物的人与素食动物有类似之处（人依靠素食也能够生活），也有所不同。素食动物的身体结构、消化系统等决定着其不能也不需要吃肉。素食动物吃的过程（如羊吃草）是一个纯粹的自然过程，素食主义者吃素却是以禁止食肉为前提的自由选择行为。作为有理性的存在者，人应当自觉地把自己与素食动物如草食动物牛、羊等区别开来。另外，人也具有吃肉的能力和需求，这一点和食肉动物类似，而与素食动物迥然有别。从经验的角度看，大部分人主张食肉是人类自然的身体需求，是有益身心健康的行为。约翰逊说："绝大部分人认为吃肉是没有错的，尽管许多人或多或少地反对吃某类动物的肉，或者不要在吃动物前虐待它们"③。由此看来，素食主义的理由（人类与其他动物类似且具有物种共同体的同感）不能成立，把素食偏好看作目的并要求所有人遵循是一种霸道的独断论。其次，

---

① 《西方哲学原著选读》下卷，北京大学哲学系外国哲学史教研室编译，商务印书馆，2005，第107页。

② Michiel Korthals，"Taking Consumers Seriously：Two Concepts of Consumer Sovereignty"，*Journal of Agricultural and Environmental Ethics*，2001（14）：201-215，p. 208.

③ Ben Mepham，*Food Ethics*，London：Routledge，1996，p. 49.

生命伦理学体系

虽然吃肉意味着某些动物的死亡，但是，从某种意义上看，"这是自然如何运行的方式，我们对此无能为力"①。狮、虎等食肉动物活吃猎物是自然过程，它们不会考虑猎物（如牛、羊等）绝望痛苦的哀号。但是，人作为道德主体，应当自觉地把自己与（非道德主体的）动物如狮、虎等区别开来。质言之，人应当考虑动物感受性，而不是和食肉动物一样仅仅为了身体快乐而食肉。孟子说："君子之于禽兽也，见其生，不忍见其死；闻其声，不忍食其肉。是以君子远庖厨也。"（《孟子·梁惠王上》）快乐主义把人类混同于其他动物，其实是把人贬低为自然规律的奴隶而遮蔽了人的自由本性。由于动物能够感到痛苦，活吃动物是残忍冷酷的，"吃动物前杀死动物是人道的"②。可见，快乐主义和素食主义一样，其理论和行为也是缺乏道德反思的独断论。再次，人吃素食或肉食是一个自然过程，同时也是自我能力范围内的理性选择行为。亚里士多德主张，人应当为其自愿选择、力所能及的行为负责。③ 素食主义、快乐主义和其他类型的人都应当对食物（无论是肉食还是素食）具有敬畏之心和感恩之情。这既是对食物负责，更是对人类自己行为负责。在固守不伤害的道德底线的前提下，素食主义和快乐主义可以坚持自己的言行，但是应当尊重他人的食物选择方式和生活方式，不能强迫他者接受或听命于自己的食物信条和生活方式。最后，在选择素食还是肉食的问题上，只有极少数人是素食主义者和快乐主义者。这也从经验直观的角度否定了快乐主义食物信条和素食主义食物信条的正当性和普遍性。从理论上讲，奠定在感官的快乐或痛苦基础上的食物信条具有偶然性、多样性和不确定性，不可能成为出自实践理性的普遍道德价值法则。是故，少数素食主义者和快乐主义者不应该强求所有人以其特殊偏好为普遍性的食物伦理标准。把个别人的诉求和规范强加于所有人既是对平等人性的侮辱，也是对自由规则的践踏。

---

① Michiel Korthals, "Taking Consumers Seriously: Two Concepts of Consumer Sovereignty", *Journal of Agricultural and Environmental Ethics*, 2001 (14): 201-215, p. 208.

② Christian Coff, *The Taste for Ethics: An Ethic of Food Consumption*, translated by Edward Broadbridge, Dordrecht: Springer, 2006, p. 12.

③ Aristotle, *The Nicomachean Ethics*, translated by David Ross, revised by Lesley Brown, Oxford: Oxford University Press, 2009, pp. 38-41.

二 自然食物与人工食物的伦理冲突

从来源看，食物可以分为自然食物和人工食物。众所周知，绿色革命（其标志性成就主要是高产小麦、高产大米等）以来，食品科学技术便成为食物来源的主要人工手段。与此相应，自然食物与人工食物也主要具体化为有机食品与科技食品。由于食品科技能够正当应用也可以不正当应用，科技食品与有机食品的伦理冲突也就不可避免。当今世界的这种冲突主要是有机食品与转基因食品的颉颃。二者颉颃的极端状况是：个别国家宣称宁愿饿死，也要坚定地拒斥转基因食品。拒斥转基因食品、选择有机食品似乎成为一种世界主义潮流。如此一来，自然食物与人工食物的冲突焦点也就凸显为转基因食品与有机食品之间的道德冲突。那么，转基因食品与有机食品存在何种伦理冲突？如何化解这种伦理冲突？

（一）何种伦理冲突

转基因食品与有机食品存在两个层面的冲突：身体健康层面的冲突以及外在环境层面的冲突。

身体健康层面的冲突的核心问题是：有机食品是否比转基因食品更有营养？人们反对转基因食物的基本理由或内在理由是：有机食品属于小农场生产的地方型产品，所以是安全、有益人体健康的自然食物。与此不同，转基因食品是国际集团生产的科技产品，是一种危害人体健康乃至生命的危险食品。基因技术或许会导致感性知觉和现实之间的断裂，因为一个转基因食品（如一个胡萝卜）不仅是一个转基因食品（如一个胡萝卜）而且携带着源自其他有机体的基因，这就可能对人体健康带来不利要素。对于这个问题，诺贝尔奖获得者植物学家鲍拉格（Norman Borlaug）明确地反驳说："如果人们相信有机食品更有营养价值，这是一个愚蠢的决定。相反，绝对没有任何研究表明有机食品能够提供更好的营养。"[①] 另外，有

---

① Gregory E. Pence, *The Ethics of Food: A Readers for the Twenty-First Century*, New York: Rowman & Littlefield Publishers, Inc., 2002, p.121.

机的自然食物并不都是有营养的或有利健康的食物。某些有机食物可能是不安全的，"有机的莴苣或菠菜，通常生长在粪肥浇灌的土壤中，包含大肠杆菌，它能够导致出血性结肠炎、急性肾衰竭甚至死亡"①。与转基因食品相比，某些有机食品可能对人体健康危害更大或给人体带来更大危险。如果有的消费者相信从健康的角度食用有机食品更好，应当尊重他们的选择。虽然他们购买时必须付出更多费用，但是很难依靠有机食品保证健康。

从外在环境的角度看，有机食品是否比转基因食品更有利于环境保护？反对转基因食品的外在理由是有机食品比转基因食品更有益于维系和保护人类赖以生存的自然环境。事实上，植物（包括小麦、玉米等）本身并不能判断氮离子来自人工化学制品还是分解的有机物质。如果有机农场不能运用化学氮肥，那就只能用动物粪肥、人类粪肥给庄稼提供肥料。这不但不能给植物（包括小麦、玉米等）带来生长上的肥料优势，还必然会对自然环境造成严重污染和高度破坏。比如，主要向英格兰、冰岛的公司提供有机食品的种植者就破坏了厄瓜多尔的森林和草地。对于这类问题，诺贝尔奖得主鲍拉格（Norman Borlaug）分析说："目前，每年使用大约8000万吨的氮肥营养物。如果你试图生产同样多的有机氮肥，你将会需要喂养50亿或60亿头牲畜来供应这些粪肥。这将要牺牲多少野外土地来供养这些牲畜？这简直是胡作非为。"② 当今世界境遇中，如果仅仅种植有机食品而绝不运用化学肥料和转基因技术，那么这既不可能维系人类赖以生存的自然环境，更不可能养活当下的世界人口。虽然食品不是武器，但是一旦食物匮乏，不但会出现部分人口挨饿的问题，还有可能引发饥荒灾难。争夺粮食资源甚至还可能引发血腥暴戾、危及人类的世界战争。

（二）如何化解这种伦理冲突

转基因食品与有机食品冲突的实质是人们对非自然食物的排斥情绪与

①　Gregory E. Pence, *The Ethics of Food: A Readers for the Twenty-First Century*, New York: Rowman & Littlefield Publishers, Inc., 2002, p. 118.

②　Gregory E. Pence, *The Ethics of Food: A Readers for the Twenty-First Century*, New York: Rowman & Littlefield Publishers, Inc., 2002, p. 120.

道德理性之间的冲突。伯恩斯（Gregory E. Pence）说："总体上看，我们当下的食品检验体系对传统食品更多一些虚幻好感，对转基因食品更多一些排斥情绪。人们总是这样，惧怕街道上一个陌生的孩子，尤其是他的名字是'基因'的时候，更是增加了恐惧。"① 在这种排斥情绪与道德理性的冲突中，道德理性应当发挥其实践作用。

我们知道，休谟曾经把情感作为理性的主人，把理性作为情感的奴隶，并把情感作为道德的根据。康德颠倒了休谟的这个观点，主张实践理性是情感的主人，并把实践理性作为道德的基础。虽然我们应当尊重道德情感和道德直觉，但是我们依然同意康德的观点：实践理性应当是情感的立法者，是行为选择的道德基础。不可否认，转基因食品与有机食品的冲突本质上也是情感直觉和道德理性之间的冲突。在科学没有确证转基因食品对人类具有严重危害的情况下，如果出于某种情感直觉轻率地拒斥转基因食品，由此带来的危害生命权和免于饥饿权的严重后果将是不可估量的。这是违背科学理性和道德理性的行为。如果科学确证了转基因食品的严重危害，从道德理性的角度看，生命权和免于饥饿权依然是优先的，因为一旦饥饿重新向生命开战，饿殍遍野、易子而食的人间悲剧就可能重新上演。那种宁愿饿死也要拒斥转基因食品之类的情绪在饥饿威胁面前是不堪一击的。更为严重的是，由此引发的粮食争夺、瘟疫疾病、环境危机、暴力冲突乃至血腥战争等不良后果将会给人类带来不可估量的惨重灾难。在没有其他科学途径解决饥饿问题之前，拒斥转基因食品可以在理论层面进行言论自由的辩论，但是付诸行动必须有充足的科学根据和切实可行的实践路径。就是说，付诸行动的有关措施和相应手段必须经过严密慎重的论证、正当合法的程序和切实可行的保证措施。行动的底线或实践理性的最低命令则是：只有在确保不会引发或不会直接导致饥饿的前提下（即在不危害生命权和免于饥饿权的条件下），才应当完全拒斥转基因食品。

人类不应该在付出惨痛代价后再重新回到起点，应当遵循实践理性的

---

① Gregory E. Pence, *The Ethics of Food: A Readers for the Twenty-First Century*, New York: Rowman & Littlefield Publishers, Inc., 2002, p. 122.

命令，理性慎重地化解或缓解有机食品与转基因食品冲突以及通常的自然食品和人工食品的冲突。

三　食品信息遮蔽与知情的伦理冲突

从动态运行的角度来看，食品演化是一个信息遮蔽与知情之间不同程度冲突的历史进程。工业革命以来，食物要素发生了巨大改变。现代食品生产远离家庭和社区，改变了传统自给自足的食品生产和消费方式之间的信息透明的历史。同时，烹饪在一定程度上也成为遮蔽食物来源及其历史的活动。食品信息遮蔽与食品信息知情的伦理冲突日益凸显。而且，这种变化缺少相应的医学或科学引导。众多食品消费者没有接受食品营养原则的应有教育，缺少食物营养原则的基本常识。消费者既不知道食品来源及其生产历史信息，也不知道自己的食品消费对自然和历史造成的影响。食品生产和消费之间的联系由此断裂，食品信息遮蔽和食品信息知情的冲突也不断升级。近几年出现的食品事件（如地沟油等事件）都是这种冲突的不同表现形式。

目前，由于食品信息遮蔽的技术性不断提高，我们生而具有的感官知觉已经很难辨别甚至不能辨别食品的本来特性。于是，我们不能相信自身的感官，只能外在地"依赖我们读到的东西：食品说明。在未来，对我们更为重要的是：不要吃没有读的东西"①。消费者的食品知识和食品选择在很大程度上降低为食品说明。一旦"我们吃信息"②，食物消费者的信息缺失和食品生产者的信息遮蔽之间的冲突或许会更加激烈。这种冲突的本质是对食物信任的消解，因此，去蔽食物信息、重建食物信任就成为化解食物信息遮蔽和知情之间伦理冲突的根本路径。问题是：为何要重建食物信任？如何重建食物信任？

---

① Christian Coff, *The Taste for Ethics：An Ethic of Food Consumption*, translated by Edward Broadbridge, Dordrecht：Springer, 2006, p. 92.

② Christian Coff, *The Taste for Ethics：An Ethic of Food Consumption*, translated by Edward Broadbridge, Dordrecht：Springer, 2006, p. 92.

（一）为何重建食物信任

首先，重建食物信任是食物伦理追求善的生活的应有诉求。虽然食品生产者和食品消费者有一定的利益冲突和认知矛盾，但这并非遮蔽食物信息的理由或托辞。相反，遮蔽食品信息只会加剧双方的矛盾冲突。

食物信任不是单向度的个体活动，而是食品生产者和食品消费者双向认同的伦理行为。对此，柯弗（Christian Coff）从词源学的角度解释说："英文 com-panion 和法文 co-pain 都源自拉丁文，意思是指'和某人共食面包者'。既然市场上一人之美味常常是另一人之毒药，把消费者和生产者看作'伙伴'（companions）是不正常的。但是，就食品伦理学来说，意识到消费者和生产者在某种意义上共食面包是重要的。"① 人们在这种社交活动中，实现其用餐权利的正当诉求，这其实也是社交（social）的基本意义。柯弗诠释道："社交（social）的意义可以通过德语 Gericht 的运用来加以解释。Gericht 既有美食学的意义又有法定权利的意义（具有英语 dish 和 right 的双重意义）。对于共同体而言，基本的 Gericht 可以解释成用餐权利（a right to a dish），这意味着有权享用属于共同体的食品。因此食品和用餐权利是一种表达关心他人和共同体的方式。"② 可见，食物信任本质上是人之为人的正当诉求，因为食品生产和消费的共同目的是对善的生活目的的追求。在公平制度或社会机构中，善的生活既包括食品生产者的善的生活，也包括食品消费者的善的生活。如果没有后者善的生活，前者善的生活就是子虚乌有，反之依然。尽管食品消费者是食品信息遮蔽的被动受害者，但是由此带来的对生产者的极度不信任即食品信任危机最终会危害食品生产者自身。如此一来，食品生产者和食品消费者将会互不信任、相互猜忌，结果必然在相互危害中陷入恶的生活困境的循环之中。为了食品消费者和食品生产者的善的生活，必须祛除食品信息遮蔽，重建

---

① Christian Coff, *The Taste for Ethics*: *An Ethic of Food Consumption*, translated by Edward Broadbridge, Dordrecht: Springer, 2006, p. 143.

② Christian Coff, *The Taste for Ethics*: *An Ethic of Food Consumption*, translated by Edward Broadbridge, Dordrecht: Springer, 2006, p. 161.

食物信任。

其次，重建食物信任是人固有的脆弱性的内在要求。人在一定程度上凭借食品生产方式理解把握自己："我是食用这种或那种生产方式的食物的人。"① 实际上，当今多数人的自我理解是认识到他们从事的是工业化农业而非传统农业。这种自我理解意味着他们并不怎么知道所吃食品的生产历史："我是对自己所吃的工业化食品一无所知的人。"② 对食品消费者而言，食品生产是一个食品信息被遮蔽的历史过程。这是因为人不是全知全能的存在者，而是天生的有限的脆弱性的存在者。在生产过程中，"我们发现了脆弱性：人类、动物和自然作为生产过程的所有部分，通常能够被特别的生产历史所伤害和践踏"③。食物信任意味着承认食品认知和实践的脆弱性，因为信任意味着对他者的依赖。如果没有脆弱性，食品信息就不会被遮蔽，食物信任就没有任何意义。就是说，食物信任关系只有通过脆弱性才可能建立起来。④ 实际上，食品遮蔽带来的不确定性和茫然无知，正是食品信息知情的诉求的存在根据。就此而论，"在食品伦理学中，信任（trust）是一个关键概念，因为消费者倾向于依赖他们信任的来源信息而拒斥他们不信任的来源信息"⑤。所以，食物信任的使命是必须能够理解并接受食品消费者的基本期望，并为满足这些基本期望而合理地行动。

（二）如何重建食物信任

食物信任本质上是食品消费者对食品生产者及其食品的信任，也称食品信任。

---

① Christian Coff, *The Taste for Ethics: An Ethic of Food Consumption*, translated by Edward Broadbridge, Dordrecht: Springer, 2006, p. 162.

② Christian Coff, *The Taste for Ethics: An Ethic of Food Consumption*, translated by Edward Broadbridge, Dordrecht: Springer, 2006, p. 162.

③ Christian Coff, *The Taste for Ethics: An Ethic of Food Consumption*, translated by Edward Broadbridge, Dordrecht: Springer, 2006, p. 167.

④ Niklas Luhmann, *Trust: A Mechanism for the Reduction of Social Complexity*, Chichester: John Wiley & Sons, 1979, p. 62.

⑤ Christian Coff, *The Taste for Ethics: An Ethic of Food Consumption*, translated by Edward Broadbridge, Dordrecht: Springer, 2006, p. 143.

食物信任的基本要素可以归结为：（1）食品生产主体：从事和食物相关的土壤培养、育种、排水作业、庄稼轮作、制作面包等食品生产的工作者如专业食品师、农民、食用畜禽养殖者等。（2）食品消费主体，包括食品生产主体（同时也是食品消费者）和其他不从事食品生产的食品消费者，后者是狭义的食品消费者即通常意义上的食品消费者。（3）食品生产和食品消费的运行机制或组织实体。食品运行机制包括市场买卖、工作形式（如几个农场主的合作，工作日长度，分工等）、所有权形式、技能获得等。食品组织实体包括家庭、食品公司、食品研究单位、国家食品机构、国际食品组织等。据此看来，食品生产者的自律构成食品信任的伦理基础，食物消费者和食品运行机制或组织实体的他律则是纠正弥补自律失误或缺失的必要伦理条件。是故，重建食品信任、化解食品信息遮蔽与食品信息知情冲突的基本途径是实现自律与他律在食品生产和消费过程中的有机结合。

食品生产主体同时也是食品消费主体，其自律既是为了其他食品消费主体的善的生活，也是为了食品生产主体自身的善的生活。但是，食品生产主体的自律不足以构成可以指望的食品信任。通常而言，食品生产主体追求利益最大化的目的与其自律带来的（短期）利益降低之间的矛盾可能会抵消其自律的道德力量与实际效果。食品信息遮蔽及由此带来的食品不信任正是自律不可指望的实际证据，或者说正是食品生产主体自律缺失的不良后果。这就需要食品他律的力量予以纠正和弥补。食品消费主体的承认和信任在普遍价值导向领域具有首要的重要地位，在私人和公共生活领域具有经验的实证作用。因此，食品消费主体的承认或者否认，是检验食品生产主体的自律与食品消费主体的期望是否匹配的根本尺度。根据这个尺度，食品生产和食品消费的运行机制或组织实体必须采取措施平衡营养和健康的关系，以便把提高食品数量和提升食品营养质量有机结合起来。同时，必须制定并严格执行相应的食品法律和规章制度，确保食品生产安全健康和食品信息知情权，严格追究遮蔽食品信息者的相关道德责任或法律责任，切实有效地加强食品生产主体与食品消费主体的自律和他律的结合，重建并维系食品信任，有效、正当地化解食品遮蔽和食品知情之间的矛盾冲突。

结　语

追根溯源，食物伦理的各种冲突本质上是对食物道德规则和食物伦理律令的悖逆。是故，化解冲突的基本路径是把握并坚守最为基本的食品道德法则：秉持生命权之绝对命令，保障免于饥饿的权利，基此提升生存质量、实践善的生命追求。这既是食物伦理学的历史使命，也是人类追求善的生活方式的正当诉求。这就提出了探究食物伦理律令的问题。

第三节　食物伦理律令

继罗尔斯的《正义论》之后，国际伦理学界的另一学术盛事是：帕菲特（Derek Parfit）的皇皇巨著《论重大事务》以及一批当代重要伦理学家围绕此著所进行的热烈、持续而深刻的研讨。[1] 这些学者们共同关注的重要伦理问题可以用帕菲特的话概括如下：为了"避免人类历史终止"[2]，维系理智生命存在，应当如何面对各种生存危机？遗憾的是，正如帕菲特本人承认的那样，该著作对此类大事的直接讨论极其薄弱。[3] 其实，人类历史延绵的要素固然复杂，依然可以将其归为两类：（A）人类历史延绵的基础要素；（B）人类历史延绵的发展要素。显然，当且仅当（A）得以保障，（B）才有可能。所以，（A）优先于（B）。

---

[1] See *Does Anything Really Matter*? Essays on Parfit on Objectivity, edited by Peter Singer, Oxford：Oxford University Press，2017. 参与讨论的学者主要有：Larry S. Temkin, Peter Railton, Allan Gibbard, Simon Blackburn, Michael Smith, Sharon Street, Richard Yetter Chappell, Andrew Huddleston, Frank Jackson, Mark Schroeder, Bruce Russell, Stephen Darwall, Katarzyna de lazari-Radek and Peter Singer。

[2] Derek Parfit, *On What Matters*, Volume Two, Oxford：Oxford University Press，2011，p.620. 其他相关论述请参看 Derek Parfit, *On What Matters*, Vol. Ⅰ, Oxford：Oxford University Press，2011，p.419 和 Derek Parfit, *On What Matters*, Vol. Ⅲ, Oxford：Oxford University Press，2017，p.436。

[3] Derek Parfit, *On What Matters*, Volume Three, Oxford：Oxford University Press，2017，p.436. 在第三卷中，帕菲特承诺在第 4 卷对此予以重点讨论。遗憾的是，他在 2017 年 1 月 1 日就去世了。不过，其三卷本著作所提出的问题已足以引起学界的重视。

就（A）来说，人类历史延续的两大基础要素包括（C）饥饿与（D）繁殖。比较而言，饥饿是人人生而固有且终身具有的现实能力要素，生殖则并非如此，如婴幼儿或没有生殖能力的成年人等具有饥饿能力。换言之，饥饿是生殖得以可能的必要条件：当且仅当（C）得以可能，（D）才有可能。如果没有或丧失了饥饿能力，人类必然灭亡。就此而论，解决生存危机、延续人类历史的首要问题是饥饿问题。饥饿问题不能仅仅依赖人类自身来解决，也不能仅仅依赖外物来解决，只有在人与物的关系中才可能得以解决。饥饿与外物之关系的可能选项如下。

（E）饥饿是否与所有外物无关？如果答案是否定的，那么

（F）饥饿是否与任何外物相关？如果答案是否定的，那么

（G）饥饿如何与外物相关？

众所周知，外物并不自在地拥有与饥饿相关的目的，因为外物"自身根本不具有目的，只有其制作者或使用者'拥有'目的"[1]。人们根据满足饥饿的目的，把外物转变为一种是否选择的食用对象。或者说，在满足饥饿目的的生活选择的实践境遇中，外物成为一种是否应当食用的对象。借用福柯（Michael Foucault）的话说：某一外物是否成为应当食用的对象（食物）"不是一种烹饪技艺，而是一种重要的选择活动"[2]。与此相应，饥饿与外物关系的可能选项（E）（F）（G）分别转化为食物伦理的三个基础问题：

（H）是否应当禁止食用任何对象？如果答案是否定的，那么

（I）是否应当允许食用任何对象？如果答案是否定的，那么

（J）应当食用何种对象？

把握它们蕴含的食物伦理关系就是食物伦理律令所要回应的问题。[3]

---

① Hans Jonas, *The Imperative of Responsibility*: *In Search of an Ethics for the Technological Age*, translated by Hans Jonas with David Herr, Chicago & London: Chicago University Press, 1984, pp. 52–53.

② Michael Foucault, *Ethics*: *Subjectivity and Truth*, edited by Paul Rabinow, translated by Robert Hurley and Others, London: Penguin Books, 1997, p. 259.

③ 需要特别说明的是：在不与人发生直接联系的境遇中，人之外的其他生命的食物是延续和保持其自然生命的自然物，几乎无所谓道德问题。鉴此，我们这里所讨论的食物范围主要限定在与人类相关的食物。

食物伦理第一律令、第二律令、第三律令分别回应这三个问题。回答了这三个问题，事关人类历史延绵的食物伦理律令也就水到渠成了。

一 食物伦理第一律令

凭直觉而论，食物伦理第一律令可以暂时表述为：为了生命存在，不应当禁止食用任何对象或不应当绝对禁食。这既是（1）祛除饥饿之恶的诉求，又是（2）达成饥饿之善的期望，亦是（3）饥饿之善恶冲突的抉择。

（一）祛除饥饿之恶的诉求

饥饿是每个人生而具有的在特定时间内向消化道供给食物的生理需求与自然欲望，因此也构成人类先天固有的脆弱或欠缺。在弥补和抗衡这种脆弱或欠缺的绵延历程中，"饥饿可能成为恶"①。饥饿之恶既有其可能性，又有其现实性。

强烈的满足饥饿欲求的自然冲动可能使善失去基本的生理根据，为饥饿之恶开启方便之门。虽然受到饥饿威胁的人不一定为恶，但是饥饿及其带来的痛苦却能够严重削弱甚至危害为善的生理前提与行为能力，因为"痛苦减少或阻碍人的活动的力量"②。在极度饥饿的状态下，个人被迫丧失正常为善的生理支撑，乃至没有能力完成基本的工作甚或正常动作（如饥饿使医生很难做好手术、教师很难上好课、科学家很难做好试验等）。相对而言，忍饥挨饿比温饱状态更易倾向于恶，不受饥饿威胁比忍饥挨饿的状态更易倾向于善。尽管为富不仁、饱暖思淫欲之类的恶可能存在，但是饥寒为盗、穷凶极恶之类的恶则具有较大的可能性。更为严重的是，在食物不能满足饥饿欲求的境遇中，大规模的饥饿灾难可能暴戾出场。饥饿灾难还极有可能诱发社会动荡甚至残酷战争，给人类带来血腥厄运。若没

---

① Nigel Dower, "Global Hunger: moral dilemmas", *Food Ethics*, edited by Ben Mepham, London: Routledge, 1996, pp. 6-7.
② 〔荷兰〕斯宾诺莎：《伦理学·知性改进论》，贺麟译，上海人民出版社，2015，第109页。

有食物供给，饥饿则必然肆虐，人与其他生命可能在饥饿的苦难煎熬中走向灭绝。从这个意义看，饥饿首先带来的是具有可能性的恶——为善能力的削弱甚至缺失，以及为恶契机的增强。

饥饿不仅会带来可能性的恶，在一定条件下还能造成现实性的恶。在食物匮乏的境遇中，饥饿具有从可能的恶转化为现实的恶的强大动力与欲望契机。饥饿能够引发疾病，破坏器官功能，危害身体健康，使人在生理痛苦与身心折磨中丧失生命活力和正常精力。一旦饥饿超过身体所能忍受的生理限度，人体就会逐步丧失各种功能并走向死亡。对此，拉美特利描述道：人体是一架会自己发动的机器，"体温推动它，食料支持它。没有食料，心灵就渐渐瘫痪下去，突然疯狂地挣扎一下，终于倒下，死去"。[1] 值得注意的是，对于未成年人来说，饥饿还会导致其身体发育不良（或畸形），使其在极大程度上失去或缺乏基本的生存能力，也有可能饿死。诚如内格·道尔（Nigel Dower）所说："饥饿尤其是苦难中的极端形式。"[2] 出于对饥饿等痛苦的伦理反思，斯宾诺莎甚至把恶等同于痛苦。他说："所谓恶是指一切痛苦，特别是指一切足以阻碍愿望的东西。"[3] 显然，斯宾诺莎不自觉地陷入了自然主义谬误，因为痛苦（事实）并不等同于恶（价值）。尽管如此，依然不可否认：在自我保存和自由意志的范围内，饥饿带来的疾病、死亡等痛苦直接危害甚至剥夺个体生命的存在，因而成为危及人类和生命存在的现实性的恶。

饥饿直接危害甚至剥夺生命，也严重损害道德力量与人性尊严。在某些地域的某些时代，饥饿与痛苦成为穷人的身份象征，饱足与快乐则成为富人的身份象征。爱尔维修说："支配穷人，亦即最大多数人的原则是饥饿，因而是痛苦；支配贫民之上的人即富人行动的原则是快乐。"[4] 一般情

---

[1] 《西方哲学原著选读》下卷，北京大学哲学系外国哲学史教研室编译，商务印书馆，2005，第 107 页。

[2] Nigel Dower, "Global Hunger: moral dilemmas", *Food Ethics*, edited by Ben Mepham, London: Routledge, 1996, p. 3.

[3] 〔荷兰〕斯宾诺莎：《伦理学·知性改进论》，贺麟译，上海人民出版社，2015，第 111 页。

[4] 《西方哲学原著选读》下卷，北京大学哲学系外国哲学史教研室编译，商务印书馆，2005，第 179 页。

况下，人仅仅接受食物的施舍，其尊严就已经在某种程度上受到损害，更遑论乞食。极度饥饿可以使人丧失尊严，甚至剥夺其生命。对此，费尔巴哈说："饥饿不仅破坏人的肉体力量，而且损害人的精神力量和道德力量，它剥夺人的人性、理智和意识。"① 饥饿（尤其是极度饥饿）逼迫人丧失理智，摧毁人的意志，使人在自然欲望的主宰下无所顾忌地蔑视或践踏行为准则与法令规制。拉美特利痛心疾首地说："极度的饥饿能使我们变得多么残酷！父母子女亲生骨肉这时也顾不得了，露出赤裸裸的牙齿，撕食自己的亲骨肉，举行着可怕的宴会。在这样残暴的场合下，弱者永远是强者的牺牲品。"② 人们常常在极度饥饿的痛苦煎熬中丧失理性和德性，蜕变为弱肉强食的自然法则之工具。

然而，人不应当仅仅是饥饿驱使下的自然法则之奴仆，还应当是自然法则与饥饿之主人。在极有可能被饥饿夺去生命的境遇中，依然有不愿被饥饿奴役者。为了维护人性尊严，他们与饥饿誓死抗争，即使饿死也绝不屈从。在尊严抗争饥饿的过程中，人的自由意志和德性彰显出其善的光辉。这正是达成饥饿之善的期望之根据。

（二）达成饥饿之善的期望

在边沁看来："自然把人类置于两位主公——快乐和痛苦——的主宰之下。只有它们才指示我们应当干什么，决定我们将要做什么。"③ 尽管饥饿及其带来的痛苦更倾向于恶，但并不能完全遮蔽其善的潜质。饥饿及其带来的痛苦更易于摧毁道德的自然根基，也可能成为建构道德的感性要素。另外，饥饿也能带来相应的快乐。赫拉克里特曾说："饿使饱成为愉快。"④ 这种快乐使人可能倾向于善。更为重要的是，饥饿既是人之存在的

---

① 《西方哲学原著选读》下卷，北京大学哲学系外国哲学史教研室编译，商务印书馆，2005，第 488 页。
② 《西方哲学原著选读》下卷，北京大学哲学系外国哲学史教研室编译，商务印书馆，2005，第 108 页。
③ 〔英〕边沁：《道德与立法原理导论》，时殷弘译，商务印书馆，2006，第 57 页。
④ 《西方哲学原著选读》上卷，北京大学哲学系外国哲学史教研室编译，商务印书馆，2005，第 24 页。

原初动力，也是人类生活价值的自在根据。就此而论，饥饿之善依然是可以期望的。

如果说人是有欠缺的不完满的存在，那么饥饿则是人先天固有的根本性欠缺。在萨特看来，存在论（或本体论）揭示出饥饿之类的欠缺是价值的本源。他说："本体论本身不能进行道德的描述。它只研究存在的东西，从它的那些直陈是不可能引申出律令的。然而它让人隐约看到一种面对困境中的人的实在负有责任的伦理学将是什么。事实上，本体论向我们揭示了价值的起源和本性；我们已经看到，那就是欠缺。"① 作为生命本源的欠缺，饥饿是自然赋予人与其他生命自我保持、自我发展的基本机能之一。某种程度而论，人之存在就是一个持续回应饥饿诉求、追求免于饥饿的绵延进程。在此进程中，饥饿成为人类生活价值的自在根据之一。

饥饿首先是人类存在的原初要素之一。从生命存在的形上根据而言，缺乏是生命之为生命的必要条件。诚如黑格尔所言："只有有生命的东西才有缺乏感。"② 作为缺乏的一种基本要素，饥饿无疑是生命存在的必要条件。从经验的角度看，"饥饿是人的一种自然需要，满足这种需要的欲望是一种自然而且必要的感情"。③ 欠缺意味着需求，没有饥饿的缺乏感，人将丧失生存的本原动力。爱尔维修深刻地指出："如果天满足了人的一切需要，如果滋养身体的食品同水跟空气一样是一种自然元素，人就永远懒得动了。"④ 缺乏或丧失饥饿的欲求，食物将不复存在，人也将不成其为人，并将蜕变为失去生命活力和存在价值的非生命物。正是饥饿启动生命机体欲求食物的发条，使之转化为生命存在和自我发展的原始动力。在饥饿欲求的自然命令下，人类学习并掌握最为基本的生存技巧。毫不夸张地说，"在各个文明民族中使一切公民行动，使他们耕种土地，学一种手艺，

---

① 〔法〕萨特：《存在与虚无》，陈宣良等译，杜小真校，三联书店，2007，第754页。
② 〔德〕黑格尔：《自然哲学》，梁志学等译，商务印书馆，1997，第536页。
③ 《西方哲学原著选读》下卷，北京大学哲学系外国哲学史教研室编译，商务印书馆，2005，第227页。
④ 《西方哲学原著选读》下卷，北京大学哲学系外国哲学史教研室编译，商务印书馆，2005，第179页。

从事一种职业的，也还是饥饿"。① 可见，饥饿是人类和其他生命得以存在并延续的诉求和命令之一。

在维系生命存在的过程中，饥饿及其带来的快乐在某种条件下转化为有益于人类与生命存在的善。为了满足自身存在的饥饿欲求，人们永不停歇地劳作。在劳作过程中，饥饿不仅带来痛苦，而且带来追求食物和生存的愉快和动力。尽管"痛苦与快乐总是异质的"②，实际上"痛苦与快乐极少分离而单独存在，它们几乎总是共同存在"③。相对而言，快乐比痛苦更倾向于善，因为"快乐增加或促进人的活动力量"④。饥饿带来的快乐为善奠定了某种程度的自然情感基础。斯宾诺莎把痛苦等同于恶的同时，亦把快乐直接等同于善。他说："所谓善是指一切的快乐，和一切足以增进快乐的东西而言，特别是指能够满足欲望的任何东西而言。"⑤ 尽管快乐（事实）并不等同于善（价值），但是，当人们获得饥饿满足的快乐的时候，更易倾向于善。饥饿带来的用餐愉悦、生存动力等快乐在自我保存和行为选择中可能具有一定程度的善的道德价值。

（三）饥饿之善恶冲突的抉择

祛除饥饿之恶、达成饥饿之善是饥饿之恶与饥饿之善相互冲突的抉择历程。饥饿之恶与饥饿之善的矛盾集中体现为绝对禁食（饥饿之恶的表象）与允许用食（饥饿之善的表象）的剧烈冲突，其实质则是食物伦理领域的生死矛盾。

以"敬畏生命"著称的施韦泽（Albert Schweitzer）曾提出生命伦理的绝对善恶标准："善是保存生命，促进生命，使可发展的生命实现其最高

---

① 《西方哲学原著选读》下卷，北京大学哲学系外国哲学史教研室编译，商务印书馆，2005，第 178 页。

② John Stuart Mill, *On Liberty & Utilitarianlism*, New York：Bantam Dell, 2008, p. 166.

③ Jhon Stuart Mill, *On Liberty & Utilitarianlism*, New York：Bantam Dell, 2008, p. 202.

④ 〔荷兰〕斯宾诺莎：《伦理学·知性改进论》，贺麟译，上海人民出版社，2015，第109页。

⑤ 〔荷兰〕斯宾诺莎：《伦理学·知性改进论》，贺麟译，上海人民出版社，2015，第111页。

价值。恶则是毁灭生命，伤害生命，压制生命的发展。这是必然的、普遍的、绝对的伦理原理。"① 这一绝对伦理原理在饥饿之善与饥饿之恶的冲突面前受到致命的挑战。人与其他生命既可能是食用者，也可能是被食者（食物）。在饥饿驱使下，各种生命相互食用，生死博弈势所难免。诚如柯弗所说："吃是一场绵延不绝的杀戮。"② 如此一来，绝对禁食或允许用食似乎都不可避免地悖逆自然之善——保存生命的基本法则③，因为人类必然面临如下伦理困境。

（1）如果绝对禁食，则必定饿死或被吃而丧失生命。

（2）如果允许用食，则意味着伤害其他生命。值得一提的是，极端素食主义者毕竟是极少数。而且，植物也是有生命的，至少是生命的低级形式。就此而论，素食其实也是伤害生命。

（3）无论绝对禁食还是用食，都意味着生死攸关的生命选择：杀害其他生命或牺牲自己的生命。

那么，应当如何抉择呢？显而易见，这种生死冲突的根源是饥饿。饥饿促发的绝对禁食与允许用食的冲突本质上是生死存亡之争："饥饿要么导致我们的死亡，要么导致他者的死亡。"④ 化解这种生死冲突的抉择必须回应两个基本问题：绝对禁食是否正当和允许用食是否正当。

1. 绝对禁食是否正当

绝对禁食表面看来似乎是尊重（被食者）生命的仁慈行为，实际上它违背生命存在的基本法则与自然之善的基本要求，无异于饥饿之恶的肆虐横行。因为绝对禁食既是对饥饿这种自然命令的悖逆，也是对用食（吃）这种自然功能的完全否定。如果一个人因绝对禁食被饿死，这是对个体免于饥饿权的践踏，更是对人性的侵害和对生命权（最为基本的人权）的剥

---

① 〔法〕阿尔贝特·施韦泽：《敬畏生命——五十年来的基本论述》，陈泽环译，上海社会科学院出版社，2003，第9页。

② Christian Coff, *The Taste for Ethics：An Ethic of Food Consumption*, translated by Edward Broadbridge, Dordrecht：Springer, 2006, p. 9.

③ 此命题的相关论证将在后文进行。

④ Christian Coff, *The Taste for Ethics：An Ethic of Food Consumption*, translated by Edward Broadbridge, Dordrecht：Springer, 2006, p. 12.

夺。诚如斯宾诺莎所言："没有人出于他自己本性的必然性而愿意拒绝饮食或自杀，除非是由于外界的原因所逼迫而不得已。"① 如果所有人因绝对禁食而被饿死，人类就将陷入彻底灭亡的绝境。灭亡人类是比希特勒式的灭亡某个种族更大的恶，因为它是灭绝物种的恶。如果所有生命绝对禁食，人类和其他所有生命都将灭绝，这是生命整体死亡的绝对悲剧。可见，绝对禁食既违背祛除饥饿之恶的诉求，又践踏实践饥饿之善的目的、悖逆保持生命的自然之善法则的伦理诉求。换言之，绝对禁食是饥饿之恶对饥饿之善的践踏，因为它消灭了自然赋予生命存在的基本前提，彻底践踏了自然的最高善——保持生命。尤那思（Hans Jonas）强调，伦理公理"绝不可使人类实存或本质之全体陷入行为的危险之中"②。绝对禁食是以毁灭个体为目的的嫉恨生命，由此带来的毁灭生命不但"使人类实存或本质之全体陷入行为的危险之中"，而且直接导致人类历史终止的严重后果。是故，绝对禁食是否定生命存在正当性进而毁灭生命的终极性的根本恶，拒斥绝对禁食是食物伦理的绝对命令。

2. 允许用食是否正当

饥饿是支配人类行动的自然力量，"因为在一切需要中，这是最经常重视的，是支配人最为紧迫的"③。饥饿是食物具有存在价值的原初根据，达成饥饿之善的关键途径是食物。人类历史经验所积累的食物价值基于一个自明的事实："食物即是生命（Food is life）。为了继续活着，所有生命必须消耗某种食物。"④ 虽然吃会（事实上也大致如此）杀死个别生命甚至可能灭绝个别物种，但是它使人类和所有生命获得生存机会，并有效地避免或延迟生命整体死亡的残酷后果或绝对悲剧。

---

① 〔荷兰〕斯宾诺莎：《伦理学·知性改进论》，贺麟译，上海人民出版社，2015，第127页。

② Hans Jonas, *The Imperative of Responsibility: In Search of an Ethics for the Technological Age*, translated by Hans Jonas with David Herr, Chicago & London: Chicago University Press, 1984, p. 37.

③ 《西方哲学原著选读》下卷，北京大学哲学系外国哲学史教研室编译，商务印书馆，2005，第178页。

④ Gregory E. Pence, *The Ethics of Food: A Reader for the Twenty-First Century*, Lanham, New York: Rowman & Littlefield Publishers, Inc., 2002, p. vii.

在弱肉强食、适者生存的自然法则中，弱肉强食只是手段，适者生存才是目的。如果弱肉强食是目的，最强大的动物如恐龙之类就不会灭绝。事实恰好相反，弱肉强食最终必然导致超级食者（如恐龙之类）因无物可食而逐步走向灭绝。从个体而言，保存自我是人和其他生命的内在本质，饥饿正是这种内在本质的原初力量。斯宾诺莎说："保存自我的努力不是别的，即是一物的本质之自身。"① 正因如此，康德把"以保存个体为目的的爱生命"规定为最高的自然的善。② 密尔也认为，最大幸福原则的终极目的就是追求那种最大可能地避免痛苦、享有快乐的存在。他说，"终极目的是这样一种存在（an existence）：在量和质两个方面，最大可能地免于痛苦，最大可能地享有快乐"，其他一切值得欲求之物皆与此终极目的相关并服务于这个终极目的。③ 食物的价值在于满足生命存在的饥饿欲求，避免受饥饿之恶的痛苦威胁，达成维系生命存在和活力的目的。免于饥饿、获取足够食物以维系生命，是珍爱生命的最为基本的要素，是最高的自然善的基本内涵，亦是适者生存法则的内在要求。可以说，用食（吃）以血腥的恶（杀死生命）作为工具，是为了达成保存生命之善的目的。因此，允许用食或拒斥绝对禁食是自然之善法则的应有之义，也是适者生存法则下化解生死存亡冲突的实践律令。

鉴于上述理由，我们把直觉意义上的食物伦理第一律令修正为：不应当绝对禁食，因为（1）生命存在是最高的自然善；（2）绝对禁食既是对生命的戕害，亦是对自然善的践踏；（3）绝对禁食必然导致人类历史的终止，因而是对人类最为重要之事的最大危害。

二　食物伦理第二律令

如上所论，不应当绝对禁食也就意味着应当允许用食。我们自然要问：是否应当允许食用任何对象？此问题涵纳两个基本层面：是否应当以

---

① 〔荷兰〕斯宾诺莎：《伦理学·知性改进论》，贺麟译，上海人民出版社，2015，第159页。
② 李秋零主编《康德著作全集》第7卷，中国人民大学出版社，2008，第270~271页。
③ John Stuart Mill, *On Liberty & Utilitarianlism*, New York：Bantam Dell, 2008, p.167.

人之外的所有对象为食物？是否应当以人为食物？食物伦理第二律令对此做出回应。

人类具有一套精密的消化系统与强大的消化功能，并借此成为兼具素食与肉食能力的杂食类综合型生命。或者说，人类能够享有的食物类别与范围远远超出地球上的其他生命，是名副其实的食者之王。值得注意的是，尽管人的生理结构与消化功能赋予人以强大的食用能力，但是这种能力在无限可能的自然中依然具有其脆弱性。对人而言，每一种食物都不是绝对安全的，都具有不同程度的危险性。既然人类的食物能力是有限的，而且每一种食物对人而言都具有危险性，那么人的食物对象必定有所限制。

（一）是否应当以人之外的所有对象为食物

这个问题可以从人的身体功能及食物规则两个层面予以思考。

1. 从身体功能来看，人不应当食用（人之外的）所有对象

身体功能的脆弱性、有限性、差异性，决定着人不能食用（人之外的）所有对象。

饥饿并非身体之无限的生理欲求。就是说，身体生理功能所欲求的食物的量是有一定限度的。一旦达到这个限度，食欲得到满足，食物就不再必要。如果超越这个限度，身体便不能承受食物带来的消化压力与不良后果。一般而论，身体对于满足饥饿的直接反应是，饥饿感消失即不饿或饱足状态。此时，不得强迫身体过度进食。亚里士多德早就认为，用食过度是欲望的滥用，因为"自然欲望是对欠缺的弥补"①。孟子也说："饥者甘食，渴者甘饮，是未得饮食之正也，饥渴害之也。"（《孟子·尽心上》）饥不择食、渴不择饮之类的生活方式，因其过量而增加了危害健康的可能性。如果不加限制地进食，还可能加剧病菌等有害物对身体的危害，使身体受损甚至死亡。

---

① Aristotle, *The Nicomachean Ethics*, translated by David Ross, revised by Lesley Brown, Oxford: Oxford University Press, 2009, p. 57.

　　身体对于食物的质亦有严格要求。食物成为满足人类饥饿需求、维系生命的物质，是以食物的质为前提的。从身体或生理的层面看，满足饥饿需求、有益身体健康是选择食物的第一要素。没有基本质量保证的食物可能使人呕吐或反胃（恶心），给人带来疾病、痛苦与危害。如果食物包含肮脏成分，或者食物配备不当，人就可能遭受食物污染甚至食物中毒，严重者可能因此失去生命。面对食物欲求与食物危险之间的紧张关系，人们必须根据一定的质的标准（有益健康）谨慎严格地选择、生产、消费食物。不但人如此，"其他动物也区分不同食物，享用某些食物同时拒绝某些其他食物"①。一般而言，所有人都不可食用的东西即对身体健康有害无益的东西，如毒蘑菇、石头、铁等，被排除在食物之外。对人体健康有益无害的东西才可能成为人们食物选择的对象。比如，人们选择某类水果、谷物或动物等作为自然恩赐的天然食物，主要原因是它们可以维持人的生命与健康甚或提升快乐与满足感。

　　身体功能的自然限制决定着人类的食物不可能是任何自然物，即人类的食物只能是有所限定的某些自然物。这也是食物规则形成的自然基础。

　　2. 从食物规则来看，人不应当食用人之外的所有对象

　　表面看来，每种食物源于自然又复归于自然。究其本质，食物既是自然产物，也是自由产物。费尔巴哈在分析酒和面包时说："酒和面包从质料上说是自然产物，从形式上说是人的产物。如果我们是用水来说明：人没有自然就什么都不能做，那么我们就用酒和面包来说明：自然没有人就什么都不能做，至少不能做出精神性的事情；自然需要人，正如人需要自然一样。"②面包之类的食物作为自然产物和自由产物的实体是离不开人的，否则就不能成为人的食物。在人类生产、制作与享用食物的过程中，食物成为人们赋予各种价值要求和食用目的的价值载体，各种食物规则也随之形成。

　　作为食物消费者，人既食用自己生产的食物，又享用他者生产的食

---

① Aristotle, *The Nicomachean Ethics*, translated by David Ross, revised by Lesley Brown, Oxford: Oxford University Press, 2009, p. 58.

② 《西方哲学原著选读》下卷，北京大学哲学系外国哲学史教研室编译，商务印书馆，2005，第 487 页。

物。农业时代的乡村生活方式，常常体现在以面包、馒头、啤酒、白酒乃至红酒等所构成的各类社会团体之中。在工业时代，啤酒甚至成为公众场合表达社会团结和谐的媒介。食用方式或食物种类，标志并确证着食物主体的个体身份和价值认同。格弗敦（Leslie Gofton）说："共同享用食物，是最为基本的人类友爱、和善的表达方式。"[1] 共同进食者通过这种行为方式建立一种权利与义务的食物规则共同体。于是，人们自觉或不自觉地造就并归属于各种不同的食物规则共同体，比如西餐规则共同体、中餐规则共同体等。每一个规则共同体都有自己的食物判断、选择、生产与消费的规则体系和行为规范。在食物规则共同体中，人们根据自己赋予食物的价值意义，设置并遵守一定的食物行为规则（比如允许食用某类食物或禁食另一类食物），而不是毫无规则地盲目食用任何食物。孔子讲到祭品的准备和礼仪时说："食不厌精，脍不厌细。食饐而餲，鱼馁而肉败，不食。色恶，不食。臭恶，不食。失饪，不食。不时，不食。割不正，不食。不得其酱，不食。肉虽多，不使胜食气。惟酒无量，不及乱。沽酒市脯，不食。不撤姜食，不多食。"（《论语·乡党》）伯恩斯（Gregory E. Pence）也说："基督教要求食用之前，必须祷告祈福。……伊斯兰教禁食猪肉；印度教禁止杀牛。"[2] 人们通常用传统习俗去规定食物的途径和形式，以此解决各种食物伦理问题。基于饥饿及其带来的快乐和痛苦的自然情感，人们逐渐认识到："对食物进行选择，采用食物时有所节制，则是理性的结果；暴饮暴食是违背理性的行为；夺去另一个人所需要的、并且属于他的食物，乃是一种不义；把属于自己的食物分给另一个人，则是一种行善的行为，成为美德。"[3] 在回应饥饿诉求的进程中，人类不断反思趋乐避苦的各种食物行为，逐步形成并完善各种饮食习俗与行为规则如节制等，进而把饥饿从自然欲求转化为具有某种道德价值的力量。

---

[1] Leslie Gofton, "Bread to biotechnology: cultural aspects of food ethics", *Food Ethics*, edited by Ben Mepham, London: Routledge, 1996, p. 121.

[2] Gregory E. Pence, eds., *The Ethics of Food: A Readers for the Twenty-First Century*, Lanham, NewYork: Rowman & Littlefield Publishers, Inc., 2002, p. viii.

[3] 《西方哲学原著选读》下卷，北京大学哲学系外国哲学史教研室编译，商务印书馆，2005，第 227~228 页。

需要注意的是，同一种（类）食物对不同食物规则共同体的人具有不同的价值。由于价值的差异，"一（类）人之美味可能是另一（类）人之毒药"的伦理冲突常常出现。我们不禁要问：这些食物行为是否蕴含着普遍的基本道德法则呢？黑格尔道出了其中的真谛，他说："瘦弱的素食民族和印度教徒不吃动物，而保全动物的生命；犹太民族的立法者唯独禁止食血，因为他们认为动物的生命存在于血液中。"① 把某些动物作为禁食食品的基本伦理法则是保存生命。如今，虽然各种允许和禁止食物的传统习俗受到严重挑战，但是人类仍然根据当下食物规范进行判断和选择，而非毫无限制地吃任何东西。设置并遵守食用规则是人类自由精神融入自然食物的标志，人类通过这些规则使食物成为自然产物和自由产物的实体。食用规则意味着食物的选择和限制：其根本目的是维系健康与保存生命，其伦理底线则是不得伤害健康，更不允许危害生命。

简言之，为了维系健康和保存生命，人不能以人之外的所有对象为食物。

（二）是否应当以人为食物

既然不能以人之外的所有对象为食物，那么是否应当以人为食物？

不可否认，作为自然存在者，人的身体既具有把其他生命（如羊、牛、猪等）或自然物（如盐、水）作为食物的可能性，也具有成为人或其他生命（如狼、老虎、豹子等）之食物的可能性。在历史和现实中，也不乏某些人成为他人或其他生命之食物的实证案例。就是说，人既可能是食用者，又可能是被食用者。因此，我们必须回答由此带来的重大食物伦理问题：是否应当以人为食物。这个问题可以分为两个层面：其一，人是否应当成为其他生命（主要指食肉动物）的食物；其二，人是否应当成为人的食物，或者人是否应当吃人。

1. 人是否应当成为其他生命的食物

具体些说，人是否应当被人之外的其他动物（尤其是大象、狮子、老

---

① 〔德〕黑格尔：《自然哲学》，梁志学等译，商务印书馆，1997，第513页。

虎等动物）猎杀而成为其他动物的食物？或人是否应当被饿死而成为其他动物的食物？

如果人仅仅是自然实体，人与其他生命一样可以成为食物。因为人的肉体作为可以食用的自然实体，具有成为其他食者的食物的可能性。但是，人之肉体（自然实体）同时也是其自由实体，因为人同时还是自由存在者。诚如费尔巴哈所说："肉体属于我的本质；肉体的总体就是我的自我、我的实体本身。"① 人的肉体因其自由本质而是自在目的，而非纯粹的自然工具。康德甚至主张："人就是这个地球上的创造的最后目的，因为他是地球上唯一能够给自己造成一个目的的概念，并能从一大堆合乎目的地形成起来的东西中通过自己的理性造成一个目的的系统的存在者。"② 如果人成为其他动物的食物，那么这不仅仅是其自然实体（肉体）的湮灭，也是其自由实体的消亡。或者说，人成为食物意味着把人仅仅看作自然工具而不是自由目的。然而，人作为自由存在的目的否定了其成为其他动物的食物（自然工具）的正当性。换言之，人的自由本质不得被践踏而降低为自然工具，免于被其他动物猎杀或食用是人人生而具有的自然权利或正当诉求。

当下突出的一个现实问题是：当人命和珍稀动物的生命发生冲突时，何者优先？究其本质，动物保护乃至环境保护的根本目的是人，而非动物或环境③。人不仅仅是动物保护的工具，也不仅仅是珍稀动物保护的直接工具——食物，人应当是动物保护的道德目的。当珍稀动物与人命发生冲突时，不应当以保护珍稀动物或者动物权利等为借口，置人命于不顾。相反，应当把人的生命置于第一位。作为自由存在者，人不应当被其他生命（包括最为珍贵的珍稀动物）猎杀或食用。

同理，人也不应当被饿死而成为其他生命的食物。

---

① 《西方哲学原著选读》下卷，北京大学哲学系外国哲学史教研室编译，商务印书馆，2005，第501页。

② 〔德〕康德：《判断力批判》，邓晓芒译，杨祖陶校，人民出版社，2002，第282页。

③ 人是环境和动物保护目的的相关论证，请参看任丑《人权应用伦理学》，中国发展出版社，2014，第144~147页。

2. 人是否应当成为人的食物

同类相食在自然界极为罕见。仅凭道德直觉而论，人类相食（人吃人）违背基本的道德情感和伦理常识。不过，这种道德直觉需要论证。

首先，在食物并不匮乏的情况下，人是否应当食人？事实上，即使食物并不匮乏，个别野蛮民族或个人也可能会把俘虏、病人、罪犯、老人或女婴等作为食物，某些民族甚至有易子而食的恶习。这是应当绝对禁止的罪恶行为。诚如约翰逊所说："人们普遍认为吃人是不正当（错误）的。"① 有食物时，依然吃人的行为是仅仅把人当作（食用）工具或仅仅把人当作物。或者说，吃人者与被吃者都被降格为丧失人性尊严的动物。在具备食物的情况下，不吃人必须是一条绝对坚守的道德法则，也应当是人类食物伦理的基本共识或道德底线。

其次，在食物极度匮乏甚至食物缺失的困境中，如果不吃人，就会有人被饿死；如果吃人，就会有人被杀死。那么，面临饿死威胁的人是否应当食人？或者说，人命与人命发生冲突的生死时刻，人是否应当食人？这大概是人类必须直面的极端惨烈的食物伦理困境。

一般说来，在没有任何其他食物、不吃人必将饿死的境遇中，人们面临如下两难抉择。

（1）遵循义务论范式的绝对命令：尊重每个人的生命和尊严，绝对禁止以人为食物。其代价是在场的所有人都可能饿死，这似乎与保持生命的自然善的法则是矛盾的。

（2）遵循功利论范式的最大多数人的最大善果原则：以极少数人（某个人或某些人）为食物，保证其余的最大多数人可能不会饿死。其代价是践踏极少数人的生命和尊严，同时贬损其余最大多数人的人性尊严并把他们蜕变为低劣的食人兽。

面对这个挑战人性尊严的极其尖锐的终极性伦理问题，我们应当如何抉择呢？

---

① Andrew Johnson, "Animals as food producers", *Food Ethics*, edited by Ben Mepham, London: Routledge, 1996, p. 49.

表面看来，既然其他动物可以被人吃，如果人仅仅作为自然人或纯粹的动物，好像并没有正当理由不被人吃。另外，在食物极度匮乏情况下，人吃人的行为和现象也是存在的。然而，这并不能证明此种行为是应当的。

大致而论，在自然界的食物链中，植物是食草动物的食物，食草动物是食肉动物的食物。食草动物抑制植物过度生长，食肉动物限制食草动物贪吃而使植物得到保护免于毁灭，也使食草动物免于饥饿而灭绝。同时，食草动物的存在也为食肉动物提供了生存的食材，食肉动物的猎杀行为最终维系着其自身的生存。人则是综合并超越食草动物和食肉动物的自由存在者，"人通过他追捕和减少食肉动物而造成自然的生产能力和毁灭能力之间的某种平衡。所以，人不管他如何可以在某种关系中值得作为目的而存在，但在另外的关系中他又可能只具有一个手段的地位"①。作为有限的理性存在者，人具有超越于物（包括食物、肉体）的精神追求与道德地位。在人与物的关系中，人是物的自在目的（所以，人不应当成为动物的食物，如前所述）；在人与人的关系中，人不仅仅是手段，还是目的。作为目的的人就是具有人性尊严的人。②

在面临饿死威胁的境遇中，人命与人命冲突的实质是人的自然食欲和人性尊严的冲突。人命是自然食欲的目的，同时又是人性尊严的手段。所以，自然食欲是人性尊严的手段，人性尊严是自然食欲的目的。就是说，人性尊严优先于自然食欲。当人性尊严和自然食欲发生冲突之时，应当维系人性尊严而放弃自然食欲：即使饿死或牺牲自己的生命也绝不吃人。在这个意义上，个体生命成为人性尊严的手段，人性尊严则成为个体生命的目的。值得注意的是，绝不吃人不仅仅是尊重可能被食者的人性尊严，亦是尊重那些宁愿饿死也不吃人者的人性尊严。在任何情况下，人具有不被人吃的自然权利，同时也必须秉持不得吃人的绝对义务。就此而论，饥饿或极度饥饿是考验道德能力和人性尊严的试金石，而不是推卸责任与义务

---

① 〔德〕康德：《判断力批判》，邓晓芒译，杨祖陶校，人民出版社，2002，第282页。
② 有关人性尊严的讨论，请参看任丑《人权视域的尊严理念》，《哲学动态》2009年第1期。

的理由。这也在一定程度上意味着功利论范式不具有正当性。

功利论范式的选项是以极少数人作为最大多数人的食物，也就是以极少数人的死亡或牺牲，换取最大多数人的生命。其根据可以归纳为：极少数人生命之和的价值小于最大多数人生命之和的价值。表面看来，这似乎是无可辩驳的正当理由，实则不然。在食物伦理领域，自然食欲是功利论的基础。饥饿与食欲相关的痛苦、快乐或幸福等必须严格限定在经验功利的工具价值范围内。一旦僭越经验功利的边界，它就失去存在的价值根据。我们知道，物或工具价值可以量化，可以比较大小。但是，人的生命不仅仅是物，也不仅仅具有工具价值。人既是自然人（具有工具价值），又是自由人（具有目的价值）。是故，诚如康德所言："人和每一个理性存在者都是自在目的，不可以被这样或那样的意志武断地仅仅当作工具。"①基于自由的人命具有目的价值，并非仅仅具有工具价值，故不可以用数量比较大小。就是说，人命并非经验领域内可以计量的实证对象，其价值和意义超越于任何功利而具有神圣的人性尊严，故不属于功利原则的评判范畴。设若把极少数人作为最大多数人的食物，就把被吃者和吃人者同时仅仅作为饥饿欲望的工具，进而野蛮地践踏人性尊严的目的。如此一来，一方面，极少数人（被吃者）在被吃过程中仅仅成为最大多数人（吃人者）维系生命的纯粹工具（食物），其人性尊严被完全剥夺；另一方面，最大多数人（吃人者）在贬损他者为食物的同时，也把自己蜕变堕落为低劣无耻的食人兽，把自己异化为满足饥饿食欲的自然工具。在这个意义上，吃人者完全丧失了自己的人性尊严，把自己降格为亚动物——或许这就是人们说的禽兽不如。归根结底，支配这种行为的是弱肉强食的丛林法则，而非尊重人性尊严的自由法则。值得一提的是，动物行为无所谓善恶，动物吃人不承担任何责任。人命和人命冲突的境遇属于目的价值领域，人吃人是大恶，吃人者必须承担相应的法律责任与道德义务。

即使从功利主义角度看，以极少数人（某个人或某些人）作为其他最

---

① Immanuel Kant, *Foundations of the Metaphysics of Morals*, translated by Lewis White Beck, BeiJing: China Social Sciences Publishing House, 1999, p. 46.

大多数人食物的选项也是难以成立的。鉴于最大多数人最大幸福的原则严重忽视甚至践踏最少数人的幸福，功利主义集大成者密尔把这一原则修正为"最大幸福原则"。此原则明确主张功利主义的伦理标准"并不是行为者自己的最大幸福，而是所有人的最大幸福"。[①] 显然，以极少数人的死亡或牺牲作为其余最大多数人食物的选项悖逆了最大幸福原则。另外，从牺牲（sacrifice）本身来看，密尔认为，没有增进幸福的牺牲是一种浪费。唯一值得称道的自我牺牲是对他人的幸福或幸福的手段有所裨益。因此，"功利主义道德的确承认人具有一种为了他人之善而牺牲自己最大善的力量。它只是拒绝认同牺牲自身是善"[②]。显而易见，我们这里所说的人命与人命冲突中的极少数人的死亡或牺牲（作为其他人的食物）并非自我牺牲，即使是自我牺牲也不会对其他人的幸福有所裨益，唯一可能的似乎只不过是对其他人幸福的手段有所裨益。然而，这种可能违背最大幸福原则，因而是不能成立的。

有鉴于此，应当尊重并保持每个人（自己和他人）的生命和人性尊严，拒斥把人作为食物或把人贬低为食人兽的恶行。是故，我们选择（1）而拒绝（2）。质言之，无论食物是否匮乏，都应当绝对禁止把人当作食物（不得吃人）。或者说，人性尊严是食物行为的价值目的，人在任何情况下均不得被贬损为工具性食物。禁止吃人是食物伦理的绝对命令。

综上，是否应当以所有对象为食物？答：不应当以所有对象为食物，尤其不得以人为食物，因为人性尊严是食物的价值目的。这就是食物伦理第二律令。

三 食物伦理第三律令

既然不能以所有对象为食物，那么应当食用何种对象呢？或者说，以何种对象为食物的伦理律令是什么？这是食物伦理第三律令要回应的问题。此问题可以分解为三个层面：人与物关系中的食物伦理规则是什么？

---

① John Stuart Mill, On Liberty & Utilitarianlism, New York: Bantam Dell, 2008, p.167.

② John Stuart Mill, On Liberty & Utilitarianlism, New York: Bantam Dell, 2008, p.173.

人与自己关系中的食物伦理规则是什么？人与他人关系中的食物伦理规则是什么？

（一）人与物关系中的食物伦理规则

我们这里所说的"人与物"中的"物"是指（人之外的）具有食用可能性或现实性的对象，它本质上是人的可能食物或现实食物。

在自然系统中，自然是人得以可能的根据，人是其消化系统得以可能的实体。消化系统是饥饿、食欲与食物得以可能的有机系统，也是生命得以可能的关键。没有自然，就没有人类及其消化系统，更遑论饥饿、食欲或食物。反之亦然，没有饥饿、食欲与食物，就没有消化系统、生命或人类，同时也就没有人类意义上的自然。拜尔茨（Kurt Bayertz）说："自达尔文以来，有关人类起源的进化理论都首先指出，人的自然体是从非人自然体起源的，在生物学上我们是一种哺乳动物。即便把所有的进化起源问题抛开，单就我们作为自然生物的继续存在以及作为人之主体的继续存在来说，我们对外界的倚赖丝毫也不少于对我们自身的倚赖；在疑难情况下，我们宁肯舍弃我们自然体的一部分（如毛发或指甲，甚至肢体或器官），也不能舍弃外部自然界的某些部分（如氧气、水、食物）。"[1] 因为食物是人赖以生存的必要条件，特定条件下，舍弃食物，就等于放弃生命。那么，"我们的食物中到底含有什么宝贵的东西使我们能够免于死亡呢？"[2] 这是诺贝尔物理学奖得主薛定谔（Erwin Schrödinger）发出的关于食物价值的科学追问。薛定谔（Erwin Schrödinger）认为，自然界中正在发生的一切，都意味着它的熵的增加。从统计学概念的意义来看，熵是对原子无序（混乱）性的定量量度，负熵是"对有序的一种量度"[3]。生命有机体在不断增加自己的熵或产生正熵，"从而趋向于危险的最大熵状态，那就是死亡。"[4] 生命活着或摆脱死亡的根据是，不断地从环境中吸取负

---

[1] 〔德〕库尔特·拜尔茨：《基因伦理学》，马怀琪译，华夏出版社，2001，第221页。
[2] 〔奥〕埃尔温·薛定谔：《生命是什么》，张卜天译，商务印书馆，2016，第75页。
[3] 〔奥〕埃尔温·薛定谔：《生命是什么》，张卜天译，商务印书馆，2016，第77页。
[4] 〔奥〕埃尔温·薛定谔：《生命是什么》，张卜天译，商务印书馆，2016，第75页。

熵，因为"有机体正是以负熵为生的"，或者说"新陈代谢的本质是使有
机体成功消除了它活着时不得不产生的所有熵"①。一个有机体使自身稳定
在较高有序水平（等于较低的熵的水平）的策略就在于从其环境中不断吸
取秩序。这种秩序就是那些为有机体"充当食物的较为复杂的有机化合物
中那种极为有序的物质状态"②。食物凭借负熵使生命（人）消除其正熵，
并使生命（人）免于陷入最大熵状态（死亡），或者说食物使生命（人）
避免无序或混乱状态而维系其自身的有序状态（生存）。

　　作为人赖以生存的必要条件，食物在吃的行为中转化为人的直接存在
方式。如果说尚未食用的食物还是潜在的可能食物，那么吃则是使可能食
物转化为现实食物的具体行动。萨特说："吃，事实上就是通过毁灭化归
己有，就是同时用某种存在来填充自己。……它向我揭示了我将用来造成
我的肉体的存在。从那时起，我接受或因恶心吐出的东西，是这存在物的
存在本身，或者可以说，食物的整体向我提出了我接受或拒绝的存在方
式。"③ 吃是把作为他者的食物转化为自我身体的存在要素的关键一环。当
食物被吞噬后，并不立刻成为身体的一部分，而是停留在身体的一个特殊
部分——消化道中。消化道既是外界的他者可以进入身体的中介，也是内
在机体连接外部环境的桥梁。消化系统通过内在化的消化吸收过程，把他
者（食物）转化为自我的肉体（flesh），使食物为人提供能量支撑进而维
系生命的有序状态。或者说，食物在消化并成为肉体的过程中成为生命的
一部分，使人得以存在与发展。对此，柯弗说："在吃的过程中，我们物
理环境的要素被身体接受和吸纳。在吃的行为中，外部世界变成食者的一
部分，在这个意义上，吃使外界和内部相互交织。"④ 吃的食物进入身体并
成为身体的有机部分的同时，人们又持续不断地选择、生产和消费食物以
维系并增强生命活力。这就把我们相遇的外在环境中的食物（他者）转化

①　〔奥〕埃尔温·薛定谔：《生命是什么》，张卜天译，商务印书馆，2016，第 75 页。

②　〔奥〕埃尔温·薛定谔：《生命是什么》，张卜天译，商务印书馆，2016，第 77~78 页。

③　〔法〕萨特：《存在与虚无》，陈宣良等译，杜小真校，三联书店，2007，第 743 页。

④　Christian Coff, *The Taste for Ethics*: *An Ethic of Food Consumption*, *translated* by Edward Broadbridge, Dordrecht: Springer, 2006, p. 7.

为自我要素。在他者和自我的融合历程中，食物与身体深刻地联结为人的直接存在方式。

作为人的直接存在方式，食物融入身体的旅途在某种程度上也是它以死求生、维系生存的实现过程。人类食物中，只有一小部分是无机物（如盐），绝大部分则是有机物。而"有机物是活着的——或者至少曾经是活的。我们吃的食物曾经有生命而现在死了或将要死了。一些事物是活着被吃的，一些事物是死后被吃的。动物通常是死后吃的，吃的植物既是死的又是活的（就是说，蔬菜或水果离开土壤或植物枝干后，其新陈代谢过程仍在继续）"①。某一生命把另一生命作为食物享用之时，也是另一生命（被食者）死亡之时。柯弗说："在吃的过程中，死亡和生命总是结伴同行。吃可以看作一种杀害，或者也可以看作一种必然而又美妙的生命给予生命的新陈代谢。"② 每一生命既可能是食者，又可能是被食者（食物）。吃（食物）是一个杀死生命与保存生命的生死交替过程。一方面，被吃食物曾经活着，被吃后，它失去生命而死了。另一方面，我们吃食物时，食物通常已经死了。当我们吃下后，它作为我们的身体又复活了。死亡的生命转化成的食物维系着食者的生命。在此意义上，食物是生命从一种形式（被食者）转化为另外一种形式（人）的生命载体。如果说生命个体的新陈代谢是以个体部分的死换取个体整体的生，那么生命整体的新陈代谢则是个体之间的相互食用即个体死亡换取生命整体的存在。诚如黑格尔所说："只有这样不断再生自己，而不是单纯地存在，有生命的东西才得以生存和保持自己。"③ 每个生命个体在食者和被食者身份的重叠交织中，在死亡和生存的延绵过程中，在吃和被吃的生死对决甚或无可逃匿的宿命中共同维系着生命整体的生生不息。如此一来，杀死并吃掉生命个体的血腥的恶，在历史的长河中积聚转化成保存生命整体存在的善。

---

① Christian Coff, *The Taste for Ethics*: *An Ethic of Food Consumption*, *translated* by Edward Broadbridge, Dordrecht: Springer, 2006, p.12.

② Christian Coff, *The Taste for Ethics*: *An Ethic of Food Consumption*, *translated* by Edward Broadbridge, Dordrecht: Springer, 2006, p.13.

③ 〔德〕黑格尔：《自然哲学》，梁志学等译，商务印书馆，1997，第496页。

如果说方生方死、方死方生是自然法则的运行形式，那么以死求生、死而后生则是生命存在的价值和意义。这种以死求生、以恶求善的生存方式正是自然之善的内在规定——保存生命。或许正因如此，费尔巴哈断定延续自己的生命是道德义务。他论证道："作为延续自己的生命的必要手段的吃饭也是义务。在这种情况下，按照康德的说法，道德的对象只是与延续自己的生命的义务相适应的吃的东西，而那些足够用来延续自己的生命的食品就是好（善）的东西。"① 如果说保存生命是人与物关系中食物伦理的内在本质，那么维系并延续人与其他生物的生命就是食物的自然之善。食物融入身体的道德价值其实就是实现其自然之善即维系人之自然生存。或者说，食物是自然之善法则为了达到保持生命的自然目的的实践路径。是故，人与物关系中的食物伦理规则是：自然之善。

自然之善是一种抽象的善、自在的善。这就是说：（1）自然之善只是保持生命的实践路径，它仅仅为道德的善提供了一种可能性。如果仅仅停留在维系生命的层次上，它只不过是一种潜在的善。（2）被食者之死换来的食者之生对于食者而言是一种善。然而，对于被食者而言，其生命被剥夺无疑是最为残忍的恶。可见，这种善是你死我活的血腥冷酷的自然法则造就的蕴恶之善。或者说，这仅仅是丛林法则支配下带来的保存生命的未经反思的可能之善，还不是经过自觉反思继而主动追求好的生活、好的生命的现实之善。（3）自然之善依然潜伏着恶的威胁，因为食者不可避免地面临所吃食物带来的自然危险。某些食物因各种原因有一定程度的毒害，在极度恶化时可以杀死我们。倘若如此，外界就不再成为我们的身体，反而以我们的身体为工具成就其自身。

尽管如此，如果没有这种潜在的善，现实之善就会失去生命依据而绝无实现之可能。只有在自然之善的基点上，食物才有可能在人与自己的关系中演进为自我之善，进而在人与他人关系中提升为人类之善。

（二）人与自己关系中的食物伦理规则

食物的伦理价值不仅仅是保持生命或能够活着（自然之善）。更重要

---

① 《西方伦理学名著选辑》下卷，周辅成编，商务印书馆，1996，第460页。

的是，食物是为了满足自我食欲而维系自我存在的为我之物，因为食物不但彰显着人和物的伦理关系，而且更深刻地蕴含着人与自己的道德关系。

人与自己的道德关系肇始于追问并确证人的自我认同和价值意义，这也一直是哲学家们探赜索隐的传统话题。康德曾把它凝练为一个著名的哲学人类学问题："人是什么？"① 针对康德提出的这个问题，费尔巴哈明确地回答道："人是其所食。"② 费尔巴哈的这一断言在食品科学领域具有一定的科学证据与某种程度的科学支撑，如摄入铁少者血液中缺铁，摄入脂肪多者肥胖，吃简单食物者瘦，吃健康食物者健康，等等。显然，"人是其所食"夸大了食物经验材料方面的效用，因为人的感觉、记忆、理性、行为等要素在食物及人的自我塑造中具有重要作用。就是说，除了食物外，人的自我认同和价值意义还包括其他诸多要素。不过，我们这里讨论的范围仅限于食物蕴含的人与自己的关系。

食物只有成为自我理解、自我实现的要素，才具有哲学意义和伦理价值。当身体纳入食物、消化食物，使食物与身体合而为一之时，食物似乎消失了，但是感觉与记忆却把食物内化为身体的一种主观的味道体验。食物味道渗透于感官，并保留在身体的记忆与感觉之中。或者说，食物味道是味觉和嗅觉对食物的感觉与记忆。萨特认为："味道并不总是些不可还原的材料；如果人们拷问它们，它们就对我们揭示出个人的基本谋划。就是对食物的偏好也都不会没有一种意义。如果人们真正想认为任何味道不是表现为人们应该辩解的荒谬的素材而是表现为一种明确的价值，人们就会了解它。"③ 寓居于身体之内的食物味道的感觉、记忆构成历史性的食物意识即食物印迹。

食物印迹本质上就是食物的某种暂时性。当下的自我既需要意志力又需要洞察力把食物看作印迹，也就是把自我置于食物的某种暂时性之中。自我的当下就是把过去和未来联结为一体的此在的暂时性，它既是过去的

---

① 〔德〕康德：《逻辑学讲义》，许景行译，杨一之校，商务印书馆，1991，第15页。
② Christian Coff, *The Taste for Ethics: An Ethic of Food Consumption*, translated by Edward Broadbridge, Dordrecht: Springer, 2006, p. 9.
③ 〔法〕萨特：《存在与虚无》，陈宣良等译，杜小真校，三联书店，2007，第743页。

现实，又是未来的可能。梅洛-庞蒂说："对我而言的过去或未来就是此世的当下。"[①] 食物既是当下自我的历史元素（过去），也是当下自我的可能元素（未来）。在恰当的机遇中（如某种食物呈现在自我面前），封存于身体之中的遥远时空的食物印迹通过感官知觉重新开启过去之门。自我根据食物印迹对当下食物产生愉快感或痛苦感，感知食物相关的福祸得失或苦乐甘甜。当下食物则把过去与未来重叠交织为自我的"先在"（pre-existence）与"存在"（survival）的共在状态。自我基此获得生命存在感与食物道德直觉，使食物成为自我理解、自我实现的重要元素，也使自我成为一个朝向伦理世界生成绵延的主体。在此意义上，如费尔巴哈所说，食物是"第二个自我，是我的另一半，我的本质"[②]。自我作为把食物的过去与未来联结在当下的行为主体，理解并实现出食物蕴含的道德意识与伦理精神。

在朝向伦理世界生成的过程中，自我把（欲求食物的）自我和（追寻食物规则的）自我建构为追寻自我之善的主体。作为有理性的自由存在者，"我们对食品的决定规定了我们曾经是谁，我们现在是谁，以及我们打算成为谁。我们如何做出这些选择更多地传达着我们的价值观念、我们与生产食品者的关系，以及我们期望的世界类型。"[③] 食物既是自我做出的一系列决定，又是自我审视世界的预定方式的思想框架。通常情况下，刚刚吃过的食物已经进入身体运行之中，为未来准备的食物还在食物储存处。自我既要关注当下的食物生产历史（食物的过去），又要考虑当下食物的保质期限或未来食物的生产规划（食物的未来）。在力所能及的范围内，自我凭借食物印迹日复一日地感知、理解、判断、选择食物，进而生产、销售、购买、消费食物。这一系列行为既是生活经验与饮食习俗的积累传承，又是自我认同与食物伦理的自觉反思。可见，这就是人与自己关

[①] Maurice Merleau-Ponty, *Phenomenology of Perception*, London: Routledge, 1989, p. 412.

[②] 《费尔巴哈哲学著作选集》上卷，荣震华、王太庆、刘磊等译，三联书店，1959，第530页。

[③] Gregory E. Pence, eds., *The Ethics of Food: A Readers for the Twenty-First Century*, Lanham, New York: Rowman&Littlefield Publishers, Inc., 2002, p. vii.

系中的食物伦理规则的追寻。

在食物伦理视域内，人与自己的关系最终体现为欲求食物的自我与追寻食物规则的自我之间的关系。亚里士多德认为，就人与自己的关系而论，"他是自己最好的朋友，因此应该最爱自己"。① 自爱或爱自己意味着应该追求人性尊严的高贵目的，食物与这个目的密不可分。真正的自爱包括食物之爱：把食物作为身体健康以达成高贵目的的要素，这也是自己成为自己的朋友之重要一环。食物之爱本质上就是自我探求并尊重一定的食物规则，这就是追寻食物规则的自我。相应地，把食物与自然相联系的身体就是欲求食物的自我。追寻食物规则的自我把身体建构为食物目的而非纯粹工具。就是说，身体不仅仅是食物成就其自然之善的工具，而且是食物自然之善所要追求的目的。同时，自我在追求善（或好）的生活的生命历程中，把食物的自然之善提升为主观自觉的自我之善。换言之，追寻食物规则的自我，把食物的自然之善提升为建构自我认同与人性尊严的自我之善。通俗些说，自我根据食物印迹与自我之善的食物规则，否定劣质或有害食物，存疑不明食物，选择培育优质健康食物，不断促进并改善食物营养结构，进而保障身体健康、优化生活品位，以成就人性尊严的高贵目的——这就是自我之善即人与自我关系中的食物伦理规则。

自我之善是主观的自为的善。这也就是说：（1）自我之善是道德自我的主观建构，因为"每一个人必然追求他所认为是善的，避免他所认为是恶的"。② 当我们想象一种美味时，"我们便想要享受它、吃它"，当我们享受美味时，肠胃过于饱满，"我们前此所要求的美味，到了现在，我们便觉得它可厌"。③ 因此，自我之善并不必然是客观现实的。用柯弗的话说："（食物）消费者所要求的与他们实际所做的之间的鸿沟，的确体现着善的

---

① Aristotle, *The Nicomachean Ethics*, translated by David Ross, revised by Lesley Brown, Oxford: Oxford University Press, 2009, p. 174.

② 〔荷兰〕斯宾诺莎：《伦理学·知性改进论》，贺麟译，上海人民出版社，2015，第157页。

③ 〔荷兰〕斯宾诺莎：《伦理学·知性改进论》，贺麟译，上海人民出版社，2015，第127页。

生活观念与实际生活观念的鸿沟。"① 比如，进餐者根据自我之善的标准要求某种类型或味道的食物，而事实上没有或缺乏这种食物。当有这种食物之际，进餐者根据自我之善的标准可能需要的是另一种食物。自我之善的主观性与现实生活的客观性之间存在着某种程度的差异甚至冲突。这种冲突本质上是自我之善的主观规则所追求的生活善与自我之善所面对的客观现实的生活善之间存在的应然和实然的矛盾。此矛盾只有超越道德自我的主观建构才有可能得以和解。

（2）特定条件下，食物伦理领域中的主观自我与客观现实之间或应然与实然之间可以达到某种程度的和解。康德举例说，哲学学者独自进餐耗损精力，不利健康。进餐时，如果有一同桌不断提出奇思异想，使他得到振奋，他就会获得活力而增进健康。② 尽管主观自我与客观现实的差异也可能转化为"和而不同"的境界，但是，通常情况下，秉持自我之善的道德个体之间存在着不可避免的各种分歧。如：个体的口味、出身、禀赋、能力、身份、地位等千差万别，用餐的时间、地点、食物类别、规格等对于不同进餐者而言具有不同甚至相反的意义。因此，内格·道尔告诫道："我们必须意识到我们所食（吃）影响他人所食（吃）。"③ 自我之善的主观自我之间的冲突，要求不同自我通过一定的程序遵循共同之善。

（3）前两者的冲突根源于自我内在的善恶矛盾即自我之善与自我之恶的矛盾。如前所论，食物之爱是自我之善的基本形式，也是自己成为自己朋友的基本标志之一。相反，缺失食物之爱，就会伤害身体甚至生命，成为自己的敌人。贪食、禁食或废寝忘食等现象往往是不自爱的自我敌对行为，也常常是自我之恶的表象。绝食则另当别论：为了高贵目的的绝食，依然是自我之善。否则，就可能成为自我之恶。问题在于，主观自我不可能完全客观地判定自我之善或自我之恶：它可能把自我之恶误判为自我之

---

① Christian Coff, *The Taste for Ethics: An Ethic of Food Consumption*, translated by Edward Broadbridge, Dordrecht: Springer, 2006, p. 5.

② 李秋零主编《康德著作全集》第 7 卷，中国人民大学出版社，2008，第 274~275 页。

③ Nigel Dower, "Global Hunger: moral dilemmas", *Food Ethics*, edited by Ben Mepham, London: Routledge, 1996, p. 7.

善，如把严重的废寝忘食甚至以身饲虎等当作道德高尚加以推崇；也可能把饮食有节或正常的某类食物欲求等误判为自我之恶，如素食主义者把食肉当作恶；等等。

自我之善与自我之恶的矛盾内在地蕴含并呼唤着超越主观自我、裁定自我善恶的客观伦理法则——人与他人关系中的食物伦理规则。

（三）人与他人关系中的食物伦理规则

自我之善所具有的矛盾，深刻地预示出食物蕴含着人与他人之间的伦理联系。在这种伦理联系中，食品科学技术发挥着重要的引领和实践功能。如库尔特·拜尔茨（Kurt Bayertz）所说："人不是直接去适应环境，而是借助于技术去适应环境。"[1] 古希腊时期，作为古典食品科技范式的营养学同时也是食物伦理学的古典形态。营养学中的道德观念是希腊公民日常伦理生活的重要部分。与古希腊时代不同，"如今二者都必须拓展到极其宽广的范围"[2]。当下食品科技全面深刻地影响并改变着人类的身心健康和生活质量。与此同时，食品科技带来的伦理问题（如转基因食品问题等）已经远远超出个别民族或国家的区域，成为世界公民必须共同面对的关乎人类生活质量的国际问题。在这样的国际境遇中，食物伦理规则不能仅仅囿于某些个体或群体的主观善（特殊善），而应当追求人类命运伦理共同体视域的普遍善或人类之善。

食物伦理规则应当追求的人类命运共同体视域的普遍善或人类之善是什么呢？

柯弗曾从语言学的角度分析了食物与食物权之间的内在联系。他认为，在一些语言（如丹麦语的 ret，瑞典语的 rätt，挪威语的 rett，德语的 Gericht）中，食物中的"菜肴"（course）具有双重含义：既具有 dish 之类的美食学意义，又具有 law 或 justice 之类的法学意义。一方面，这些词的词根都源自古德语词 rextia，其意为伸直或变得平坦，可以引申为公平公

---

① 〔德〕库尔特·拜尔茨：《基因伦理学》，马怀琪译，华夏出版社，2001，第107页。

② Christian Coff, *The Taste for Ethics: An Ethic of Food Consumption*, translatedby Edward Broadbridge, Dordrecht: Springer, 2006, p. 148.

正；另一方面，这些词的美食学意义都受到与它们具有相同词根的词 richte 的影响。richte 具有权利的含义。可见，这些词的法学意义和美食学意义具有联系：享用菜肴之类的食物是一种公正分配的权利。柯弗据此断言："在某些文化中的最基本权利或许一直是食物权（the right to food）。"① 何为食物权呢？

食物权的理念较早源自 1941 年美国总统罗斯福关于四个自由的演讲。其中，满足基本需求的自由就包括获得充足食物的权利②。自 1948 年《世界人权宣言》颁定以来，食物权在国际协议中得到普遍认可。1966 年《经济、社会和文化权利国际公约》第 11 款明确把食物权规定为："每个人都具有免于饥饿的基本权利。"③ 从外延来看，"食物权属于整个人类全体，属于每个人"④。从内涵看，食物权是一种最为重要、最为普遍的维系生存的自然权利。食物权既是免于饥饿危害的权利，又是享有足以维系生活健康的食物的权利（这对于贫穷偏远地区的农民尤为重要）。概言之，食物权是人人生而具有的获得食物或享有食物的正当诉求，是人类共享的神圣不可剥夺的共同伦理价值。因此，食物权是人类命运共同体必须尊重的基本伦理规则。或者说，食物权具备人类之善的资格。

不过，如果缺乏切实有效的实践保障，食物权则无异于空中楼阁。或者说，食物权意味着相应的责任。那么，如何保障食物权即实践人类之善的共同价值？或者说，谁是食物权的具体责任承担者呢？胡塞尔（Edmund

---

① Christian Coff, *The Taste for Ethics: An Ethic of Food Consumption*, translated by Edward Broadbridge, Dordrecht: Springer, 2006, p. 16.

② Anne C. Bellows, "ExposingViolences: Using Women's HumanRights Theory toReconceptualize Food Rights", *Journal of Agricultural and Environmental Ethics*, 2003 (16): 249 – 279, p. 254.

③ Anne C. Bellows, "ExposingViolences: Using Women's HumanRights Theory toReconceptualize Food Rights", *Journal of Agricultural and Environmental Ethics*, 2003 (16): 249 – 279, p. 265.

④ Anne C. Bellows, "ExposingViolences: Using Women's HumanRights Theory to Reconceptualize Food Rights", *Journal of Agricultural and Environmental Ethics*, 2003 (16): 249 – 279, p. 265.

Husserl）说："人最终将自己理解为对他自己的人的存在负责的人。"① 食物权的责任承担者只能是人：要么是个体，要么是个体组成的各种共同体（主要是国家）。个体责任与共同体责任共同构成保障食物权的责任规则体系。

个体责任主要是指具有获取食物能力者对自己、家庭成员以及其他相关个体的食物权承担着不可推卸的责任，尤其对尚不具备获取食物能力者或丧失劳动能力者的食物权负有责任。最基本的个体责任是父母应当承担保障幼年子女之食物权的责任。伯恩斯说："由于食物对生命是必不可少的，从父母向子女的食物转让具有第一位的重要性。这种重要性的最重要标志就是喂乳。母亲简直就是在亲自喂养婴儿的过程传递着这种重要意义。这种行为中的食品传递着利他、愉悦、滋育、爱和安全。"② 斯宾塞也认为："在以自然的食物喂养婴孩的过程中，母亲得到了满足；而婴孩有了果腹的满足——这种满足，促进了生命增长，以及加增享受。"③ 此种行为使母婴都快乐，反之二者都痛苦。可见，母亲喂养婴孩或父母保障子女食物权是绝对正当的行为，也是不可推卸的责任。同理，子女对年迈父母或丧失劳动能力的长辈也应如此。另外，尊重食物权的责任和个人职业密切相关，它直接涉及田间劳作，间接涉及其他职业行为。农业工作者的基本责任是种好田地并保证庄稼收获。当下尤为重要的是，农业工作者中的科学家必须自觉承担农业科技领域保障食物权的重大责任，如承担农药、转基因食品等领域的相关责任等。尽管当今社会职业繁多，但是无论从事何种职业，在力所能及的范围内，每个人都应当通过自己的职业奉献以获得必要的食物资源，并主动承担保障食物权的相应责任。

个体承担保障食物权的责任，不仅仅限于提供食物，更重要的则是对人格尊严的敬重。通常情况下，当食物充足时，个体并不负责向陌生人提

① 〔德〕胡塞尔：《欧洲科学的危机与超越论的现象学》，王炳文译，商务印书馆，2005，第324页。
② Gregory E. Pence（ed.），*The Ethics of Food：A Readers for the Twenty-First Century*，Lanham，New York：Rowman& Littlefield Publishers，Inc.，2002，p.Ⅷ.
③ 《西方伦理学名著选辑》下卷，周辅成编，商务印书馆，1996，第308页。

供食物。只有处在食物匮乏状态的陌生人祈求食物时，有能力提供食物的个体才有责任向陌生人提供食物。但是，这并不意味着提供食物者可以不尊重祈求食物者的人性尊严，也决不意味着祈求食物者为了获得食物而必须丧失个人尊严。孟子说："一箪食，一豆羹，得之则生，弗得则死。嘑尔而与之，行道之人弗受；蹴尔而与之，乞人不屑也。"（《孟子·告子上》）孟子甚至凭其道德直觉提出刚性的食物规范："非其道，则一箪食不可受于人。"（《孟子·滕文公下》）遗憾的是，孟子并没有论证秉持此规则的伦理根据。其实，这类极端境遇是食物规则的自然之善与自我之善、人类之善的冲突。相对而言，人类之善、自我之善是目的，自然之善是手段。只有以人类之善、自我之善为目的，自然之善才具有工具价值。或者说，自然之善只有经过自我之善提升为人类之善（食物权）才具有真正的伦理价值。是故，人类之善、自我之善优先于自然之善。换言之，食物权应当要求把人性尊严置于自然欲求之上，不应当把人仅仅当作饥饿或食物的工具。费尔巴哈曾经说过："吃喝是一种神圣的享受。"① 在我们看来，这种神圣不仅仅是食物及其美味的享用或美好生活的追求，更应该是对神圣不可践踏的食物权的敬畏和践行。不尊重人格甚或侮辱人格的食物供养本质上如同饲养禽兽，所谓"食而弗爱，豕交之也"（《孟子·尽心上》）。这种行为并不是履行食物权的责任，而是对食物权的蔑视甚至蹂躏。不过，履行责任应当是个体能力范围内的行为，因为个人承担责任的能力是有限的。比如，食物极度匮乏情况下，易子而食之类的事件极不人道——这种行为最大限度地暴露出个体履行责任的局限性和脆弱性。

超出个体能力的责任应当由相对强大的国家政府与国内国际组织等伦理共同体承担，因为履行保障食物权的责任是这些伦理共同体存在的基本合法根据之一。其中，国家是公民食物权的主要责任承担者（为简洁计，我们这里只限于讨论国家保障食物权的责任，因为国家是伦理共同体的实体典范，也是伦理共同体责任的直接承担者，其他形式的伦理共同体的责

---

① 《西方哲学原著选读》下卷，北京大学哲学系外国哲学史教研室编译，商务印书馆，2005，第 479 页。

任不同程度地与国家类似）。根据食物权的基本诉求，国家维系食物权的责任应当包括两大基本层面：尊重公民食物权的消极责任、保障公民食物权的积极责任。

国家应当首先承担尊重公民食物权的消极责任。孟子曾经从经验生活的角度考虑过这个问题。他说："鸡豚狗彘之畜，无失其时，七十者可以食肉矣；百亩之田，勿夺其时，数口之家可以无饥矣；谨庠序之教，申之以孝悌之义，颁白者不负戴于道路矣。七十者衣帛食肉，黎民不饥不寒，然而不王者，未之有也。"（《孟子·梁惠王上》）这里所讲的"无失其时""勿夺其时"等，可以说是古典时代的思想家对国家或统治者消极责任的经验要求。作为强有力的伦理共同体，国家最为基本的责任就是维系个体尊严与人类实存。在尤那思看来，在人类历史绵延中，人类实存是第一位的，维系人类实存是先验的可能性的自在责任。[1] 食物权是人类实存的根本环节之一，国家不得以任何借口去危害或剥夺个体食物需求的权利。这是国家维系人类实存的无条件的最低责任或绝对责任。当下最为关键的是，国家不能滥用公共权力干涉甚至破坏食物来源或自然环境，更不能为了某种政治目的或利益目的而牺牲公民食物权乃至危害人类实存。

在履行消极责任的前提下，国家必须承担保障食物权的积极责任。当公民个体的食物权受到侵害时，国家应当运用公权阻止侵害食物权的行为并依据法律规定给予侵害者相应惩罚，同时给予受害者合法补偿。对于那些没有能力获得食物者或因为非个人因素不能获得食物者（如自然灾害、瘟疫、战争等灾难中的饥民），国家有责任直接给他们提供食物。为此，国家应当有预见性地颁布正义的规章制度以提前禁止可能导致危害或剥夺食物的行为。这就要求国家真正理解人们是如何获得食物的（如谁在从事农业？谁在从事渔业？谁在从森林中收集食物？谁在喂养家畜或从市场购买食物？等等），并据此建构健康良好的食物运行系统。拉姆柏克（Nadia C. S. Lambek）建议说："食物系统需要民主和民主价值来统治，民主价值

---

[1]　Hans Jonas, *The Imperative of Responsibility: In Search of an Ethics for the Technological Age*, translated by Hans Jonas with David Herr, Chicago & London: Chicago University Press, 1984, p. 99.

要求尊重生产者和消费者以及人与食物之间的关系。"① 食物权的核心是公民必须有权利参与影响其生活和食物的有关决定，国家有责任保证公民真正参与农业食物相关的整个决策过程而不是蒙哄过关。良好的食物系统不仅仅是为了保护农民、渔夫等免于饥饿或获得食物，更重要的是使每个公民从农业、作坊和渔业转向有偿工作，保证每个公民"获得最低工资，建构社会保障体系"②。国家必须尊重人们的生活资源基础，确保人们拥有土地和水等自然资源以便人们能够生产自己的食物，或确保人们有购买食物的经济来源，保障任何人任何时候都能够有尊严地获得安全可靠、健康营养的优质食物。在经济效益、政治目的和食物权发生冲突时，国家应当秉持食物权优先的基本伦理理念。

简言之，食物权及其相应责任是人类之善的两个基本层面，人类之善是人与他人关系中的食物伦理规则。

综上所论，人与物、人与自己、人与他人关系中的食物伦理规则分别是：（1）自然之善；（2）自我之善；（3）人类之善。这三条法则秉持的共同伦理理念是：人是食物的目的和价值根据。所以，食物伦理第三律令为：应当秉持人为目的的食物伦理法则。

结　语

至此，食物伦理律令已经呼之欲出。不过，要把握食物伦理律令的真正内涵，还需要进一步追问：食物伦理的三个基础问题（H）（I）（J）的提出有何伦理根据？

或许是司空见惯的缘故，食物似乎是与伦理无甚关联的自然之物。相应地，食物伦理便成为某些哲学家不屑一顾的形而下的边沿话题。事实上，人以食为天，食物是人类存在的基本根据，人类从来没有也不可能回避食物伦理问题。著名食物伦理专家伯恩斯说："食物把所有人造就成哲

---

① Nadia C. S. Lambeket（ed.），*Rethinking Food Systems*，Dordrecht：Springer，2014，p. 120.
② Nadia C. S. Lambeket（ed.），*Rethinking Food Systems*，Dordrecht：Springer，2014，p. 120.

学家。死亡亦同样如此，不过大部分人避免思考死亡。"① 死亡只能来临一次且是未可知状态，人们可能因此推迟甚至避免思考死亡问题，如孔子就讲过"未知生，焉知死？"（《论语·先进》）。但是，哲学家们对死亡的道德反思似乎远甚于对食物的伦理探究。其实，死亡和生存是哲学的永恒话题，因为二者都是人和生命的根本要素②，或者说，二者都是生活世界的重要支撑。如果说哲学是对死亡的训练，也就意味着哲学是对生存的训练，这就不可避免地要直面普特南（Hilary Putnam）所说的"生活-世界自身应当如何"③ 的问题。在人类历史进程中的生活世界里，人们最基本的生存要素是满足饥饿需求的食物。因此，向死而生的最基本的存在形态就是向饿而食。

如此一来，人类必然面临向饿而食的三大伦理困境：（K）人命与死亡的矛盾——生死冲突；（L）人命与人命或其他生命的矛盾——生命冲突；（M）好（善）生活与坏（恶）生活的矛盾——生活冲突。应对这三大伦理困境分别是食物伦理的三个基础问题（H）（I）（J）的"应当"根据。据此，可以把它们分别修正为：（H）面对生死冲突，是否应当禁止食用任何对象？（I）面对生命冲突，是否应当允许食用任何对象？（J）面对生活冲突，应当食用何种对象？

相应地，回应（H）的食物伦理第一律令修正为：面对生死冲突，不应当绝对禁食；回应（I）的食物伦理第二律令修正为：面对生命冲突，不应当以所有对象为食物；回应（K）的食物伦理第三律令修正为：面对生活冲突，秉持人为目的的食物伦理法则。

第一律令、第二律令是规定食物伦理"不应当"的否定性律令，其实质是食物伦理的消极自由（免于饥饿或不良食物伤害的自由）。第三律令是规定食物伦理"应当"的肯定性律令，其实质是食物伦理的积极自由

---

① Gregory E. Pence（ed.）, *The Ethics of Food: A Readers for the Twenty-First Century*, New York: Rowman& Littlefield Publishers Inc., 2002, p. vii.

② 关于"死亡是生命要素"的相关论证，请参见任丑《死亡权：安乐死立法的价值基础》, 《自然辩证法研究》2011 年第 2 期。

③ Hilary Putnam, *The Collapse of the Fact /Value Dichotomy and other Essays*, Massachusetts: Harvard University Press, 2002, p. 112.

（为了好的或善的生活而追求优良食物的自由）。三大伦理律令分别从不同层面诠释出食物伦理的根本法则——食物伦理的自由规律，这就是食物伦理的总律令即"食物伦理律令"。

　　食物不仅仅是人类拒斥死亡、维系生存的可食用的自然之物，更是人类在其能力范围内不断否定自然的必然限制并自由地创造善（好）的生活的精神之物。生活世界的三大食物伦理困境归根结底是自然规律和自由规律在人类生活领域中的矛盾。① 食物伦理律令正是人类从自然界及其必然性中解放出来的满足饥饿欲求的生存实践活动的自由法则。有鉴于此，其基本内涵可以归结为：在应对诸多食物伦理问题时（包括当下人类共同面对的日益尖锐复杂的各种食物伦理问题），人类不应当屈从于自然规律，而应当遵循自由规律——秉持免于饥饿的基本权利，追寻正当的生存诉求和善（好）的生活，进而提升生命质量，彰显人性尊严与生命价值。就此意义而言，食物伦理律令无疑是人类应对生存危机、维系生命存在、延续人类历史的基本伦理法则之一。

---

　　① 关于自然规律和自由规律关系的研究，请参看任丑《应用德性论及其价值基准》，《哲学研究》2011 年第 4 期。

第五章　身体伦理

　　生育、食物与伦理之间的关系是人类生命延续和维系的基本伦理关系。在人类生命延续和维系的历史进程中，身体的健康、疾病与伦理之间的关系同样关涉每个人或所有人的存在状态。如果说健康是身体脆弱性和坚韧性的谐和常态，疾病则是身体脆弱性对坚韧性具有相对优势的非常态的脆弱状态。因此，健康关爱权也就可能成为祛弱权的另一具体形式。

　　正因如此，健康、疾病和伦理之间的关系是一个古老而又全新的身体伦理的基本问题。这一问题错综复杂、矛盾重重，当代哲学家们为此展开了规模宏大的争论。用著名元伦理学家黑尔（R. M. Hare）的话说，争论的焦点集中在：身体的健康或疾病"是一个纯粹描述性概念还是一个某种程度的评价性或规范性概念"。[①] 其实质则是：身体的健康、疾病是否与伦理有关。如果答案是肯定的，那么身体的健康、疾病与伦理有何关系？健康关爱权是否是身体的价值基准？

第一节　身体与伦理是否有关

　　"身体是否与伦理有关"的实质是"身体的健康与疾病是否和伦理有关"的问题。围绕此问题，当代哲学家们探赜索隐，在相互辩论中形成了三种基本理论范式：规范主义理论、自然主义理论和功能主义理论。

---

① R. M. Hare，"Health"，*Journal of Medical Ethics*，1986（12）：174-181，p. 174.

一 规范主义理论

规范主义理论认为，健康、疾病不仅是自然科学问题，而且是"重大实践问题并因此受到伦理关注"①，因此必须接受伦理价值的评判。

健康、疾病的伦理规范性问题主要源自哲学家。古希腊罗马时代的一些哲学家主张，只有有德性的人才是完全健康的。自柏拉图、亚里士多德（医生的儿子）以来，哲学家们开始运用医学类比来讨论道德问题。他们把善和健康相类比，认为"善人"（a good man）的行为在某种程度上就像"健康的人"（a healthy man）一样。柏拉图在《理想国》中主张，为了获得健康，人必须具有实践智慧以及节制、公正、勇敢等德性②。如果缺失这些德性，就会导致疾病。因此，"恶人"（a bad man）的行为在某种程度上就像"疾病的人"（an ill man）一样。这种思想在当代规范主义这里得到深化和具体化。著名规范主义学者马丁（Mike Martin）认为道德德性和精神健康虽然并非完全重叠，但是仍然有相当大的共同部分。健康概念可以帮助我们做出道德选择，疾病概念可以帮助我们判断如何避免恶之行为③。规范主义的这种健康理念在世界卫生组织对健康的定义中得到权威性的经典表述："健康不仅仅是疾病和赢弱的不在场，更是一种生理、精神和社会福利的完美状态。"④ 相应地，疾病"不但需要描述和解释行为，而且是一种命令性行动。它标志着一种不被欲求但是需要战胜克服的状态"。⑤ 道德或不道德通常指人的行为、目的等和德性、恶性相关的性格特征。把健康、疾病和道德联系起来，就是把健康、疾病和行为、目的、德性、责任等联系起来。如果说疾病是负面价值，健康则是相应的正面价

---

① Lennart Nordenfelt, "The concepts of health and illness revisited", *Medicine, Health Care and Philosophy*, 2007 (10): 5–10, p.5.

② R. M. Hare, "Health", Journal of medical ethics, 1986 (12): 174–181, p.174.

③ Per-Anders Tengland, "Health and Morality: Two Conceptually Distinct Categories?", *Health Care Analysis*, 2012 (20): 66–83, p.69.

④ Iain Law and Heather Widdows, "Conceptualizing Health: Insights from the Capability Approach", *Health Care Analysis*, 2008 (16): 303–314, p.304.

⑤ Thomas Schramme, "The Significance of the Concept of Disease for Justice in Health Care", *Theoretical Medicine and Bioethics*, 2007 (28): 121–135, p.123.

值。这是一种典型的规范主义的伦理价值思路。

问题是，（1）如果健康是世界卫生组织所谓的"完美状态"，由此可以推出法定的幸福权，这就把健康和幸福混为一谈了。因此，在实际的健康实践中，规范主义极易走向古老的幸福主义，尤其是推崇最大多数人的最大幸福的功利主义。这就等于取消了健康的独立意义和道德价值。（2）由于规范主义奠定在伦理价值基础上，易于拓展疾病概念。在其极端理论形式中，疾病完全独立于生理考量，对于各种人类的生命问题的病理方面几乎没有任何限制。[1] 这就无异于取消了疾病的基本概念。（3）伦理价值多元论给规范主义的价值判断带来重重难题甚至是尖锐的矛盾冲突。某些正面价值并不一定是健康的，甚至是损害健康的，如在特定境遇中，某些宗教的割礼或其他对身体的伤害甚至残害等却得到正面伦理价值的推崇。有些问题如同性恋、宗教信仰等极其复杂，规范主义难以辨明其价值性质，易于陷入摇摆不定或进退两难的困境。是故，规范主义遭到了自然主义的严厉批评。

二　自然主义理论

自然主义理论源自身体和灵魂相分离的古典哲学观念。柏拉图早就主张灵魂可以独立于身体而存在。此论在笛卡尔的身心二元论中得以深化，他认为身体是一架生理机器，灵魂是独立于身体的实体，"即使身体不复存在，灵魂亦将不会受丝毫影响"[2]。康德试图解决笛卡尔式的身体与灵魂的对立问题，他把身体划归现象界，把灵魂（和自由、上帝一起）划归物自体领域。基于此，康德说："医生的工作是直接关注身体而从不必关注心灵（mind），除非心灵通过关爱身体受到影响（触动）。如果医生试图通过心灵力量治愈身体，他就是在扮演哲学家的角色。"[3] 康德虽然没有真正

---

[1] Thomas Schramme, "The Significance of the Concept of Disease for Justice in Health Care", *Theoretical Medicine and Bioethics*, 2007（28）：121-135, p. 124.

[2] René Descartes, *A Discourse On the Method of Correctly Conducting One's Reason and Seeking Truth in the Sciences*, translated by Ian Maclean, Oxford：Oxford University Press, 2006, p. 29.

[3] Immanuel Kant, *Anthropology*, *History*, *and Education*, translated by Mary Gregor, ect., Cambridge：Cambridge University Press, 2007, pp. 189.

解决身体和灵魂的内在关系，但是解决了肇始于休谟的事实和价值的分界问题，厘定了身体的自然功能的范围，否定了价值干涉身体自然功能的合法性。这种事实与价值相互独立的思想为当代自然主义理论奠定了深厚的哲学基础。

当代自然主义者布尔斯（Christopher Boorse）、史莱姆（Thomas Schramme）以及斯卡丁（J. G. Scadding）等人秉持传统哲学价值中立的客观论，反对规范主义对健康或疾病问题的价值干预。其主要思想可以归结为：健康和疾病是一种和价值判断无关的纯粹客观的自然事实，它们属于自然科学范畴，不受任何伦理价值判断和社会规范的影响和限制。在布尔斯等自然主义者看来，疾病、健康是植根于进化生物学基础上的客观的自然科学范畴的概念，进化生物学能够为健康和疾病提供准确客观的自然科学解释。[1] 因此，健康与疾病只能由生理器官的客观特征和自然的客观标准来评判和决定，绝不听命于个人的主观欲求或价值规则。究其实质，自然主义的健康或疾病观念植根于解剖学对尸体分析的基础上，进而从纯粹自然科学的角度把身体看作因果性的机械装置，主张"疾病是一种自然状态，听命于自然科学研究"[2]。换言之，根据有机体正常运转能力的生物统计标准，疾病是一种低于标准或正常水平的偏离状态，是人体器官的生理过程的客观性错误或功能紊乱，"健康则消极性地被规定为疾病的缺乏"[3]。治愈疾病、恢复健康仅仅是一个重建器官的自然平衡过程。用史莱姆的话说，在自然主义这里，疾病或健康"独立于价值评论问题"[4]。这种纯粹生理统计标准和评价路径把疾病和健康看作和价值判断（应当）毫无关系的自然事实（是）。值得肯定的是，自然主义能够限制仅仅奠定在社会伦理规范基础上的健康或疾病概念的扩展，能够支撑整个健康关爱系统所依赖

① Christopher Boorse, "Health as a theoretical concept", *Philosophy of Science*, 1977 (44): 542-573, pp. 556-557.
② Bjørn Hofmann, "Simplified Models of the Relationship between Health and Disease", *Theoretical Medicine and Bioethics*, 2005 (26): 355-377, p. 368.
③ Thomas Schramme, "The Significance of the Concept of Disease for Justice in Health Care", *Theoretical Medicine and Bioethics*, 2007 (28): 121-135, p. 128.
④ Thomas Schramme, "The Significance of the Concept of Disease for Justice in Health Care", *Theoretical Medicine and Bioethics*, 2007 (28): 121-135, p. 123.

的主要概念的自然科学地位，进而弥补并修正规范主义过于主观、忽视价值限制而带来的随意性和空洞性的缺陷。

不过，如果纯粹依据自然主义，人的健康和疾病问题就只能停留在动物水平。这既违背人性尊严，也和作为自由艺术的医学逻各斯背道而驰。具体而言，自然主义存在如下几个问题：（1）物种的特定行为是较为完美地适应某种环境的行为（如生殖和生存等），却极有可能并不能适应另外一种环境。必须注意的是，人类在不断地改变生存环境，这种环境可能带来新的健康或疾病问题。对于当下的自然科学和医学而言，这是它们未曾涉及而必须研究的新问题。医学科学可能对某种疾病一无所知，但这种疾病却能造成极大危害（如 2003 年 SARS 病毒造成的严重后果）。自然主义的标准很难适用于这些新问题，这就需要伦理价值的判断：一旦出现危害健康的症状或后果，无论是否符合自然主义现有的客观标准，都应该从人性尊严的价值视角予以高度重视，集中力量解决此类问题。（2）根据自然医学标准，某些症状并非疾病，但可能对健康带来威胁（如不自愿怀孕并非疾病，却有可能导致比一般疾病还严重的一系列后果）。（3）自然主义的疾病、健康观念是价值和事实的关系问题即休谟问题在身体伦理学领域的典型再现，而事实和价值相互独立的命题在人这个集价值和事实于一体的存在者这里是不能成立的。[①] 自然主义的这种理论错误在实践中会产生一系列问题，"既然自然主义不包括价值评判，它也就不能为如下问题提供一个基础：直接确证每一种疾病的治疗都是个体享有的权利资格"[②]。自然主义并不包括把每种疾病都看作一个伤害的事件这个前提，只有规范主义主张把疾病规定为伤害。因此，自然主义的健康或疾病理论需要真正的伦理价值考量作为补充和支撑。

自然主义未能真正驳倒规范主义存在的根据，反而带来了更大的难题。为了解决规范主义和自然主义相互颉颃所带来的诸多问题，功能主义

[①] 具体论证请参见拙文《祛魅休谟问题：生态伦理学的奠基》，《科学技术与辩证法》2008年第 6 期，第 40~43 页。

[②] Thomas Schramme, "The Significance of the Concept of Disease for Justice in Health Care", Theoretical Medicine and Bioethics, 2007（28）: 121-135, p. 129.

试图从古典目的论的角度思考健康、疾病和伦理的关系。

三　功能主义理论

功能主义理论植根于古典目的论。万物有灵论、神学目的论以及道德目的论是三种经典的古典目的论，它们主张灵魂（亚里士多德等）、上帝（阿奎那等）或道德（康德等）是万物之目的。值得一提的是，康德把身体划归现象领域，把灵魂不朽、上帝存有和自由意志划归物自体领域的真正用意就是论证道德是身体乃至世界的目的。[①] 在谈到身体时，康德曾明确地说："照料身体并不是娇惯自己（总是放纵我们的性情），以避免艰苦和烦恼之事，如同那些软弱溺爱的人那样。毋宁是，如同履行诺言一样，我们要保持身体处在良好的修缮状态以维系其完好的目的，就是说，无论我们在生活中必须做什么，无论是困境重压下的煎熬还是忍耐劳作的艰辛，我们都保证自己能够胜任。"[②] 尽管这种思想并没有很好地解决身体自身的健康或疾病和伦理的关联问题，却肇始了试图综合自然主义和规范主义的思路，直接预制了当今身体伦理学领域以功能目的诠释健康、疾病与伦理关系理念的功能主义。

功能主义者瑙顿菲尔（Lennart Nordenfelt）、克瓦斯（Joszef Kovacs）和伯切尔（Johannes Bircher）等人既不完全认同自然主义价值中立的思想（用自然科学的客观标准判定健康或疾病，否定健康或疾病和伦理的关系），也不完全肯定规范主义价值至上的思路（用价值尤其是伦理价值规定健康或疾病，忽视自然科学尤其是医学标准的客观作用），而是试图用功能目的论诠释健康、疾病和伦理之间的关系。功能主义者认为健康并不等同于主观的幸福价值，亦非客观的自然事实，而是拥有达到生命目的的各种功能的能力（capability），疾病则是这种能力的丧失或匮乏。在功能主义者这里，能力是一个人能够成其为人的各种功能和被社会境遇决定的

[①]　Immanuel Kant, *Critique of Judgment*, translated by James Creed Meredith, Oxford: Oxford University Press, 2007, p. 263.

[②]　Immanuel Kant, *Anthropology*, *History*, *and Education*, translated by Mary Gregor, ect., Cambridge: Cambridge University Press, 2007, p. 188.

能够行使的各种功能，它主要包括身体的自然生理功能和价值目的功能。用阿玛蒂亚·森（Amartya Sen）的话说，能力是一个人能够实现和达到自身目的的各种功能，即一个人具有的能够完成生命目的的各种有价值的实际功能。① 伯明翰大学哲学系的艾恩劳（Iain Law）和威窦斯（Heather Widdows）根据阿玛蒂亚·森的这一理论，主张健康不是单个功能，而是各种可能功能所建构的指向价值目的的能力，或者说，健康"是能够以多种途径建构的一系列价值要素"②。能力成为联系健康和价值的基本根据。在此基础上，瑙顿菲尔提出了对健康最为精致的功能论诠释："当且仅当A在标准境遇中具有达成其所有生命所必需的目标的能力时，A才是完全健康的。"③ 所谓标准境遇——如克瓦司（Joszef Kovacs）所说——就是"典型的环境，即大部分人在给定的社会中生活的环境"。④ 标准境遇意味着大部分的个体通过自身努力能够达到或实现其生命目的的境遇。在此境遇中，健康个体拥有各种功能，这些功能共同构成认识和完成其生命目的的能力。据此，瑞典马尔默大学的滕格兰德（Per-Anders Tengland）说："一个人有能力达到其所处环境中的所有目标，就是完全健康的。"⑤ 就是说，健康是个人在所处环境中，实现其重要目标和长远幸福以及满足更高一级的价值标准的能力。如果说健康是一种满足生命需求的能力或是一种发挥其关键功能的能力，疾病就是一种在自我生存环境中达到目的的行动能力的不足或丧失。伯切尔（Johannes Bircher）从功能论的角度阐明了健康和疾病的这一内在关联："健康是一种以生理的、精神的以及社会的潜力为特征的福利安乐的充满活力的状态，是和年龄、文化以及个人责任相

---

① Amartya Sen, "Capability and well-being", Martha. C. Nussbaum & A. Sen (eds.), The quality of life (pp. 30-54), Oxford: Clarendon Press, 1993, p. 30.

② Iain Law and Heather Widdows, "Conceptualising Health: Insights from the Capability Approach", Health Care Analysis, 2008 (16): 303-314, p. 311.

③ L. Nordenfelt, "The concepts of health and illness revisited", Medicine, Healthcare and Philosophy, 2007 (10): 5-10, p. 7.

④ Joszef Kovacs, "The concept of health and disease. Medicine", Healthcare and Philosophy, 1998 (1): 31-39, p. 36.

⑤ Per-Anders Tengland, "Health and Morality: Two Conceptually Distinct Categories?", Health Care Analysis, 2012 (20): 66-83, p. 71.

当的生活要求的满足。如果这种潜力不能满足这些要求，这种状态就是疾病。"① 能力和人之发展目的相关，人之发展通过拓展能力而拓展人之自由选择的各种可能路径——这是功能主义的健康状态，疾病则是与此相反的状态。

既然能力包括自然功能和伦理价值功能，以能力为基点的功能目的论实际上就具有了综合（推崇自然功能的）自然主义和（推崇伦理价值功能的）规范主义的可能性。健康、疾病和伦理之间的关系在功能、能力这里具有了可能得到确证的存在根据。功能、能力作为健康、疾病和伦理关系的存在根据，肯定了健康、疾病和伦理之间的关系，弥补了自然主义和规范主义尖锐对立存在的一些问题。然而，功能主义并没有解决健康和疾病的规范性和事实性的内在本质关系，也没有关涉如何维系健康、祛除疾病的伦理实践路径，健康、疾病与伦理具有何种关系的问题依然有待论证。

第二节　身体与伦理有何关系

身体与伦理关系的实质也就是健康或疾病与伦理的关系。身体功能既具有自然目的（动物性目的如繁殖目的等），更具有自由的道德目的（这是人之身体不同于动物之处）。同理，身体的健康或疾病不但具有自然目的，而且具有道德目的。问题是，在特定境遇中，不道德的目的也可能成为身体的重要目的。对此，人们自然要追问：达到这种不道德目的的能力也是健康么？能力指向目标的正当性何在？或能力的正当性何以可能？这就指向了健康、疾病和伦理的关系问题。实际上，功能主义已经触及了健康、疾病与伦理关系的本质。因为所谓功能，即是人的身体之功能。康德说得好："问题和答案必定源自共同的根据。"② 身体既是功能主义、自然

---

① Johannes Bircher, "Towards a dynamic definition of health and disease", Medicine, Health Care and Philosophy, 2005 (8)：335-341, p. 336.

② Immanuel Kant, *Critique of Pure Reason*, translated by Paul Guyer and Allen W. Wood, Cambridge：Cambridge University Press, 1998, p. 503.

主义和规范主义的本体根据，也是健康、疾病以及伦理的共同存在根据。

亚里士多德说："人之功能是生命的特定本质，是灵魂遵循理性规则的行为或行动，善人之功能就是善和高贵之践行"，善之功能就是德性。[①]身体的各种功能或能力的健全完善就是身体的德性即健康。作为身体的德性，健康既是医学逻各斯的伦理法则，又是正价值的归约性概念，疾病则与之相反。这就是健康、疾病与伦理的关系。

一　身体之德性与恶性

健康、疾病是身体确证人类在世的基本方式，脱离身体的孤零零的健康、疾病是不存在的。身体并不仅仅是生理性的肉体，还是涵纳精神和肉体于一体的生命有机体，此即哲学意义的"我"。因此，法国哲学家梅洛-庞蒂说："我不在身体之前，我在身体之内，或者毋宁说，我就是身体。"[②]作为具有各种功能的身体，并不完全听命于自然科学和自然规律，因为"我"是一个朝向世界生成的自我规定的身体，"我"能够理解一个活着的身体的生理、语言和伦理等功能。质言之，"成为身体，就成为和特定世界的联结"[③]。身体和特定世界的联结有自然联结和伦理联结两种基本方式。如果只有自然联结，身体就仅仅是遵循自然规律的肉体——这和其他动物是一样的。身体只有在与自然和伦理的联结中，才能自我证成为自由的主体性存在。主体性身体的基本在世方式呈现为健康和疾病重叠交织的实践过程。这就决定了健康、疾病和道德相关的基本范式：一般而言，健康是身体的德性（virtue），疾病则是身体的恶性（vice）。

健康是身体在世的常态方式，因为它是生命器官的内在平衡和外在环境相谐和的良好境况，也是生命的生理、心理和伦理诸尺度之间的平衡状态。健康在追求快乐、福祉和正当的过程中彰显出对抗必然规律（主要体

---

①　Aristotle, *The Nicomachean Ethics*, translated by David Ross, revised by Lesley Brown, Oxford: Oxford University Press, 2009, p.12.

②　M. Merleau-Ponty, *Phenomenology of Perception*, translated by Colin Smith, London: Routledge & Kegan Paul Ltd., 1962, p.133.

③　M. Merleau-Ponty, *Phenomenology of Perception*, translated by Colin Smith, London: Routledge & Kegan Paul Ltd., 1962, p.131.

现为疾病、死亡等）的自由本性。列维纳斯诠释说，身体的存在是具体的生命存在，"成为身体，一方面挺立起来成为自我的主人，另一方面，挺立于地球之上，居于他者之中，并因此为身体所拖累（负担）。但是——我们重复一下——这种拖累并非一种纯粹的依赖，它构成人所享受的幸福"①。幸福既是健康的一种平衡状态，又是健康所渴求的一种善的目的。道德直觉、道德情感、道德判断、道德决定、道德行为等一系列道德链条和道德程序的执行和实施，只有以健康为基础才能真正落到实处。质言之，身体所具有的道德能力（道德的理解能力、判断能力尤其是实践能力）是健康的应有之义。因此，健康是身体的优良本质即德性（virtue）。和健康不同，疾病是身体偶发性的非常态的在世方式，是对身体正常在世方式的扰乱或毁坏，是身体的负在世方式或祛在世方式。所以，列维纳斯说："在其深居的恐惧中，生命具有把身体主人（body-master）倒置为身体奴隶（body-slave）、把健康倒置为疾病的可能性。"② 一旦这种可能性变为现实，疾病就扰乱了我和肉体之间的关系，它不但威胁着我之肉体而且威胁着我之人格、自我平衡乃至我的各种伦理关系，致使健康这种德性遭受践踏和破坏。在此境遇中，如康德所说："身体独自承担着昨天的恶。"③可见，疾病是对身体善的践踏，是身体之恶性。

不过，健康或疾病并不简单地等同于善或恶。实际上，健康、疾病和善恶在身体中处于一种重叠交织、难分难解的复杂关联之中。究其本质，健康是疾病的载体，它通过疾病来展现自我、实现自我并消解自我，从而确证自身的存在。也就是说，疾病是健康自身的一个要素。对于个体而言，疾病是对身体平衡的扰乱，也是对身体与环境之间的谐和关系的毁坏，并通过消解健康，促发个体对健康的渴求和维系，这种消解由此成为健康自我实现的一种途径。不过，个体健康最终被疾病消解的后果是死

---

① Emmanuel Levinas, *Totality and Infinity*: *An Essay on Exteriority*, translated by Alphonso Lingis, The Hague/Boston/London: Martinus Nijhoff Publishers, 1979, p. 164.

② Emmanuel Levinas, *Totality and Infinity*: *An Essay on Exteriority*, translated by Alphonso Lingis, The Hague/Boston/London: Martinus Nijhoff Publishers, 1979, p. 164.

③ Immanuel Kant, *Anthropology*, *History*, *and Education*, translated by Mary Gregor, ect., Cambridge: Cambridge University Press, 2007, p. 189.

亡，健康和疾病在死亡之处同时化为虚无。就此而言，死亡是个体健康的终极之恶。但是，从类的角度看，死亡正是健康的"狡计"，因为它在使某些个体的健康和疾病同归于尽的死亡途中，为其他生命个体主要是新生命个体预制出代代相传的存在境遇，从而使健康通过代代相传的个体新生命生生不息，使生命在摆脱陈旧形式而充满活力地更新换代的绵延途中日新月异。此乃善（健康）利用恶（疾病）而求善之大道即伦理逻各斯，这就为医学逻各斯的伦理法则奠定了基础。

二　医学逻各斯之伦理法则

虽然身体依靠自身的自然功能可以消极地祛除某些轻微的疾病以维系健康，但这是极其有限的。超出自然能力范围的维系健康、祛除疾病则要求医学实践理性的技术和价值关照。显而易见的是，和人没有直接联系的动物的健康或疾病不存在价值取向，医学在这些动物那里也没有存在的根据。兽医的存在是因为和人的价值取向发生关联的动物如马、牛、狗、鸡鸭或宠物等的存在要求。设若不存在身体对维系健康、祛除疾病的技术和价值诉求，医学根本就没有必要存在，也不可能存在。

当代医学已经把古老医学发展为一门精细的专业自然科学（这主要是自然主义的学科依据），其当下的重要使命是把医学恢复进而提升为一门关注身体健康的自由实践艺术，即遵循实践医学逻各斯的伦理价值法则的艺术（这主要是规范主义和功能主义的学科依据）。医学逻各斯的伦理价值法则就是身体自身的价值取向即健康，疾病则是对这一法则的悖逆。换言之，医学逻各斯的伦理价值法则是祛除疾病、维系健康。早在古希腊时期，哲学家们就开始思考医学的道德价值取向问题。亚里士多德在《尼各马科伦理学》的开篇就说，善是万物之目的，每一种艺术和研究，每一种行为和选择都以某种善为目的。目的不同，与之相应的善也不同，"医学艺术的目的就是健康"[1]，健康是医学的善或医学逻各斯的价值法则。福柯

---

[1] Aristotle, *The Nicomachean Ethics*, translated by David Ross, revised by Lesley Brown, Oxford: Oxford University Press, 2009, p.1.

（Michel Foucault）认同亚里士多德的这一思想，认为医学不仅仅是一种技术，而且是消除疾病、修复身体的自由艺术，因为医学本质上是"一种生存途径，是一种和身体、食物、清醒睡眠、各种活动以及环境等密切相关的反思方式"①。医学逻各斯"每时每刻都在命令正当的生活法则（养生之道）"②。身体滋养并不是精神和肉体的对抗，而是精神遵循自由的伦理法则所进行的自我校正并引领肉体遵循自由法则的谐和平衡的实践过程。鉴此，康德说："我们必须明白我们完美的身体之中拥有一个完美的心灵。在此情况下，医生的工作是通过关爱身体来帮助苦难的心灵；哲学家的使命是通过心灵的养身法则来帮助痛苦的身体。"③医学这种自由艺术的伦理实践要求理性灵魂和精神发挥引导养身的价值导向作用，以达成维系健康或治愈疾病之目的。

达成维系健康或治愈疾病之目的的最为基本的途径是：在分析健康、疾病和善恶的错综复杂的关系的基础上，探究医学艺术的伦理法则的具体内涵和实践命令。康德曾把人之禀性分为自然禀性和道德禀性，他说："每种禀性要么是自然的，即和作为自然存在的人之选择能力相关的禀性；要么是道德的，即和作为道德存在相关的人之选择能力的禀性。"④其实，对于身体而言，健康和疾病就是其自然禀性和道德禀性的两种基本存在状态，它们和善恶重叠交织，构成极其复杂的存在关系。一方面，疾病和善恶有三个基本层面的关系（用 D 代表疾病 disease，D1 代表疾病和善恶的第一个层面的关系，以此类推）：（D1）肉体疾病，其精神、实践理性具有强烈的为恶倾向。这类人虽然可以作恶，但疾病能够在一定程度上消减其作恶的能力和危害程度；（D2）肉体疾病，精神、实践理性可能是恶的、任性的，也可能是善的、自由的。此类人无论是行善或为恶，都是相对较

① Michel Foucault, *The History of Sexuality*, Volume3, translated by Robert Hurley, New York: Random House, Inc., 1986, p.100.
② Michel Foucault, *The History of Sexuality*, Volume3, translated by Robert Hurley, New York: Random House, Inc., 1986, p.133.
③ Immanuel Kant, *Anthropology, History, and Education*, translated by Mary Gregor, ect., Cambridge: Cambridge University Press, 2007, p.184.
④ Immanuel Kant, *Religion Within the Boundaries of Mere Reasons and Other Wrings*, translated by Allen Wood and George Di Givanni, Cambridge: Cambridge University Press, 1998, p.54.

弱的；（D3）肉体疾病，精神、实践理性具有强烈的善的、自由的倾向。此类人祛恶趋善，但是疾病减弱乃至阻碍了他们对善的判断和践行。另一方面，健康和善恶有三个基本层面的关系（用 H 代表健康 health，H1 代表健康和善恶的第一个层面的关系，以此类推）：（H1）肉体健康，但是精神、实践理性具有强烈的为恶倾向。此类人因肉体健康的支撑而增强了作恶能力和危害程度；（H2）肉体健康，精神、实践理性可能是恶的、任性的，也可能是善的、自由的。此类人无论是行善或为恶，都是相对较强的；（H3）肉体健康，精神、实践理性是善的、自由的。此类人是趋善祛恶的强劲之士，是医学逻各斯的自由法则的主体，是完全健康或真正意义上的健康。是故，（H3）是医学艺术的积极性目的甚至是终极目的。据此而论，医学逻各斯的伦理法则或实践命令是：（1）底线法则：以治疗肉体疾病为绝对命令，不得把恶善作为治疗肉体疾病与否的理由。这是自然主义理论的价值所在。（2）目的法则：以 H3 为理想的道德目的，认真对待D1 至 H3 的各类医疗实践，不得以底线法则否定目的法则。这是规范主义、功能主义的价值所在。（3）优先原则：当（1）和（2）发生矛盾冲突时，（1）优先于（2），因为不予治疗是违背医学逻各斯的基本恶。即使病人具有明显的为恶倾向或者就是大恶之人，如杀人犯、甚至被判定为危害人类罪的人，也不得以此为借口不予治疗。原因在于：恶人依然是人，他们承担责任应当通过公正的法律途径予以追究，而不应当通过不予治疗予以惩罚。医学艺术的真谛是把哲学和伦理理念融通于医学的自由实践之中，在遵循上述法则的前提下祛除疾病、涵养灵魂和自由德性。这正是诸多哲学家和医学家孜孜以求的使身体获得自由并在自由中存在的医学艺术。

身体、医学层面的健康或疾病概念其实已经在一定程度上为回答黑尔所概括的"健康或疾病是纯粹描述性概念还是规范性概念"的问题奠定了坚实基础。

三　归约性概念

自然主义的价值中立论是以身体的自然功能为前提的。自然功能范畴的健康或疾病是不考虑这些功能对其他任何客体、任何人是否有利（善）或有害（恶）前提下的身体状况（常态或非常态），没有涉及道德选择和实践行为。因此，自然功能范畴的健康或疾病是描述性概念，不应该用道德价值妄加评判，而应当坚定地摒弃泛道德主义的暴虐。这就是自然主义的本意和价值所在。问题是，自然功能范畴的健康或疾病是否能够无条件地不产生任何利害关系或者不涉及道德选择和实践行为？

自然功能的范围是有限度的，超出自然功能的藩篱，固守自然主义也就成了谬误。众所周知，在和人不发生任何联系的前提下，禽兽的健康或疾病和善恶无关，只是描述性事实。禽兽的自然功能一旦对人发生影响，就会受到伦理评价而具有善恶价值。如禽流感这种疾病一旦危及人类，就被赋予恶的负面价值。如果健康之禽如鸡鸭等对维系人类健康具有重要作用，其就被赋予（并因而具有）善的正面价值。同理，人类的健康或疾病亦非孤零零的事实性存在。通常条件下，健康或疾病会给（"自我"意义上的）身体乃至他人、社会带来利害影响或善恶后果，这就必然涉及道德价值判断和行为选择。健康和疾病就超越了描述性概念的藩篱，而成为道德价值的归约对象。或许正因如此，亚里士多德说："身体之恶，若在我们能力范围内，则予以谴责，若在我们能力范围外，则不予谴责。"[1] 一般而论，善是哲学家对应当肯定、维系乃至发展的对象的规约性语词。健康是身体的谐和完善状态，是身体的应当和德性，也是医生和身体伦理学关注的目的。因此，健康是道德的存在根基和重要保证，通常承载善的价值（道德德性）。就是说，健康是善的规范性语词。与健康相反，疾病通常负载恶的价值（道德恶性）。黑尔说："'恶'是道德哲学家称之为规范性或评价性的词（我自己常常用'规约性'这个术语）。称某物是恶就意味着在所论种类的事物中，它具有应当废止或修正的特质，其他事物亦是如此。"对于人而言，"如果一个人有病并能够祛除其根源或其他方式阻止此疾病，那么我们应当如此做，其他事情同样如此"[2]。疾病是恶的，因为它

① Aristotle, *The Nicomachean Ethics*, translated by David Ross, revised by Lesley Brown, Oxford: Oxford University Press, 2009, p47.

② R. M. Hare, "Health", Journal of medical ethics, 1986 (12): 174-181, p.178.

导致痛苦、苦难或者能力丧失（包括极端情况——死亡，因为死亡是完全的丧失能力）。实践理性匮乏的人是不健康的，悖逆实践理性、肆意妄为的人是恶的。就此而论，疾病是恶的规约性语词。

不过，问题是复杂的。健康、疾病与善恶价值并非绝对一一对应，而是重叠交织的。在特定境遇中，健康可能是恶的，疾病也可能是善的。黑尔举例说，南美的一个部落有一种螺旋体病，导致皮肤留下有色斑点，它在当地流行甚广乃至被看作正常现象（健康），无此斑点者则被看作病态，甚至不允许结婚。在此部落中，这种螺旋体病不再是疾病，反而是一种归宿性的文化象征和健康标志。[①] 另外，疾病是否一定是恶的，是否有善的疾病，疾病对谁而言是善的或恶的等问题都极其复杂，不可一概而论。从逻辑上讲，身体包括肉体和精神两个部分。肉体健康之人未必是道德的，但是大部分肉体健康之人更易于倾向道德实践。精神健康固然有很多要素，其中极为重要的一环就是纯粹实践理性即自由的道德能力或道德德性。肉体疾病之人设若是恶的，这种疾病在某种程度上减弱了恶的力度。即使这种人恢复健康、增强了恶的力量，但相对于善的健康的力量而言，它依然是非主流的微弱的。从总的趋势看，战胜疾病本身就是一种善的实践，大部分病人恢复健康后将成为善的力量。设若相反，恶之力量必将成为遏制善的主导力量横行于世，这个世界早已化为一片废墟。有鉴于此，在实际的善恶判断中，必须认真谨慎地考量、辨别和评判各种伦理要素与健康、疾病的内在关系。尽管如此，我们依然可以说，从其主要内涵来看，健康是善的正面的归约性概念，疾病是恶的负面的归约性概念。

合而言之，健康、疾病虽然在特定条件下可以是描述性事实，但是它们和人的价值判断密不可分，是承载着价值判断的归约性事实，是以描述性的概念为基础的归约性概念。追根溯源，健康或疾病的这种特质既蕴含在其存在根据——身体之中，又体现在研究身体的健康或疾病问题的自由艺术——医学的伦理实践之中，这也是当代哲学为之争辩不休的原因和价值所在。

---

① R. M. Hare, "Health", Journal of medical ethics, 1986 (12): 174–181, p.175.

结　语

健康、疾病和伦理构成身体在世的基本生命旋律。健康自身具有疾病的潜质，疾病是健康自身的恶，是健康不可逃逸的宿命。在健康占据主导地位的生命个体的历程中，疾病终将击败健康并获得优势，把生命个体推向其终极归属——死亡。与此同时，健康、疾病的这种博弈通过绵延不绝的个体的死换来生命整体的生生不息（"置之死地而后生"的"向死而生"）。质言之，健康是身体在对抗必然失败的死亡宿命的抗争历程中所彰显出的生命活力和道德价值，疾病则是身体对抗死亡命运历程中所遭受的大大小小的失败和道德恶。身体在直面死亡、向死而生的终极命运中，健康、疾病的重叠交织、此消彼长不仅仅是一个单向的遵循必然规律的自然过程。相反，在这一似乎必然失败的悲壮历程中，健康顽强地通过抗争疾病体现出实践理性的自由本质，彰显出人类的自由天性和人格尊严，进而把似乎必然失败的命运扭转为浸润着人文关怀的伦理情结和自由航程。毋宁说，这是在健康（之善）与疾病（之恶）相互博弈的浩浩青史中所建构的巍巍勋德。或许，这也正是"健康、疾病和伦理之间的关系"配享"身体伦理的基本问题"的根据。

那么，健康关爱权是否可以成为身体伦理的价值基准呢？

第三节　健康关爱权

随着社会文明的不断推进，健康问题日益成为和每个人密切相关的国际性生命伦理话题。健康问题的实质是身体的健康关爱权（a right to health care）的诉求和保障问题，它既是一个重大的学术问题，又是一个"重大实践问题并因此受到伦理关注"[①]。凭道德直觉而论，和每个人密切相关的健康关爱权作为形式层面的普遍人权似乎毋庸置疑。然而，这

---

① Lennart Nordenfelt, "The concepts of health and illness revisited", Medicine, Health Care and Philosophy, 2007 (10): 5-10, p.5.

种道德直觉好像既没有历史的根据，又没有理论的论证，也缺少质料层面的支撑。相反，健康关爱权却不断地遭到否定甚至拒斥。对此，比彻姆（Tom L. Beauchamp）说，在政治立场的陈述中，健康关爱权没有存在的根据，因为"政府保障平等的责任独立于相应的健康关爱的道德权利的存在"[①]。阿伯拉姆（Morris Abrams）甚至断言："没有健康关爱权，只有健康关爱的义务。"[②] 诸如此类的否定和质疑肇始了两个不可回避的重大问题：（1）就形式层面而言，普遍人权范畴的健康关爱权何以可能？如果答案是肯定的，那么（2）就质料层面而言，健康关爱权是何种权利？

一　形式的健康关爱权

就经验直观而言，似乎只有特权阶层或个别富有国家和区域的人享有健康保健权，贫困国家和地区的人以及生活在社会底层的人很难或者根本没有资格享有健康关爱权。由此看来，健康关爱权似乎并非人人享有的普遍人权。然而，形式层面的健康关爱权（作为人人享有的普遍人权）不但具有其存在的历史根据，而且源自社会公正的本质规定、植根于人性尊严的正当诉求。

（一）健康关爱权存在的历史根据

表面看来，健康关爱权似乎源自国家制度中的义务即保障公民健康需求的基本能力的义务。如埃弗雷德（Efrat Ram-Tiktin）所说："健康关爱权是一种派生权利，它源自国家医疗制度保障充盈能力的义务。"[③] 正是基

---

① Thomas J. Bole III and William B. Bondeson (eds.), *Rights to Health Care*, Dordrecht: Kluwer Academic Publishers, 1991, p. 61. Tom L. Beauchamp, "The Right to Health Care in a Capitalistic Democracy", pp. 53-81.

② Thomas J. Bole III and William B. Bondeson (eds.), *Rights to Health Care*, Dordrecht: Kluwer Academic Publishers, 1991, p. 61. Tom L. Beauchamp, "The Right to Health Care in a Capitalistic Democracy", pp. 53-81.

③ Efrat Ram-Tiktin, "The Right to Health Care as a Right to Basic Human Functional Capabilities", Ethical Theory and Moral Practice, 2012 (153): 337-351, p342.

于这一观念，维斯特伯（David N. Weisstub）主张："提供健康关爱应该被看作一种重要的地方性规约权利。"① 换言之，健康关爱权只是根源于国家制度中的义务的一种派生的地方性权利，而非全球性的普遍人权。这是极其片面的看法。事实上，健康关爱权的历史进程正是从政治性、地方性权利逐步提升为国际性、全球性的普遍人权的。

健康关爱权的理念并没有确定具体的历史起源。在某种程度上，健康关爱权的理念具有政治建议的意蕴。美国著名生命伦理学家皮彻姆诠释说："和诸如生命权、自由权以及私有财产权不同，主张健康关爱权相对而言是近来的现象。目前，此项权利不具有确定的法律和道德地位，这和近来其他权利的诉求是一样的，如食品权利、死亡权利以及最低工资权利等。然而，在美国和其他国家，对健康关爱权的诉求却具有悠久历史——这里说的健康关爱权是一种为了免于遭受他者对健康的威胁而受到保护的行为诉求。"② 自19 世纪到 20 世纪中叶，尤其自二战以来，进入和平年代的人类社会日益进步，生物医学技术也随之快速发展，人们日益重视健康关爱的价值和诉求。在这样一个技术先进、物质财富相对丰盈的时代，医疗资源分配不平等问题所导致的权利冲突所带来的矛盾不断拓展和深化，依靠仁慈施爱的偶然途径满足健康关爱的需求是极其脆弱的、不可靠的。健康关爱权就是对此问题的认识逐渐深化、日积月累而成的生命伦理理念。20 世纪初期，健康关爱权开始成为热烈讨论的国际性热门话题。在欧洲的健康保障体系中，著名的健康关爱的法规典范是 1911 年通过的《英国国家健康保障法案》。1921 年，美国医学组织在认真研究这项欧洲法案的基础上，成立了美国社会保障委员会。其最为著名的研究成就最终凝结为 1969 年美国众议院所述的一个基本理念："每个公民都有得到充足的健康关爱的基本权利。"③ 尽

---

① David N. Weisstub（ed.），*Autonomy and Human Rights in Health Care：An International Perspective*，Dordrecht：Springer，2008，p. 34.

② Thomas J. Bole III and William B. Bondeson（eds.），*Rights to Health Care*，Dordrecht：Kluwer Academic Publishers，1991，p. 54. Tom L. Beauchamp，"The Right to Health Care in a Capitalistic Democracy"，pp. 53-81.

③ Thomas J. Bole III and William B. Bondeson（eds.），*Rights to Health Care*，Dordrecht：Kluwer Academic Publishers，1991，p. 55. Tom L. Beauchamp，"The Right to Health Care in a Capitalistic Democracy"，pp. 53-81.

管这只是在美国范围内取得的成就，但是它已经具备了在世界范围内要求每个人都应该享有健康关爱权的思想雏形。这一观念在 1948 年 10 月 10 日颁布的《世界人权宣言》第 25 款中被提升为普遍人权：人人享有医疗关爱权和提供充足的生活健康和福利标准的权利。至此，作为普遍人权的健康关爱权的理念在具有国际性权威的《世界人权宣言》中得到全球认可，成为人类个体应当享有的一项普遍权利。可见，健康关爱权是从地方规约性权利一步步提升到普遍人权的——这就是其存在的经验的历史根据。

尽管如此，仅仅靠这种经验的国际条款并不能真正确证健康关爱权的合法性和正当性，它还必须经过哲学论证和理论思考。其实，健康关爱权的理念之所以具有国际文献和历史根据，更深刻的根据在于它不但源自社会公正的本质规定，而且植根于人性尊严的正当诉求。

（二）健康关爱权源自社会公正的本质规定

值得注意的是，某些自由主义者和功利主义者的正义理论在某种程度上质疑乃至否定健康关爱权作为普遍人权的合法性和正当性。拒斥的理由主要归结为两个层面：其一，最大福利的正义原则与健康关爱权之间存在着尖锐的冲突，因为人类社会没有足够的医疗资源和福利资源为每一个人提供健康关爱。[①] 诺奇克（Robert Nozick）式的自由主义正义论拒斥罗尔斯式的公平机会规则，禁止牺牲某些个人的权利去满足另一些个人的权利，更不允许强迫一群人为另一群人的善诸如健康关爱等付款[②]。因此，即使最低的税收也被拒绝作为支持健康关爱的分配，"这就等于否定了健康关爱权立法的一切可能性"[③]。其二，在千差万别的存在境遇中，每个人的道德价值是不平等的。尽管所有人都接受了社会资源（钱、服务设施等）和生物资源（自然环境、生理和精神能力等），但是个体之间却存在巨大差

---

① John Stuart Mill, *Utilitarianism*, BeiJing: China Social Sciences Publishing House, 1999, pp. 62-77.

② Robert Nozick, *Anarchy, State, and Utopia*, New York: Basic books, 1974, pp. 33-35.

③ Thomas J. Bole Ⅲ and William B. Bondeson (eds.), *Rights to Health Care*, Dordrecht: *Kluwer Academic Publishers*, 1991, p. 73. Tom L. Beauchamp, "The Right to Health Care in a Capitalistic Democracy", pp. 53-81.

距。不同的健康状况、不同的经济收入、不同的健康环境（如医疗技术、医院设施等）、不同的地位身份等决定着不同地区、不同地位和不同身份的人不具有平等的道德价值，也不能享有平等的健康权。具有强烈对比意义的是：极度贫困之人出卖健康（出卖器官、出卖子宫和性器官等）以换取食品和衣服等维持生命的基本需求，权势富贵之人却能够用金钱换取健康甚至牺牲他人健康来保障其自身的健康。据此，萨尔马斯（David P. Sulmasy）说："提供健康关爱不能看作普遍人权。"① 然而，这种观点是不能成立的。

众所周知，社会公正的本质是权利的正当分配和有效保障。健康关爱权源自社会公正的这一内在规定。其一，医疗资源和福利资源等社会资源和人的健康权相比，后者优先于前者。医疗资源等功利要素的道德价值和正当性根源于且依赖于人的权利和道德地位，前者是后者自我实现的途径和手段，后者是前者具有正当性、合法性的存在目的。是故，德沃金（Ronald Dworkin）主张权利是"王牌"（trumps），真正的权利高于一切，为了实现权利，甚至可以以牺牲公共利益为代价。② 健康关爱是所有人存在的正当诉求，因而是社会正义原则的目的所在。如罗尔斯所言："正义所保障的权利决不屈从于政治交易或社会利益的算计。"③ 正义原则要求每个人接受一份平等享有的社会资源以满足其基本需求和欲望，国家社会的健康保险政策必须覆盖每个个体最基本的健康需求。那些在自然彩票中获得胜利的人得到了一大笔共享的生物资源，在健康保险中消费较少的生物资源是公平的。考虑社会资源和自然资源的共享性，结果每个人都将会是平等的。是故，普遍人权的健康关爱权是社会公正的应有之义。其二，更为重要的是，道德是有限的理性的存在者——"人"的特质，它绝不能降格为可以用金钱、权势等外在的功利来衡量的可归结为"物"的东西。道

① David N. Weisstub (ed.), *Autonomy and Human Rights in Health Care: An International Perspective*, Dordrecht: Springer, 2008, p. 33.

② Ronald Dworkin, *Taking Rights Seriously*, Cambidge, Massachusetts: Harvard University Press, 1977, p. xi.

③ John Rawls, *A Theory of Justice*, Cambidge, Massachusetts: Harvard University Press, 1971, p. 4.

德属于"应当"的自由的价值范畴，是人之为人的资格规定。作为道德的存在者，所有人的道德地位是平等的。在每个人那里存在差别的福利资源、金钱功利等属于"是"的范畴。这种"是"的差别绝不能否定道德"应当"的平等。道德平等之人在道德领域必定享有平等权利，如个人福利平等、基本善的平等、机会平等或其他方面的平等。因此，维琦（Robert M. Veatch）说："（1）没有人应当索求多于或少于可用资源的平等分享的一份，在这个意义上，人们具有平等的道德价值。（2）此世界中的自然资源总是应当看作具有与它们的用途相关的道德资源。它们从来不是'无主的'可以无条件使用的资源。（3）人类作为道德主体具有自明的绝对责任：运用此世界中的自然资源建构一个平等地分配资源的道德社会。"① 有理性的存在者的平等的无可取代的价值决定着健康关爱权的普遍性。质言之，在公正的社会中，健康关爱权奠定在人人平等的道德资格的基础上，人人都具有健康关爱的正当诉求，每个人都拥有健康的平等机遇。

（三）健康关爱权植根于人性尊严的正当诉求

健康关爱权作为社会公正的内在诉求，归根结底出自人性尊严的普遍诉求。原因在于，卫生资源、社会福利的功利价值本身只具有外在的工具价值，它们是可以替换的，其价值只有附属于人性尊严这样的目的价值才有存在的意义。

人性尊严是人之为人的道德价值，不是任何功利价值所能比拟的。诚如康德在《道德形而上学基础》中所言：尊严是奠定在自由、自律基础上的人性的内在价值，它是无条件的无可比拟的目的性价值。② 在秉持这一理念的基础上，丹麦著名生命伦理学家鲁道夫（J. D. Rendtorff）、凯姆

---

① Robert M. Veatch, "Justice and the Right to Health Care: an Egalitatian Account" (pp. 83-102), Thomas J. Bole III and William B. Bondeson (eds.), Rights to Health Care, Dordrecht: Kluwer Academic Publishers, 1991, p. 85.

② Immanuel Kant, *Foundations of the Metaphysics of Morals*, translated by Lewis White beck, BeiJing: China Social Sciences Publishing House, 1999, pp. 53-54.

（Peter Kemp）等把尊严的实质内涵拓展为七个方面："（1）作为一个社会
概念，尊严构成一个人因其社会地位而具有的能力。以社会结构为基础，
人性尊严在交互主体性关系中呈现出承认他者的德性。（2）尊严具有普遍
性，指每个人的内在价值和道德责任。（3）出于对尊严的交互主体性的理
解，每个人都必须被看作无价的。因此，人不可作为交易或商品交易的客
体。（4）尊严建立在具有羞耻感和自豪感的己他关系的基础之上，比如降
格（贬低）和自尊。（5）尊严要求某些禁忌的境遇和情感作为文明行为的
限制。这意味着有一些事情是社会不应当做的。（6）尊严以这种方式呈现
在人类文明的进程中。（7）最后，尊严的内涵扩展到生命的形上之维，意
指在存在的有限境遇中（诸如出生、痛苦、心爱之人的死亡、自己的死亡
等等）的有尊严（品格）的（或高贵的）行为。"① 每个人都具有的神圣
的人性尊严，是人自身所具有的无可比拟、不可等价交换的内在目的价
值。人性尊严在社会结构中所呈现出的交互主体性关系要求把每个人都看
作平等的、不可侵害的权利主体。医疗卫生资源只是实现人类尊严价值的
途径或工具，人性尊严则是医疗卫生资源的存在的目的和根据。作为人的
内在价值，人性尊严的基本的正当诉求是：在尊重人之脆弱性的事实上，
减弱乃至消除脆弱性所带来的焦虑、苦闷、忧愁等不幸状态，使之保持或
回复到健康的正常存在状态。贝勒威尔德（Deryck Beyleveld）和布朗斯沃
德（Roger Brownsword）在《生命伦理和生命法学视域的人性尊严》中，
对基于主体脆弱性的尊严理念做出了这样的论证："（1）主体是脆弱的。
（2）因为主体是脆弱的，他们具有普遍或基本权利。（3）脆弱性主体忍受
着存在的焦虑即个人消亡的焦虑。（4）具有存在焦虑的能力构成奠基在普
遍权利之上的尊严。"② 尽管这种笨拙的不严密的论证不能真正说明问题，
但可以把它修正如下：每个个体都是脆弱的，都具有祛除脆弱的普遍权

① J. D. Rendtorff and Peter Kemp（ed.），*Basic ethical Principles in European Bioethics and Biolaw*，Vol. I，Copenhagen and Barcelona：Centre for Ethics and Law & Institut Borja de Bioètica，2000，p. 35.

② John-Stewart Gordon，"Human Rights in Bioethics-Theoretical and Applied"，*Ethical Theory and Moral Practice*，2012（15）：283-294，p. 288.

利——祛弱权，并因祛弱权的保障而具有真正的尊严。在健康领域，尊严内在地要求祛弱权的保障具体化为健康关爱权的普遍诉求。因此，健康关爱权是每个人的人性尊严的内在需求，对它的确证和保障正是人性尊严的应有之义。

综上所论，从形式层面看，健康关爱权是普遍的每个人都应当享有的人权，并非个别人才能享有的特权。那么，从质料层面看，健康关爱权是何种权利呢？

二　质料的健康关爱权

所谓权利，就是权利主体的正当诉求。相应地，健康关爱权就是权利主体对健康关爱的正当性诉求。如上所述，形式的普遍权利涉及的是健康权主体的范围问题或外延问题，它仅仅表明享有健康权的主体是普遍的，却没有涉及每个人应当享有的健康关爱权的具体要求，因而还是抽象的。为此，必须解决的另一重要问题是质料层面的健康关爱权的具体内涵——它包括两个基本层面：消极健康关爱权和积极健康关爱权。

（一）消极健康关爱权

消极健康关爱权是作为消极权利层面的健康关爱权，即权利主体在不危及他人的前提下，免于伤害或疾病折磨等所带来的痛苦、苦难的正当性诉求。消极权利的理念植根于洛克、斯密、康德等哲学家的古典自由主义理论，其核心是尊重个体自由、自律的权利。当代著名自由主义学者诺齐克、德沃金、斯坎伦（Thomas Scanlon）、内格尔（Thomas Nagel）等人秉承了这一传统，主张消极权利的理论基础是自律，认为干涉自由、自律的权利是不正当的，即使这样做是为了保护大部分人免于伤害，也是错误的[1]。诺齐克说："他者不能采用任何方式把这种个体当作手段或工具、仪器或设备。"[2] 他者必须把权利主体看作有尊严的拥有个人权利的不可侵害

---

[1]　Michael Slote, *The Ethics of Care and Empathy*, New York: Routledge. 2007, pp. 67-68.

[2]　Robert Nozick, *Anarchy, State, and Utopia*, New York: Basic books, 1974, pp. 333-334.

的个体。据此，消极健康关爱权既是权利主体免于他者干涉或伤害的自由权利，又是权利主体自由、自律的权利。

　　一般而论，对权利主体而言，健康和疾病共同构成其在世的基本生命旋律。消极健康关爱权主要是体现在这两种状态中的正当诉求。首先，健康具体体现为人类的功能能力的正常状态。埃弗雷德（Efrat Ram-Tiktin）认为："所有人都具有基本人类功能能力（至少达到底线标准）的权利或资格，这些能力使人们能够有尊严地生活和完成其生活计划。"[1] 健康状态的权利主体必须具备九种生理和心理方面的基本生活能力："思维和情感，感觉，循环，呼吸，消化和新陈代谢，运动和平衡，免疫和排泄，生殖和内分泌控制。"[2] 如果这些能力系统正常运行，生命就处在正常运转的存在状态即健康状态。健康意味着坚韧性、完整性，其指向是幸福愉悦和自律。因此，健康状态是消极健康关爱权的用武之地：权利客体主要是国家政府以及社会组织等不得以任何理由干涉或伤害健康主体的正常功能或正常活动，仅仅可以提供建设性建议以备健康主体自愿咨询或参考，如避免伤害的常识、逃避灾难的基本要求、健康生活的基本类型、不同疾病的诊断、治疗等方面的健康教育。其次，健康的不正常状态就是疾病。换言之，疾病是健康的另一种形态（健康的脆弱形态或有缺形态）。疾病意味着人体脆弱性达到了破坏健康或者健康崩溃的程度，它常常带来郁闷、烦恼、痛苦甚至死亡。值得注意的是，疾病是对健康的惊醒和磨砺，也是恢复和保持健康的消极途径。预防和治疗疾病是健康自身的要求，也是疾病存在的价值所在。如果病人有自律能力，他有权拒绝临床医生的建议，而且这种拒绝可以出自好的理由、坏的理由甚至毫无理由。斯楼特（Michael Slote）说，为了所关爱的人而行动，"不是简单地把自己通常所认为的善的观念强加于人，或把对所关爱个体何者为善的观念强加于人。毋宁是，在帮助他人的过程中，对他人建构世界的方式或他和世界的关系予以关注

① Efrat Ram-Tiktin, "The Right to Health Care as a Right to Basic Human Functional Capabilities", *Ethical Theory and Moral Practice*, 2012 (153): 337-351, p. 342.
② Efrat Ram-Tiktin, "The Right to Health Care as a Right to Basic Human Functional Capabilities", *Ethical Theory and Moral Practice*, 2012 (153): 337-351, p. 341.

并参与其中。"① 病人是医生关爱的对象，医生应当尊重病人自我选择的权利、尊重其选择的生活方式、认识目的和自我概念，尊重病人拥有和医生及其他帮助者同样的尊严。这就是病人的自律权利。作为消极权利的健康关爱权是权利主体自我决定的自律权利，尤其是同意或拒绝医疗关爱的权利。就此意义而言，自律权利需要很好地建立在医患关系之中。尤其值得注意的是，和健康关爱相关的某些权利是绝对的，如不得被医生杀死或虐待的权利；未经同意不得被实验的权利；不得被克隆的权利等。诚如萨尔马斯（David P. Sulmasy）所说："这些权利是直接尊重人类内在价值的普遍人权。它们是消极权利，也是自然权利。"② 尊重这类消极权利是一种绝对命令或道德底线。

问题在于，作为消极权利的健康关爱权是以权利主体的积极行为和正常能力为基础的。就是说，当权利主体有能力行使自我关爱的权利时即处在健康状态时，权利客体如国家或政府等履行的是消极义务即不干涉、不危害权利主体的行为。一旦权利主体丧失了自我关爱的能力和条件，消极权利也就不能成立了。当权利主体身患重病不能自理甚至有生命危险时，如果仅仅享有不干涉的权利，就等于听任权利主体遭受疾病折磨和健康的损害。实际上，任何人都是脆弱的存在者，都不可能无条件地解决自己的所有困难和健康问题。即使是一些常见的疾病如牙痛等，如果没有医疗保障和外在帮助，病人也很难自我恢复。而且，每个人都不可避免地遭受这类情况。如果健康关爱权仅仅是消极权利，权利客体如政府和国际组织等只需要无所作为就可以了。健康主体的权利无从诉求，也就近乎无。因此，仅仅有消极健康关爱权无疑会导致健康关切权的自我取消。可见，当权利主体没有能力或丧失了自我关爱的能力时，权利客体应当履行积极义务即为权利主体主动提供相应的健康关爱。至此，积极健康关爱权也就呼之欲出了。

① Michael Slote, *The Ethics of Care and Empathy*, New York: Routledge, 2007, p. 12.

② David N. Weisstub（ed.）, *Autonomy and Human Rights in Health Care: An International Perspective*, Dordrecht: Springer, 2008, p. 33.

（二）积极健康关爱权

消极权利要求权利客体秉持不干预的义务，积极权利是权利主体保障自身健康、提升生命质量的正当性诉求，它要求权利客体主动承担提供健康关爱的责任或义务。诚如戈德沃斯（Amnon Goldworth）所说，"健康关爱权并非仅仅要求个体局限于免于丧害的消极权利，更是一种要求他者中的一部分人承担责任的积极权利"①。积极健康关爱权即作为积极权利的健康关爱权，是在尊重消极健康关爱权的前提下，权利主体享有保障或满足其健康关爱的正当诉求，它要求相应的权利客体主要是政府部门、医疗机构等对权利主体正当诉求的主动服务或积极行动，以保障权利主体最为基本的生命质量。

权利主体的生命质量既要求祛除治病、恢复健康，也包含适度的舒适、便捷、环保、优雅、审美、休闲等重要的生活内涵。权利客体的积极行动并非诺奇克等人所说的伤害某些人去服务另一些人的行为，也不是无限制无条件地满足权利主体任何健康诉求的服务行为，而是采取正当的行动或措施，保障权利主体的身心在正常生活水平的境遇中有尊严地生活的能力。具体而言，保障积极的健康关爱权的行为规则或要求包括五个基本层面。其一，积极的健康关爱权要求禁止伤害任何个人的健康层面的福利或权利，即只能是在尊重消极权利前提下的健康关爱诉求方面的积极行动。其二，积极的健康关爱权的对象是超越权利主体自律能力所能达到或实现的范围，要求权利客体的外在力量予以承担相应责任的正当的健康诉求，即每一个权利个体单独依靠自身力量不能完成的健康范围的行为或事项，如对自身疾病尤其是重病的治疗或无力承担沉重巨额的医疗费用等。在此境遇中，权利客体不能以消极权利为借口而不予理睬，听任个体忍受病痛煎熬甚至绝望地等待死亡。相反，权利客体必须积极主动、及时有效地向权利主体提供医疗帮助、承担适度的医疗费甚至全部医疗费用。其

---

① David N. Weisstub （ ed. ）, *Autonomy and Human Rights in Health Care: An International Perspective*, Dordrecht: Springer, 2008, p. 54.

三，权利客体履行责任所保障的健康关爱权并非某些人或某个人享有的健康方面的特权，而是每一个人都应当享有的普遍人权，或者说，是每个个体对权利客体主要是国家政府和医疗部门的健康关爱的正当诉求。换言之，积极健康关爱权要求政府、社会等权利客体运用国家经济财政力量和相应的法律制度为每个人的健康提供坚强可靠的医疗卫生技术、医疗费用等方面的坚强保障。当然，为了避免个人堕入基本的健康状况的底线之下，政府要承担的只是常规性治疗和基本健康所需的费用等相应的责任，并不承担健康需求的所有费用。其基本治疗和干预类型是预防型治疗和阻碍型治疗，主要有：早期疾病的发现，如癌症、艾滋病等的检查，不同类型的预防服务包括控制空气、水和食物质量等。积极健康关爱权并不适用于奢侈型治疗——当个体并没有陷入功能能力的危险且不忍受生理或情感痛苦情况下，出于个人偏好的手术或健康需求。如出于美学而非医学考虑的塑料外科手术，根据爱好而非医学需要改变乳房大小的手术等。因为这些诉求超出了普遍人权的底线要求，是个人自身选择的特殊性诉求，所以应当由个人承担相关责任和费用。如果国家承担这些费用，则是不正当的。其四，权利客体的积极行动主要体现为尊重人格底线的健康关爱。对此，埃弗雷德（Efrat Ram-Tiktin）说："尽管有些疾病不能治愈、有些残疾不能完全弥补，但是应该有一个底线规定所有社会成员医疗关爱的平等资格。"[1] 人格底线是由于疾病、痛苦或功能障碍、无能力等导致丧失正常生活能力或生活保障的境遇。低于人格底线意味着丧失保障其人格能力，要么走向死亡，要么失去某些基本的生存能力，如昏迷状态或交流能力（甚至眼睛或手运动）的丧失等。丧失的能力越多，进行积极自由行动的能力越受限制，对健康资源的要求越强烈。就此而论，健康关爱权是每个权利主体都应当"具备充分的人类基本功能的权利"[2]。可见，人格底线是消极关爱权的终止之处，同时也是积极关爱权的起点所在。其五，国家健

① Efrat Ram-Tiktin, "The Right to Health Care as a Right to Basic Human Functional Capabilities", Ethical Theory and Moral Practice, 2012 (153): 337-351, p342.
② Efrat Ram-Tiktin, "The Right to Health Care as a Right to Basic Human Functional Capabilities", Ethical Theory and Moral Practice, 2012 (153): 337-351, p. 340.

康制度必须秉持公正公平的权利保障原则：在保证每一个个体健康生活的基本权利的具体境遇中，一旦发生健康关爱权之间的冲突，秉持脆弱者优先的原则。疾病通常是一种蛮横的不可回避的每个人都必然遭受的不良状态，每个病人具有对健康关爱资源的正当要求权。与健康人相比，病人处在一种自身不可控制境遇中的糟糕恶化中。因此，"公平要求优先改善这样的个人的健康：如果他在关心自身健康方面投入更多而不是较少尽力，在任何两个投入平等努力的个体中，优先给予健康更糟的个体"①。或者说，"当在健康关爱范围分配资源时，应当优先给予低于基本人类功能能力底线的个体"②。归根结底，积极健康关爱权是权利主体祛除其脆弱性的权利。脆弱性内在地赋予了国家、医疗机构等存在和运行的正当性，也赋予了国家人员、医疗人员作为职业存在者的合法性正当性，同时也内在地提出了国家等权利客体承担祛除脆弱性的责任和义务。在脆弱性发生冲突的情况下，脆弱性强度决定优先秩序。如危重病人优先于轻度病人、极度贫困之人优先于轻微贫困之人，一般平民优先于富豪之人等。因为每一个人都不可避免地是一个脆弱的存在者，病人是更为脆弱的存在者。即相对而言，秉持脆弱者优先的原则。

现实领域中的健康关爱权问题错综复杂，消极权利和积极权利常常重叠交织，难以明确分辨。比彻姆（Tom L. Beauchamp）说："维持一种权利的保护要求的不仅仅是消极影响健康的免于干涉的自由；需要确保的是国家有责任运用公共财政和国家部门积极保障其公民权利，保护公民免于化学、放射、污染水源、疾病传染等诸如此类的伤害。或许最好的理解是，某些权利既是免于干涉的自由又是积极保护的诉求，进而作为一种既是自由的消极权利又是求善或服务的积极权利。"③ 在不能明确区分消极权利或积极权利的境遇中，实践健康关爱权或许比理论上的明辨更为重要。

---

① S. Segall, Health, luck, and justice, Princeton: Princeton University Press, 2009, p. 119.
② Efrat Ram-Tiktin, "The Right to Health Care as a Right to Basic Human Functional Capabilities", Ethical Theory and Moral Practice, 2012（153）: 337-351, p. 343.
③ Thomas J. Bole III and William B. Bondeson（eds.）, Rights to Health Care, Dordrecht: Kluwer Academic Publishers, 1991, p. 73. Tom L. Beauchamp, "The Right to Health Care in a Capitalistic Democracy", pp. 53-81.

结　语

　　健康关爱权的确证和保障并非一时一地的琐屑小事，而是人类脱离那种健康毫无保障的动物状态或自然状态，不断提升人性关爱的文明标杆。人类应当且必须摒弃"健康关爱权是个别人才能享有的特权"的错误观念，确立健康关爱权的普遍人权的基础地位，保障人人享有（消极或积极）健康关爱权，满足权利主体的身心健康的正当诉求。就此而论，健康关爱权无疑是身体伦理视域的一项绝对命令。

第六章　死亡伦理

如果说生育权、食物权、健康关爱权是祛弱权在人类生存境遇中的具体化，那么死亡权则是人类死亡境遇中祛弱权的终极形式或终极诉求。正常的自然死亡几乎与死亡权即对死亡的正当诉求没有太大关系，与死亡权的诉求相关的实践路径是争论纷纭的安乐死立法问题。为此，我们主要研究的死亡伦理就是祛弱权视域下与安乐死立法相关的死亡权以及其论证问题。

第一节　滑坡论证

每当重大的道德争论发生之时，滑坡论证（slippery slope arguments）就会经常有规律地出现。近年来，安乐死立法成为生命伦理学领域内争论激烈的国际性道德话题，也不可避免地成为滑坡论证质疑其道德可能性的对象。或许正是这个原因，滑坡论证便成了安乐死立法遭遇的重要阻力之一，反思滑坡论证的基本路径及其价值也就成为安乐死立法何以可能的关键。

安乐死立法的滑坡论证主要有逻辑滑坡论证、实证滑坡论证和价值滑坡论证三种基本类型。我们主要从这三个层面分析这种质疑安乐死立法的伦理论证。

一　逻辑滑坡论证

逻辑滑坡论证认为，根据某个命题，允许 A（它或许是内在正当的，或许是内在不正当的），将不可避免地（或者极其可能地）导致不正当的 B 和 C。[①]雷切尔（James Rachels）把这种逻辑滑坡论证的过程解释为："从逻辑的观点看，一旦我们采取了极其关键的第一步，既然没有更好的理由拒绝后继的其他实践，我们就有义务接受它们。但是，由于后继的其他实践在道德上是明显不可接受的，因此滑坡论证认为最好不要采取第一步。"②据此，我们可以把质疑安乐死立法的逻辑滑坡论证的过程概括为：假设人们同意安乐死，一旦立法允许实施安乐死，人们将沿着剥夺生命的斜坡滑下去，直至去结束无任何过错的人的生命。

显然，逻辑滑坡论证存在两个不容忽视的薄弱环节。（1）滑坡论证的前提（假设人们同意安乐死）是一种独断的假设。因为人们对同一个问题的看法很难达成一致，尤其在安乐死这样重大的问题上，达成一致的可能性微乎其微，质疑或解构的声音反而更容易占据主导地位。从安乐死立法的实际情况来看，这项提议早在20世纪30年代就被人们提出过。1936年英国首先成立安乐死自愿协会，提出安乐死法案，但没有通过。70年后，2006年5月12日，英国议会上议院以148比100的差额票再次否定了《关于绝症的辅助死亡法案》。实际上，澳大利亚早在1995年就通过了"安乐死法"，但很快于1997年废除。目前，安乐死立法在国际范围内依然遭到绝大多数国家的拒斥，即使在已经安乐死立法的荷兰、比利时，安乐死立法也不断受到公众的质疑。可见，安乐死立法的前提（假设人们同意安乐死）缺乏充足的现实根据，退一步讲，即使这个前提是可靠的即人类都同意安乐死立法，它也不能确证其结论或后果，因为（2）滑坡论证的主要根据在于涉及未来发生的灾难性后果，但滑坡论证本身并非因果必然性的论证。滑坡论证的一个重要根据在于允许安乐死实践的所有后果或一些后果是严重违背道德的。就是说，"典型地讲，'滑坡'论证要求认同某些前提，做某些行为或采取某种政策将会导致某些通常被判定为不正当（不道德）或恶的明确后果。这个'坡'是'滑'的，因为在最初规定的前提、行为或政策和由此必然导致的结果之间，并没有确定一个令人可信的停靠基地"①。因此，安乐死立法的滑坡论证的后果论体现为：由于步骤

---

① W. Wright, "Historical Analogies, Slippery Slopes, and the Question of Euthanasia," *Journal of Law, Medicine & Ethics*, 2000 (28)：176-186.

A（安乐死立法）使我们处于滑坡之上，采取步骤 A 的后果是，我们将采取步骤 B（自愿安乐死）和 C（非自愿安乐死或杀死无辜之人），步骤 B 和 C 迫使我们沿着滑坡滑下去而导致可怕的道德恶果。问题在于，这只是一个或然的概率，而非必然的结果。一方面，如果采取步骤 B 和 C 的概率很低或极其遥远，对步骤 B 和 C 的后果担心就会减弱乃至消退。由于步骤 A 的现实要求，我们就会采取步骤 A。换言之，如果安乐死立法导致的灾难后果概率极低，在苦痛不堪的病人的安乐死请求面前，人们就有理由采取这一步骤，滑坡论证也就失去了逻辑基础和现实根据。这样一来，步骤 A 就成了道德行为的坚实基础而否定了滑坡论证。另一方面，如果采取步骤 B 和 C 的概率很高并且迫在眉睫，对步骤 B 和 C 的担心就不允许我们采取步骤 A。遗憾的是，逻辑滑坡论证很难从理论上令人信服地确证这一点。只有实证滑坡论证，才有可能为之提供令人信服的经验基础。（3）由于滑坡论证的前提是独断的，其结论只能是或然的概率，因此，它并非因果必然性论证。这就意味着，从逻辑的视角看，滑坡论证也不是一个准逻辑论证。换言之，一方面，滑坡论证并不能为如下主张提供有力的论证：安乐死立法作为划清生死界限的实践后果，人们一定会被安乐死立法冷酷无情地引导到剥夺他人生命的滑坡上；另一方面，滑坡论证又认为，在某些情况下（如个别医生出于杀人目的），安乐死立法可能会成为导致合法杀人的滑坡。原因可能是，如果人们认为，唯有人是值得尊重的，那么谁是人或什么是人就成为至关重要的问题。由此就比较容易产生如下观念：随着作为人的标准受到详审细察，越来越多的人甚至某个人种都有可能被排除在人的范畴之外。结果，就有可能导致在合法的外衣下肆无忌惮地杀人，甚至会出现希特勒式的种族灭绝的大屠杀。问题恰好在于，规定、考查并采纳人的标准并非滑坡的一部分。在存在滑坡的境遇中，不是认为仔细审查和制订人的标准是一种滑坡，而是认为一旦安乐死立法（步骤 A），人们就可能沿着安乐死立法的滑坡，从剥夺有行为能力的人的生命（步骤 B）滑向剥夺无行为能力的人的生命（步骤 C），乃至运用暴力肆意剥夺任何人的生命，并认为这都是合法的。换言之，滑坡涉及盲目自信的独断：不管我们是否从事澄清安乐死立法概念和划清相关界限的准逻辑工作，只要我们认为采取步骤 A 是正当的，我们也将认为采取步骤 B 和 C 是正当的。这实际上涉及生命价值这个重大伦理问题。因此，只有价值滑坡论证才有可能为之提供令人信服的价值基础。

那么，实证滑坡论证和价值滑坡论证是否具有这样的资格呢？

二　实证滑坡论证

逻辑滑坡论证的实质是在多种可能性中选择一种可能性，然后把这种可能性当作现实性，因此很难得出可信的结论。与逻辑滑坡论证不同，一般而言，"实证滑坡论证具有最大的可信度，因而常常被用来反驳安乐死立法或辅助自杀的立法"[①]。雷切尔解释说，实证滑坡论证要求"一旦接受某种确定的实践，人们实际上也将会继续接受其他的更加令人质疑的实践。它仅仅要求人们将要做什么，并不要求逻辑上的保证"[②]。实证滑坡论证的基本要求是：为了表明安乐死立法引起了从自愿安乐死向非自愿安乐死的滑坡，就必须通过实证的调查研究。

伊诺克（D. Enoch）认为，实证滑坡论证允许在自愿安乐死和非自愿安乐死之间做出一种有意义的道德和法律的区别。不过，一旦允许自愿安乐死，"我们也许不能做出至关重要的区别，于是我们将会到达道德上不可接受的允许非自愿安乐死的后果；或者甚至我们可能做出了恰当的区别，我们也会因为某些原因（或许政治原因，或必须面对脆弱意志的原因或其他原因）而停止这种区别"[③]。一旦不再遵守这种区别，自愿安乐死也就滑向非自愿安乐死，非自愿安乐死则无异于谋杀。如果根据调查结果表明：（1）自愿安乐死立法后，非自愿安乐死的比率升高，和（2）这种比率升高是由自愿安乐死引起的，那么也就否定了安乐死立法的正当性和现实性。只要有充足可靠的经验事实证明这一点，安乐死立法必然面临经验

---

① P. Lewis, *Assisted Dying and Legal Change*, Oxford：Oxford University Press, 2007, pp. 164-169.

② J. Rachels, *The End of Life：Euthanasia and Morality*, Oxford：Oxford University Press, 1986, pp. 172-173.

③ D. Enoch, "Once You Start Using Slippery Slope Arguments, You're on a Very Slippery Slope", Oxford Journal of Legal Studies, 2001（21）：629-647.

事实的强有力的诘难而举步维艰。问题的关键在于，经验的事实是否证明了这一点呢？

其一，就安乐死立法国家（荷兰、比利时）而言，"对荷兰的 1990 年、1995 年和 2001 年的调查显示，自从 1990 年以来，非自愿安乐死或未经明确请求而结束生命的死亡与总死亡数的比率依然是稳定的：1990 年为 0.8%，1995 年为 0.7%，2001 年为 0.7%"。[①] 没有证据表明荷兰出现自愿安乐死引起了非自愿安乐死的比率升高，不过，比利时却出现了这类问题。其二，安乐死立法国家和其他国家相比，没有证据表明荷兰的非自愿安乐死或不自愿安乐死比其他西方国家高，却"有很多重要证据表明在安乐死没有立法并被看作可以刑事起诉的区域，盛行自愿安乐死和非自愿安乐死，允许医生加入以及医学专家的匿名调查"[②]。奥特篓斯凯（Margaret Otlowski）认为，在未立法区域澳大利亚以及立法前的比利时，禁止安乐死却导致了非自愿安乐死的比率比荷兰更高的后果。库舍（Helga Kuhse）的研究表明，澳大利亚的非自愿安乐死比率比荷兰高得多，而在英国、意大利和瑞典等立法禁止辅助死亡的国家并没有出现这类情况[③]。可见，在禁止自愿安乐死的国家中，有的非自愿安乐死比率高于荷兰，有的低于荷兰，情况极其复杂，不可一概而论。

根据实证滑坡论证，如果安乐死立法区域的非自愿安乐死的比率比未立法区域的高，这或许会间接地表明立法导致了非自愿安乐死的比率升高。相反，如果未立法区域的非自愿安乐死的比率比立法区域的更高，这种滑坡论证的力量就更进一步地被减弱了。如前所述，就目前而论，并没有直接的证据或实证资料证明安乐死立法导致了非自愿安乐死比率升高。

此外，值得注意的是，实证调查的资料和结论并不完全可靠，因为文

---

① Penney Lewis, "The Empirical Slippery Slope from Voluntary to Non-Voluntary Euthanasia", *Journal of Law*, Medicine & Ethics, 2007 (35): 197-210.

② Penney Lewis, "The Empirical Slippery Slope from Voluntary to Non-Voluntary Euthanasia", *Journal of law*, Medicine & Ethics, 2007 (35): 197-210.

③ Penney Lewis, "The Empirical Slippery Slope from Voluntary to Non-Voluntary Euthanasia", *Journal of law*, Medicine & Ethics, 2007 (35): 197-210.

化差异、记忆不清、不愿参与甚至造假的资料都有可能。马格努森（Roger Magnusson）在美国和澳大利亚的安乐死研究中，就发现了实际的欺骗行为："欺骗渗透在非法安乐死的各个方面。据大家所说，卫生保健人员在他们的欺骗中是极其成功的。欺骗主要在隐性安乐死中进行，并帮助实施完成永久性神话：因为禁止安乐死，所以从来就不会有安乐死。"① 欺骗行为的出现，从一种自欺欺人的角度对禁止安乐死提出了抗议，也为质疑实证滑坡论证提出了颇为有力的消极性证据。

实证的路径以明确的经验数据表明，立法安乐死和非自愿安乐死之间并没有必然的因果联系。诚如斯密斯（Stephen Smith）所言，滑坡论证或许会假设 A 和 B 的同时出现会导致二者有联系的结论。"对于一个滑坡论证而言，或许并不总是存在这样的联系，或许并不恰好存在这类联系。换言之，A 和 B 同时出现的简单事实并不提供任何关于 A 导致 B 的断言的权威支持。一个滑坡论证的断言，的确需要更加具体详尽的证据和更加具体详尽的因果证据。"② 实证滑坡论证在复杂纷纭的事实面前被证明是极其脆弱无力的。

其实，安乐死立法涉及的并不仅仅是逻辑规则和事实数据，它涉及的更深层的本质问题是生命价值。正因如此，真正对安乐死立法构成威胁的是价值滑坡论证。

三 价值滑坡论证

基翁（John Keown）、葛萨奇（Neil M. Gorsuch）、贝嘎（Nigel Biggar）戴克（Arthur Dyck）等人没有停留在逻辑滑坡论证和实证滑坡论证的水平上。他们以康德的普遍道德价值为依据，认为安乐死在道德意义上就是杀死一个无辜之人，一旦立法使安乐死普遍化，就会导致对生命权这一基本

---

① R. S. Magnusson, *Angels of Death—Exploring the Euthanasia Underground*, New Haven: Yale University Press, 2002, p. 229.

② S. W. Smith, "Evidence for the Practical Slippery Slope in the Debate on Physician-Assisted Suicide and Euthanasia", *Medical Law Review*, 2005 (13): 17-44.

的人权价值的公然践踏①。这种价值滑坡论证的基本观点可归结为如下三个方面。

其一，安乐死违背传统的生命价值理念。葛萨奇认为，无条件地尊重人的生命是传统哲学和法律的唯一的绝对的伦理基础，是人人共享的道德价值结构。在古希腊哲学家和罗马法那里，几乎寻找不到允许个人选择自杀的理论根据。遗憾的是，随着基督教的兴起，舍身殉道和与之相应的个人选择自杀的观念得到允许，并在许多西方文明国家的法律中得到肯定和保持。近代以来，社会达尔文主义和纳粹主义积极推动更加激进的观点，甚至主张杀死残疾者或遭受严重痛苦者，而不必考虑他们的意愿。这种悖逆传统生命价值理念的思想和行为，反而激起了人类珍爱生命，进而反对安乐死的强烈诉求。正因如此，希特勒在德国的暴行之后，要求解禁安乐死的运动遭到了坚定的拒斥。② 如今，尽管绝大部分请求安乐死的人都拒绝认同纳粹思维，但不可否认的是，请求安乐死的前纳粹思维和后纳粹思维具有惊人的相似之处。如今的死亡权捍卫者"其实是19世纪30年代的早期运动领袖们证明安乐死正当性演讲的老调重弹"③。安乐死从根本上悖逆了传统的生命价值观念，安乐死立法是对生命权这一基本的人权价值的公然践踏。

其二，安乐死愿望是背离自然死亡的不正当愿望，是对生命价值的挑衅。戴克从康德出发，认为寻求自保是合乎理性的，生命神圣、热爱生命是不证自明、自然而然的价值基础。人们具有尽可能不死的愿望，当这个愿望在生命必然结束之时，自然死亡是合乎人性的正当愿望。相反，安乐死以及许多医学技术影响甚至阻断了自然死亡的路径。值得注意的是，安乐死愿望通常建立在对一些医学信息的确信的基础上。然而，这种信息总是有机会出现错误而误导患者产生安乐死愿望。其实，尊重病人的安乐死

① Penney Lewis, "The Empirical Slippery Slope from Voluntary to Non-Voluntary Euthanasia", *Journal of law*, Medicine & Ethics, 2007（35）：197-210.
② Neil M. Gorsuch, *The Future of Assisted Suicide and Euthanasia*, Princeton, N. J.：Princeton University Press, 2006, p.36.
③ Neil M. Gorsuch, *The Future of Assisted Suicide and Euthanasia*, Princeton, N. J.：Princeton University Press, 2006, p.43.

愿望只是一种可能性，在临床实践中很难保证医生不把其个人价值观念或错误信息强加于病人。有些安乐死请求者是出于对死亡的恐惧，或许是因为医生或他人对死亡过程做了夸大。可见，安乐死是对遭受严重苦难的病人的自由价值的强制①，是否定自然死亡的不正当愿望。所以，安乐死立法是对人的价值和生命权的侵害。

其三，生命权作为人人平等享有的价值，神圣不可侵犯。基翁说，即使所有安乐死请求都是真正自律的，即不受医学信息的误导或医生的强制等外在因素的控制而完全由危重病人自己做出安乐死决定的请求，依然存在的问题是，"对于任何一个文明社会而言，神圣不可侵犯乃至绝不应当妥协的法则是什么？"② 贝嘎试图坚持一种康德式的严格主义来寻求这个问题的答案。他以自然法为立论根据，认为生命权是自然赋予的、不可剥夺的权利，所有人都享有平等的生命价值，保护生命并尊重其神圣性是每个人必须承担的责任③。据此，任何一个文明社会的神圣不可侵犯的法则是："故意杀人是不正当的。"没有人拥有剥夺他人生命或自我生命的权利——人们没有自杀的权利，也没有人享有死亡的权利和请求安乐死的权利。如果允许"故意杀人是不正当的"这一规则有例外："谁有权利和谁是权威确定'例外'的范围？进一步讲，究竟谁将会完全肯定他对生命的完全权利却永远不会受到质疑？"④ 如果这个致命的问题不解决，一旦安乐死成为常见的受法律保障的普遍性实践，绝症病人甚至非绝症病人也极有可能成为滥用安乐死立法的受害者，生命价值将因此丧失殆尽。

合而言之，安乐死立法是一个滑向剥夺生命权的"坡"。一旦安乐死立法，人们必将沿着安乐死立法这一可怕的斜坡堕落到合法地结束生命甚至堕落到纳粹大屠杀的罪恶境地。因此，安乐死立法必须予以禁止。

---

① Arthur Dyck, *Life's Worth：The Case against Assisted Suicide*, Grand Rapids, Mich.：Wm. Eerdmans, 2002, p. 21.

② John Keown, *Euthanasia, Ethics, and Public Policy：An Argument against Legalisation*. Cambridge：Cambridge University Press, 2002, p. 63.

③ Arthur Dyck, *Life's Worth：The Case against Assisted Suicide*, Grand Rapids, Mich.：Wm. Eerdmans, 2002, p. 25.

④ Theo A. Boer, "Recurring Themes In The Debate About Euthanasia And Assisted Suicide", *Journal of Religious Ethics*, 2007（3）：529-555.

生命伦理学体系

必须肯定的是，价值滑坡论证涉及安乐死立法的价值基础问题——生命权。不过，价值滑坡论证也存在着明显缺陷。(1) 尊重生命的历史观念和传统，并不能否定尊重死亡的历史观念和传统，如苏格拉底、柏拉图把哲学看作对死亡的训练，庄子对死亡的超然态度等。就是说，尊重生命的历史观念和传统并不能真正否定安乐死立法的正当性。(2) 价值滑坡论证之所以推崇康德，因为康德在《道德形而上学基础》中举例说明说谎是个道德的滑坡，一旦说谎普遍化，就可能自我取消，因此不得说谎①，这是一种古典的滑坡论证。令他们始料不及的是，正是康德的滑坡论证可以否定安乐死立法的价值滑坡论证。根据康德，一旦采取步骤 A，并使之普遍化，若 A 自相矛盾而自我取消，则 A 为滑坡；若 A 不自相矛盾可以普遍化，则 A 为价值基础。比如，人人自杀为滑坡，因为这会导致人类灭绝而无人可以自杀。与此不同，每个危重病人的安乐死却不会导致无人安乐死，因为危重病人只是人类中的一部分，且是由非危重病人转化而来的，是一个有连续性和后备力量的群体。正常情况下，大部分人都要经历生命结束时的危重绝症状态而走向坟墓。就是说，设定安乐死普遍化，并不导致安乐死自相取消的矛盾，安乐死立法并非价值滑坡。(3) 针对绝对命令"故意杀人是不正当的"，博尔（Theo A. Boer）说，安乐死可否立法的最基本的问题在于"可否证明故意杀人是正当的"②。这种质疑一方面是对安乐死立法的强力诘难，另一方面也是论证安乐死立法的一个契机——如果能够"证明故意杀人是正当的"，安乐死立法就具有了可能性。显然，"故意杀人是不正当的"并非绝对命令，而是有条件的：被杀之人没有侵犯生命权。一般而言，如果一个人故意杀害他人，通过法律途径判处该人死刑并予以执行的故意杀人则是正当的。另外，人们通常所理解的生命权（a right to life）往往只是生存权（a right to live），常常有意无意地把死亡权（a right to die）排除在生命权之外。对此，汉斯·尤那斯说，生存权是最

① Immannuel Kant, *Foundations of the Metaphysics of Morals*, translated by Lewis White Beck, Beijing: China Social Sciences Publishing House, 1999, pp. 18-19.
② Theo A. Boer, "Recurring Themes in the Debate about Euthanasia and Assisted Suicide", *Journal of Religious Ethics*, 2007 (3): 529-555.

基本的权利，"要谈死亡权，这是件很特别的事"①。死亡权把死亡和权利这两个词联系起来似乎违背道德直觉，其原因在于人们常常把生命看作完全排斥死亡的生存主体。其实，生命包含生存和死亡两个基本要素，每个人都是一个包含生存和死亡于一体的生命主体。因此，生命权是综合生存权和死亡权于一体的基本人权。尊重生命权，既要尊重生存权，也要尊重死亡权。生命权本身包含死亡权，就证明并非任何条件下故意杀人都是不正当的。在某些特殊条件下，如临床实践中病人身患绝症且在当前无望治愈时，即当死亡短期内必然要成为现实时，如果该病人知道这一真相，他就有了自主选择自然死亡或者安乐死的自由。这种决定得到尊重，也就尊重了病人的死亡权。可见，我们没有足够的理由证明这种临终境遇中的"故意杀人"是不正当的。（4）自然死亡和安乐死并不矛盾。安乐死是和自然死亡不同的自由选择性死亡，它和自然死亡一起构成人类死亡的主要路径而使人类有别于其他动物。就此而论，价值滑坡论证并没有否定安乐死立法的合理根据和实践路径。

综上所述，安乐死立法的逻辑、实证和价值几个层面的滑坡论证都不足以构成否定安乐死立法的有力论证和理论基础。

结　语

一般而言，道德论证是为立法奠定哲学基础的。滑坡论证作为一种常见的道德论证形式也不例外。西奥珥（Frederick Shauer）说："法律决定比其他领域的决定更加集中于未来。今天的决定者必须考虑未来人们的行为如何应用或诠释今天的决定。法律研究中盛行滑坡论证或许反映了一种社会的理解：通过法律程序而非其他状态的进程包括以一种极其重要的方式和过去密切关联，并以某种同样重要的方式为未来负责任。"② 鉴此，我们在反思安乐死立法的滑坡论证所具有的不足的同时，并不完全否定其自身所具有的实践价值。

---

① 〔德〕汉斯·约纳斯：《技术、医学与伦理学：责任原理的实践》，张荣译，上海人民出版社，2008，第198页。

② F. Shauer, "Slippery Slopes", *Harvard Law Review*, 1985（99）：361-382.

安乐死立法的滑坡论证的价值主要在于：（1）告诫我们不要把安乐死这样对生命权可能造成威胁的行为轻易地立法，以免造成合法地践踏生命。（2）安乐死立法必须寻求一个基石即死亡权，如果这个基石是不合法的，安乐死立法就必须无条件地禁止。如果这个基石是合法的，安乐死立法就具有了可能性，但这并不能构成安乐死立法的充足理由，还需（3）根据各个国家、民族的风俗传统、法律体系、公民素质、医学水平等要素综合考虑，确定恰当的时机予以立法。（4）安乐死立法必须明确当事人（主要包括自愿安乐死请求者、医生、安乐死监督委员会成员等）的责任和权利，并设定严格的监督机制和实施程序。这实际上已经走向了安乐死立法的磐路论证（Rocky Road Argument）。

第二节　死亡权

安乐死立法的磐路论证的前提是安乐死立法的价值基础——死亡权。为此，在进行安乐死立法的磐路论证之前，我们应当论证死亡权问题。

随着医学科学的高度发达和道德法治水平的日益提升，病人权利尤其是绝症病人的死亡权利问题已经成为国际性话题。尤那斯多年前就说，关于绝症病人的权利，"事实上伴随着已经显示出来的医学发展，一个新型的'死亡权'似乎已经列上了议事日程"[1]。和死亡权密切相关、争论最为激烈的重要问题就是安乐死立法。德国伦理学学会关于生命终结的自我决定和福利的报告，以及荷兰、瑞士、美国、韩国等关于安乐死立法方面的新的进展，把和死亡权密切相关的安乐死和辅助性自杀的合法性以及法律援助的讨论重新推向了国际生命伦理学研究的前沿[2]。

在安乐死的讨论和立法方面，荷兰无疑是走在最前沿的国家。早在20世纪中期，荷兰就展开了安乐死的争论。1981年，著名荷兰神学家奎特

---

① 〔德〕汉斯·约纳斯：《技术、医学与伦理学：责任原理的实践》，张荣译，上海人民出版社，2008，第200页。

② Constanze Giese, "German Nurses, Euthanasia and Terminal Care: a personal Perspective", *Nursing Ethics*, 2009 (2): 231-237.

（Harry Kuitert）把安乐死定义为："故意结束一个人的生命，包括决定终止治疗。"① 1982 年，荷兰政府关于卫生保健问题的法令通知采取了相似的定义。随后，这个安乐死定义很快在其他各种境遇中占据主导地位而成为影响至今的权威性概念。就此而论，安乐死不但违背了尊重生命的直觉，也似乎公然侵犯了举世公认的最基本的人权——生命权。然而，问题远非如此简单。

从安乐死立法的情况来看，这项提议早在 20 世纪 30 年代就被人们提出过。1936 年英国首先成立安乐死自愿协会，提出安乐死法案，但没有通过。70 年后，2006 年 5 月 12 日，英国议会上议院以 148 比 100 的差额票再次否定了《关于绝症的辅助死亡法案》。实际上，澳大利亚早在 1995 年就通过了"安乐死法"，但很快于 1997 年废除。随后，安乐死立法实现了真正的突破：2001 年荷兰立法允许安乐死，2002 年比利时通过安乐死立法。不过，事实存在的安乐死立法并不能证明安乐死立法是正当合理的。目前，安乐死立法在国际范围内依然遭到绝大多数国家的拒斥，即使在荷兰、比利时，安乐死立法也不断受到公众的质疑。

出于对安乐死立法和安乐死状况的高度关注，许多学者对安乐死立法的相关问题展开了实证性调查和理论研究。21 世纪以来，著名学者格里菲斯（John Griffiths）、韦尔斯（Heleen Weyers）等完整深入地考察了欧洲安乐死立法的最近发展状况。他们得出结论说："欧洲的安乐死和立法情况表明，安乐死立法是一个极其复杂的问题，它需要社会、法律和医学层面的细致谨慎的分析。"② 从总体上看，目前的安乐死立法理论上缺乏强有力的道德论证，实践上也因此得不到多数国家和人民的支持。不过，荷兰、比利时等地的安乐死立法的事实和实践也是不可完全否认的。安乐死立法似乎陷入了诡异神秘、无法解决的魔咒之中：既不可简单地拒绝安乐死立法，也不可冒昧地实施安乐死立法。

安乐死立法举步维艰的原因固然错综复杂，但其根基性的问题却是安

① Theo A. Boer, "Recurring Themes in the Debate about Euthanasia and Assisted Suicide", *Journal of Religious Ethics*, 2007 (3)：529-555.

② Fabrice Jotterand, "Review of John Griffiths", *HEC Forum*, 2009 (1)：107-111.

乐死立法未能确证挑战生命权的"死亡要求的正当性"即"死亡权"（a right to die）。换言之，只有死亡权得到确证，安乐死立法才有可能。就是说，死亡权是安乐死立法的价值基础。如此一来，一个尖锐而突出的问题出现了：在神圣不可侵犯的生命权面前，死亡权何以可能？这个问题可以分解为两个层面：（1）死亡是不是生命的内在本质？如果答案是肯定的，那么（2）死亡权是不是生命权的应有之义？回答了这两个问题，也就确证了安乐死立法的价值基础。

一　死亡与生命本质

死亡是和生命密切相关的概念。对生命的理解不同导致了对死亡认识的差异：如果把生命等同于生存，死亡相应地就是一种生命结束后的状态；如果把生命理解为生存和死亡的矛盾统一体，死亡相应地就是生命的内在本质。这就是死亡含义的两个基本层面。

（一）生命结束后的状态

一般而言，人们常常把生命简单地等同于生存，把死亡理解为生命结束后的状态即和生存无关的无生命状态——这就是死亡的第一个层面。

首先，从宇宙的宏观视角来看，自然因果律是宇宙的一个根本规律，一切状态和存在都不可能完全摆脱它，而是最终必然服从它。生存和死亡也同样必然服从自然因果律。罗素因此断言，对于宇宙来说，"唯一可能的生命是向着坟墓前进的"。[①]人类和其他任何生命一样难逃自然因果律的限制，终将在自然因果律的巨大链条中趋向死亡。其次，自然因果律在生命中具体体现为死本能对生本能的胜利，或者说死亡对生命的无情剥夺。在弗洛伊德看来，本能是有生命中固有的一种恢复事物早先状态的冲动。生命的最原始状态就是无生命状态，因而生命内在地具有走向死亡的本能，即死本能。死本能是一种原初本能，由死本能派生出与之相对的生本能，即自我保存、自我肯定以及自我主宰的本能。和原初的死本能相比，

---

① 〔英〕罗素：《宗教与科学》，徐奕春等译，商务印书馆，1982，第115页。

生本能只是一些局部的本能，它们的作用是保证有机体沿着自己的生命之路毫无例外地走向死亡，即转化为无机物而复归于自然。因此，"一切生命的最终目标乃是死亡。"① 最后，面对生命无可逃匿的自然因果律和必然走向自我结束的死亡结局，人们往往简单地把死亡作为一个丧失生命后的经验状态，而忽视这个经验状态后的深刻的死亡本质。伊壁鸠鲁就认为，死亡是一件和我们毫不相干的事，"一切恶中最可怕的——死亡——对于我们是无足轻重的，因为当我们存在时，死亡对于我们还没有到来，而当死亡到来时，我们已经不存在了"②。无独有偶，庄子在阐释妻死而不哭的原因时，以其独有的超然态度对死亡做出了自己的回答。他说："察其始而本无生，非徒无生也而本无形，非徒无形而本无气。杂乎芒芴之间，变而有气，气变而有形，形变而有生，今又变而之死，是相与为春秋冬夏四时行也。"③ 伊壁鸠鲁、庄子等说的死亡就是和生存无关的无生命状态。

据此而论，死亡和生存并无内在的本质关系，至多是一种马丁·布伯所说的互为工具的"我-它"关系。如果死亡是和生存无关的无生命状态即死亡并非生命的本质，死亡权就是不可能的，因为这样的死亡直接践踏了最基本的人权——生命权。

问题在于，如果仅仅停留在对死亡的这种简单的认识水平上，我们将会在死亡面前丧失做人的资格。对这样的死亡而言，尽管"人无'它'不可生存，但仅靠'它'生存则不复为人"④。因为"让死的恐怖缠住心，是一种奴役"⑤。其实，自然因果律是相对于自由因果律而言的，死本能是相对于生本能而言的，死亡是相对于生存而言的。前者表面上似乎否定了后者，却恰好在确证着后者的存在，因为它们是奠定在同一生命基础上的相互对立、相互依存的两个层面。生命（life）的本质就在于它是生存（live）和死亡（die）的辩证运动所构成的矛盾综合体。当我们从生存意

---

① 《弗洛伊德后期著作选》，林尘等译，上海译文出版社，1986，第41页。
② 周辅成编《西方伦理学名著选辑》上卷，商务印书馆，1996，第102页。
③ 吴兆基编《老子·庄子》，京华出版社，1986，第283~284页。
④ 〔德〕马丁·布伯：《我与你》，陈维纲译，生活·读书·新知三联书店，2002，第127页。
⑤ 〔英〕罗素：《西方哲学史》下卷，马元德译，商务印书馆，1981，第103页。

义的生命进入本质意义的生命时，也就从死亡的第一层含义进入了死亡的第二层含义——死亡是生命的内在本质。

（二）生命的内在本质

表面看来，死本能对生本能的胜利似乎是自然因果律对自由因果律的胜利。从根本上讲，生命的结束并非简单的生本能对死本能的胜利或自然因果律对自由因果律的胜利，而是一个死本能和生本能通过相互否定、相互超越而达到的二者共同完成的终结状态。因此，生命的结束其实是死亡（die）和生存（live）的同时结束，也是自然因果律和自由因果律在生命中的同时结束。或者说，死亡和生存只和生命相关，无生命存在，也就无所谓死亡和生存，更谈不上自然因果律和自由因果律。

一般而论，生命不仅仅是生存，也不仅仅是死亡，还包含着死亡和生存两个相互对立的要素的辩证运动过程——死本能和生本能正是这两大要素的重要体现。海德格尔说："生之在同时是死，每一出生的东西，始于生，也已入于死，趋于死亡，而死同时是生。"[1] 生命包含着、预示着死亡，向着死亡而生存并在最终走向死亡的过程中完成自身。任何死亡都是生命的死亡，任何生命都是死亡着的生命。死亡和生存是贯穿生命始终的生命程序的内在本质规定。

具体说来，死亡是生命的有限性、脆弱性的内在规定和最终限度，是生存的否定因素。生存只能在这个有限的脆弱的限度内即在死亡的规定范围内而存在并完成它的行程。所以，"人在死面前无路可走，并不是当出现了丧命这回事时才无路可走，而乃经常并从根本上是无路可走的。只消人在，人就处于死之无路可走中"[2]。生命绝对不可能超越死亡的规定，其本真的存在是"一种生存上的向死亡存在"[3]。死亡通过必然的限制和脆弱性，为生存试图突破必然的限制和试图扬弃脆弱性提供了动力和基础。死亡正是通过对生存的这种限制，提供了生存得以彰显其价值

---

[1] 〔德〕海德格尔：《形而上学导论》，熊伟、王庆节译，商务印书馆，1996，第132页。
[2] 〔德〕海德格尔：《形而上学导论》，熊伟、王庆节译，商务印书馆，1996，第159页。
[3] 〔德〕海德格尔：《存在与时间》，陈嘉映、王庆节译，三联书店，1999，第269页。

和尊严的条件和舞台。设若没有死亡，也就没有了对生存的任何限制，生存也就不再有冲破限制的必要和可能。这似乎是一种超然物外和凌驾于自然因果律之上的绝对自由状态。其实，它只能是一种无生命、无超越、无抗争、无自由的死寂和空无。因为没有死亡，就没有与之对应的生存，也就没有生命。

死亡和生存，正如反作用力和作用力，如果没有任何一方，双方都将不复存在。赫拉克利特说："在我们身上，生与死，……都始终是同一的东西。"① 生存在不断否定和抗争死亡中肯定死亡确证死亡的过程中，在直面死亡、承担死亡、设计规划操纵死亡的实践中，肯定并完成生存自身。如果说死亡是限制生存、剥夺生存的必然限制，生存则是否定死亡、抗争死亡之必然限制的自由冲动，是相对于必然规律的自由规律的体现。生存着的死亡和死亡着的生存之间的重叠交织，构成生命最本己、最优美的运动旋律。借用马丁·布伯的术语说，作为生命本质要素的死亡和生存是互为目的的"我-你"关系而不是互为工具的"我-它"关系。

值得注意的是，谈及死亡时，人们往往不加区分地把其两个层面混为一谈。更为严重的是，常常停留在第一个层面而有意无意地忽视了第二个层面。比如，帕斯卡尔曾说："我所明了的全部，就是我很快地就会死亡，然而我最无知的又正是这种我所无法逃避的死亡本身。"② 帕斯卡尔这里所说的前一个"死亡"是第一个层面的死亡即生命结束，后一个"死亡（本身）"其实是和生存相关的作为生命本质的死亡。论证死亡权，就必须严格区分死亡的两个层面。由于第一个层面上的死亡和生存无关，不属于生命范畴，不可能和生命权相关，因为任何没有生命的存在包括丧失了生命的存在如已经死亡的人等，都谈不上生存和死亡。只有第二个层面的死亡即和生存一样作为生命本质的死亡，才关涉生命权。

现在的问题是，既然死亡是生命的本质，那么死亡权是不是生命权的应有之义？

① 《古希腊罗马哲学》，北京大学哲学系编译，商务印书馆，1961，第27页。
② 〔法〕帕斯卡尔：《思想录》，何兆武译，商务印书馆，1985，第36页。

二 死亡权与生命权

在无法无天的自然状态中，生老病死完全依赖自身的生理状况和外界的自然境遇。死亡要么是年老体衰达到生命极限所致，要么是其他自然暴力所致如瘟疫、地震等。具有理性和自由精神的人类并没有屈从于自然状态所导致的死亡宿命，而是通过医学、法律、科学、宗教等途径和方式，坚强不屈地直面死亡、思考死亡、抗争死亡并试图超越死亡。正是在和死亡抗争的过程中，人们提出了生命权的基本理念和价值基础。

自洛克把生命权看作人的不可剥夺的自然权利以来，人们对生命权的看法虽然各有不同，但毕竟以国际人权文献的权威形式形成了基本共识。1948 年联合国大会颁布的《世界人权宣言》第三条规定："人人有权享有生命权、自由权和人身安全权。"随后，1966 年联合国大会通过的《公民权利和政治权利国际公约》第六条第一款把生命权进一步诠释为："人人享有固有的生命权。这个权利应受法律保护。不得任意剥夺任何人的生命。"据此可以概括出生命权的基本内涵：（1）生命权是人人生而具有的自然权利或人权，这属于道德权利或前法律权利；（2）生命权是建立在道德权利基础上的受法律保护的法律权利；（3）生命权的具体要求是不得任意剥夺任何人的生命：在生命不受到直接威胁的情况下，生命权体现为维持基本生存的权利如免于饥饿而死的权利、自由权、人身安全权等，因为如果缺少了基本生存的权利，也就在某种程度上侵害了生命权；当生命受到威胁时，要求得到他者包括个体、组织和国家等保护生命的权利以及个体抵御侵害以捍卫自身生命的权利。

可见，人们通常所理解的生命权（a right to life）主要是生存权（a right to live），死亡权（a right to die）似乎被完全排除在生命权之外。难怪约纳斯说："历来所有关于一般权利的言谈都要追溯到所有权利的最基本的权利——生存权，如今我们却要谈死亡权，这是件很特别的事"①。表面看来，

---

① 〔德〕汉斯·约纳斯：《技术、医学与伦理学：责任原理的实践》，张荣译，上海人民出版社，2008，第 198 页。

死亡权把死亡和权利这两个词联系起来似乎违背直觉和常理，生命权绝无可能把死亡权作为自身的应有之义。究其原因，主要在于把生命简单地等同于生存，把死亡看作和生命无关的生命结束状态，进而把生命权等同于生存权而遮蔽了死亡权。对此，海德格尔批评说："在固执己见的人心目中，生只是生，死就是死，而且只是死。"① 如果生命仅仅是和死亡没有任何关系的生存，生命权和死亡权当然也就没有任何关系了。事实上并非如此，如前文所论，生命包含生存和死亡两个基本要素，每个人都是一个包含生存和死亡于一体的生命主体。或者说，任何死亡都是生命的死亡，珍惜生命既要尊重生存，也要尊重死亡。因此，生命权不仅是一种生存权，而且包含死亡权，没有死亡权的生命权是残缺的生命权。可见，死亡权是生命权的应有之义。不过，这个结论只是根据生命权这个大前提分析演绎出来的。要确证此结论，我们还必须追问生命权这个大前提是否合法。

现在的问题是，生命是事实，生命权则是价值，如果把生命等同于生命权，就犯了摩尔（G. E. Moore）所说的"自然主义谬误"②：在本质上混淆了生命与生命权，并以自然性事实（生命）来规定价值（生命权）。既然生命并不等同于生命权，那么生命权是如何可能的？或者说生存权和死亡权是如何可能的？

（一）生命在此活着，这是一个纯粹的事实

生命活着这一事实就意味着生命被赋予了自我保存这一天赋能力，因为不具备自我保存这一天赋能力的存在不可能具有生命。生命凭借自我保存能力向其生存环境提出要求，并凭借环境满足这些要求而得以存在和延续。在人的眼光中，环境是充满着人的意志和精神的人化环境。人的理性和意志向其生存环境（自然环境和社会环境如国家、组织、家庭等）提出满足自我保存的诉求，生存环境（主要是社会环境）对此诉求做出有秩序的合法回应，即通过各种程序如法律制度等和具体途径如保障食品供给等

---

① 〔德〕海德格尔：《形而上学导论》，熊伟、王庆节译，商务印书馆，1996，第132页。
② G. E. Moore, *Principia Ethica*, Cambridge：Cambridge University Press, 1993, p.61.

满足自我保存的正当诉求。"这就导致个别人被多数人含蓄地授予了生存权，而且自然导致所有其他人被个别人授予同样的生存权利。这是一切权利秩序的起点。"① 任何其他的权利，都是对生存权的一种延伸或拓展，因为"每一项特殊的权利都和某种生存能力的实现、某种生存需要的达成、某种生存愿望的满足有关"②。不过，只有在文明的社会秩序中，才真正具有生存的诉求和对此诉求的回应环境，如法律制度等社会秩序的保障和医学救治、慈善捐助、生物科学、基因工程、生态保护等科学研究或其他社会力量的支撑。这也是人们常常把生存权等同于生命权的主要原因。

实际上，就其本质而论，生存权是生命的自我保存这一天赋能力所体现出的对抗死亡的诉求，这已经意味着死亡权的出场。

（二）死亡权伴随生存权而获得

死亡是生存愿望的一个要素和根据，因为任何生存愿望都是以死亡为前提的否定或超越死亡的愿望，完全脱离死亡的生存愿望是不可能的。生存愿望就意味着勇敢地直面和承担不可避免的死亡。这种勇敢地直面和承担死亡的愿望就构成了死亡权的前提和根据。从这个意义讲，在可以逃生的情况下，苏格拉底、谭嗣同选择死亡本质上是捍卫死亡权的古典案例。尽管当时还没有死亡权的观念，但其捍卫死亡权的实质却是不可否认的。人类在坚强地、有理性地对抗死亡的实践中，彰显出不同于其他生命（如动物）的特有的自由和尊严如自我决定、自我选择死亡的类型和地点方式，或者通过医学途径改变死亡的时间方向和实践等等——这些对待死亡的方式其实都是死亡权的不同体现。难怪德国历史学家斯宾格勒（Oswald Spengler）说："死亡，是每一个人的共同命运，在对死亡的认知中，乃产生了一种文化的世界景观，由于我们具有这种景观，便使我们成为人类，而有别于禽兽。"③

① 〔德〕汉斯·约纳斯：《技术、医学与伦理学：责任原理的实践》，张荣译，上海人民出版社，2008，第198页。
② 〔德〕汉斯·约纳斯：《技术、医学与伦理学：责任原理的实践》，张荣译，上海人民出版社，2008，第198页。
③ 〔德〕斯宾格勒：《西方的没落》，陈晓林译，台北：华新出版有限公司，1976，第305页。

具体来讲，死亡权是人人应当享有的自我决定其生命结束的权利，它包括死亡权主体对死亡的诉求和死亡权客体（主要指法律制度）对死亡诉求的回应和保护。法律是回应死亡权的最为重要的客体，作为自然权利的死亡权必须通过立法成为一种具有现实效力的法律权利。

（三）死亡权和生存权一样，都是生命的本质性要素（死亡和生存）的内在诉求

死亡权和生存权，都是对自然性的必然规律（生命的有限性而导致的生命的必然结束）的抗争、超越和自由体现。或者说，死亡权本身就是生存权的一种表现形式，这"两种对立的权利结成一对保证了两者，其中任何一种权利都不可能转变为无条件的义务，既不可能转变为生存的义务，也不可能转变为死亡的义务"①。生存权利和死亡权利相互确证、相互支撑的自然权利就是生命权。尊重生命权，就意味着不得任意剥夺生存权，也不得任意剥夺死亡权。

死亡权和生存权一样首先是一种不可转让的前法律的自然权利，同时二者又必须转化为法律权利才能得到切实保障。道德、法律和医学等都是为保护生命权服务的，既要为生存权服务，同样也要为死亡权服务。为生存权服务，是对自然死亡规律的抗争。为死亡权服务，同样是尊重自由选择和人性尊严而对自然死亡规律的抗争，而且是更加高贵的抗争。因为它是对威胁生命的最后的、最艰难的、最崇高的临终决战——在不屈从于自然死亡规律的必然枷锁的抗争中，通过自由选择和人性手段达到有尊严的死亡即自由地结束生命，而不是在自然奴役中无限恐惧地被剥夺生命。在死亡这个生存的最终完成的环节上，如果依然处在自然死亡规律的宿命控制之下，其实就是把生死置于一种简单低级的互为工具的"我-它"关系之中，是对生命权的不尊重。从这个意义讲，对于同一个生命主体而言，死亡权不仅是生存权的延伸，而且是生存权的根据和最终完成。也就是

① 〔德〕汉斯·约纳斯：《技术、医学与伦理学：责任原理的实践》，张荣译，上海人民出版社，2008，第203页。

说，死亡权是生命权的应有之义。

既然死亡是生命的内在本质，死亡权是生命权的应有之义，那么死亡权也就奠定了安乐死立法的价值基础。

结　语

死亡是生命的终极性脆弱，因此也是生命脆弱的终结。自由的人类并不完全屈从于终极性脆弱，死亡权就是祛弱权的终极性诉求。

不过，死亡权只是一种应当，只有生命面临无法挽回的临终状态时，死亡权才具有真正的实践价值。就是说，死亡权主要是赋予那些身患绝症、生不如死且在当下毫无治愈希望的人们通过合法程序请求他人（主要是医生）结束其生命（安乐死）的权利。① 不过，死亡权虽然是安乐死立法的价值根据，却不是充足理由。安乐死立法是一个远远超出死亡权视域的人类问题：它不仅涉及道德、法律和医学，而且涉及科学、历史、文化、经济、政治、宗教、习俗等诸多领域。因此，安乐死立法需要根据各国的实际情况，耐心细致地做好相关的理论研究和具体工作，切忌操之过急。

值得注意的是，2005 年 4 月 12 日法国通过的新法在拒绝安乐死立法的同时肯定了"放任死亡权"：允许绝症病人停止治疗、拒绝治疗而任其死亡的权利。尽管法国依然否定以主动的方式如注射药物致病人死亡的主动安乐死，但毕竟从法律的角度为死亡权的合法性开了先河。随着人性尊严和生命权研究的深化，死亡权会逐渐被人们认识和维护，安乐死立法也有望随之取得进展。死亡权为安乐死立法的磐路论证奠定了价值基础。

第三节　磐路论证

如果说死亡权为安乐死立法的磐路论证奠定了价值基础，那么安乐死

---

① J. Rachels, *The End of Life*: *Euthanasia and Morality*, Oxford: Oxford University Press, 1986, p. 38.

立法的磐路论证的使命则是把死亡权落实到具体的实践层面。

　　安乐死立法是和人类命运密切相关的生命伦理学领域的重大现实问题。自 1997 年美国的俄勒冈州通过法律允许安乐死以来，安乐死立法于 21 世纪取得了实质性突破和进展：荷兰（2001）、比利时（2002）相继通过安乐死立法。2005 年 12 月 12 日，法国通过的新法肯定了"放任死亡权"，它虽然拒斥主动安乐死，却肯定了消极安乐死的合法性。2006 年，德国伦理学学会做出关于生命终结的自我决定的报告和声明，重启了德国关于安乐死和辅助性自杀的合法性以及法律援助的讨论。2008 年 11 月，美国华盛顿州通过法律明确允许安乐死。2011 年 1 月 10 日，中国台湾地区通过《安宁缓和医疗条例》修正案，明确肯定了安乐死的合法性。不过，除了这几个屈指可数的安乐死立法的国家和地区，其他一些国家和地区安乐死立法的尝试都失败了。国际范围内的安乐死立法的进程依然困难重重、矛盾丛生。

　　不可回避的问题是，在安乐死非法的国家和地区，绝症病人因不堪忍受痛苦而自杀死亡或出国求死的诸多触目惊心的案例，直接把安乐死合法与非法的尖锐矛盾推向问题前沿。在安乐死非法的境遇中，绝症病人只能选择痛苦死或痛苦生。即使选择痛苦生，最终也必然走向痛苦死，就是说，选择痛苦生的实质就是选择痛苦死。因此，绝症病人似乎只能选择合法的痛苦死或非法的安乐死。问题恰好在于，反对安乐死立法的任何国家都没有通过"痛苦死立法"，痛苦死在国际范围内都是非法的。和非法安乐死相比，非法的痛苦死的非法领域更广、问题更加严重，因为安乐死毕竟在荷兰、比利时等国家和地区是合法的。如此一来，一个不可回避的矛盾出现了：既然对于安乐死非法地区而言，安乐死和痛苦死都是非法的，为何人们仅仅反对安乐死及安乐死立法而对痛苦死及痛苦死立法却存而不论呢？显然，这隐含着一个前提，痛苦死是合法的。然而，这个前提既没有法律的明文规定，也没有理论的有力论证，只不过是一种直觉和习惯的假设而已。面对如此荒谬的事实，人类再也不能"掩耳盗铃"了。

　　其实，这个不可回避的矛盾深深地隐含在反对安乐死立法的论证范式之中。如前所论，反对安乐死立法的理由固然纷纭复杂，其论证范式都是一种滑坡论证（slippery slope arguments）。滑坡论证的基本程序是：根据某个命题，允许 A，将不可避免地或者极其可能地导致不正当的 B、C、D……因此，"滑坡论证认为最好不要采取第一步"①。反对安乐死立法的滑坡论证的基本程序是：有目的杀人是不正当的，安乐死是有目的地剥夺生命。一旦立法允许实施安乐死，人们将沿着剥夺生命的斜坡滑下去，直至去结束无任何过错的人的生命。滑坡论证的这种单向独白思维模式不能真正令人信服，因为它杜绝安乐死选择的路径之后，就完全遮蔽了痛苦生以及由此必然导致的痛苦死或直接选择痛苦死的惨无人道的重要现实问题。正因如此，尽管很多学者从滑坡论证的视角批判荷兰、比利时等国的安乐死立法，但也有学者明确反对滑坡论证。博尔就明确批判了滑坡论证的脆弱无力，并由此提出避免滑坡而考虑磐路的选择路径。② 磐路观念的提出，无疑是对滑坡论证的一个突破。遗憾的是，博尔并没有进一步深入下去。要真正扬弃滑坡论证，仅仅提出磐路的思路是不够的，必须从学理上阐释和滑坡论证相对应的、比滑坡论证更加合理的伦理论证方式——磐路论证，从磐路论证的视角反思安乐死立法问题。

　　和滑坡论证的单向思维不同，磐路论证以尊重死亡权为价值基础，注重民主商谈精神的多向思维模式。磐路论证寻求安乐死立法的磐石之基，并在此基础上全面深刻考虑安乐死的路径，综合运用反思平衡方法（罗尔斯）、商谈伦理方法（哈贝马斯），在民主公正的伦理秩序中，不断纠正调节各种冲突，使磐石之路成为可行路径。据此，磐路论证基本思路如下：为了达到某种目的，必须寻求通向该目的的牢固磐石：A、B、C、D……构建一条通向该目的的磐石之路。我们在沿着 A、B、C、D……曲折地朝着既定目的前进的过程中，在不断考虑各种可能性和现实问题的实践中随时调整行为方案（改进、后退或暂缓），而不是停留在一个虚拟的滑坡上停滞不前。既要考虑正常可行的运行程序，也要考虑设置一种缓冲机制，

---

① Theo A. Boer, "After the Slippery Slope: Dutch Experiences on Regulating Active Euthanasia," *Journal of the Society of Christian Ethics*, 2003（2）：225-242.

② See Theo A. Boer, "Recurring Themes in the Debate about Euthanasia and Assisted Suicide," *Journal of Religious Ethics*, 2007（3）：529-555.

以便在矛盾冲突尖锐或问题难以抉择的情况下，为问题的解决提供一个合理恰当的缓冲程序，保证磐石之道的畅通，或至少不被完全废弃。在这种形式中，A、B、C、D……犹如一块块磐石重叠交织、相互支撑，共同构筑成一条通向其目的的坚如磐石之道。

据此思路，安乐死立法的磐路论证主要由苦难（安乐死的事实基础）、自律（安乐死的价值根据）、伦理委员会（安乐死实践的权衡机制）、临终关怀（安乐死的缓冲机制）等几大要素（磐石）构成通向安乐死立法目的的磐路。

一　苦难

苦难（suffer）是生命低劣的基本要素，因此医学家、法学家以及哲学家们常常把苦难作为安乐死诉求的事实基础。生命伦理学家卡塞尔（Eric J. Cassell）认为，苦难是一种威胁乃至损害人的完整性（intactness）的严重的痛苦窘迫状态。[①] 苦难意味着遭受或屈从于某种恶劣的或令人讨厌的东西，它导致身体或精神的痛苦、厌烦、悲伤、忧虑、损害等低劣状态。苦难是诱发安乐死愿望的一个事实基础，也是医生实施安乐死的前提条件之一：由疾病或偶然事故导致极其严重、不可治愈的身心紊乱或疾病，致使病人处在不可忍受且无法减轻缓解其生理或心理的病痛中，其医疗治愈的可能性遥遥无期、毫无希望。这一点是安乐死诉求的基本共识。

不过，尽管苦难境遇中的安乐死要求具有正当的可能性，但它并非安乐死立法的充足理由。对于非自律主体（非自愿安乐死者）而言，苦难几乎没有正当的可能性，因为苦难是一种客观事实的主观感受，对于丧失了自律的人而言，苦难几乎没有任何意义。对于自律主体（自愿安乐死请求者）来讲，苦难并非使其生命变得低劣的唯一要素。"如果苦难以外的其他东西能使自律者的生命变得低劣，苦难并不总是自律者生命恶劣的所有

---

① E. J. Cassell, *The Nature of Suffering and the Goals of Medicine*, New York: Oxford University Press, 1991, p. 33.

要素，为什么自愿安乐死应当要求想要安乐死的人是在经受苦难呢?"① 除了苦难之外，还有许多其他要素可使其生命变得低劣，如愿望的不满足或厌恶的认识带来的无尽烦恼，被剥夺了自由和尊严带来的非人折磨等等。尽管诸如烦恼、愿望不能满足、被剥夺了自由等恶劣的东西可能会和伤害、疾病等引起的苦难相关，但是它们和苦难并不具有必然的联系。更何况，苦难只是一种令人产生死亡愿望的可能性，坚强的自律者或许并不因此产生死亡的愿望。某些坚强的自律者极有可能把苦难看作提升其人生成长的因素。他们认为，正是苦难的磨砺使他们最终理解了生命的真正价值，提升了生命的质量。另外，有些人由于厌倦人生或长期感到自身的脆弱无用，他们的人生中提供给他们的东西毫无价值，乃至认为他们的存在毫无意义等，以致在没有遭受苦难时也会产生死亡的愿望。一个典型案例是，一位 86 岁的前荷兰议会参议员布朗格玛（Edward Brongersma）要求在医生帮助下自杀，只是因为他感到年老体衰、厌倦生命，并非因为苦难或病魔的折磨。对此，芬兰土尔库大学哲学系的瓦尔图斯（Jukka Vareltus）认为，由伤害和疾病等引起的苦难并不能作为自愿安乐死的规定标准，相反，"一个自律要求安乐死的人认为其生命如此糟糕以至于他想死，就足以构成安乐死的诠释或定义"②。这其实涉及争论激烈的安乐死自律问题，即自愿安乐死（voluntary euthanasia）问题。如果说苦难是安乐死立法的客观事实，自律则是安乐死立法的主观前提条件。

二 自律

自律（autonomy）是康德道德哲学的基石。对安乐死而言，自律是苦难境遇中的个体不受外在因素的干扰强迫、独立自主地判断自身处境并做出是否安乐死决定的能力。就是说，病人应当是自主请求安乐死的发起者而非被动的接受者。尊重安乐死的自律请求，其实质就是尊重安乐死请求

---

① Jukka Vareltus, "Illnesll, Suffering And Voluntary Euthanasia", *Bioethics*, 2007 (2): 75 - 83.
② Jukka Vareltus, "Illnesll, Suffering And Voluntary Euthanasia", *Bioethics*, 2007 (2): 75 - 83.

者有尊严地死亡的权利。

认同并尊重有尊严地死亡的权利意味着把生命权利诠释为生命主体决定死亡的自由权利，而非医务人员单向地实施安乐死的义务或权利。从自律的角度把权利看作一种自由决定的正当诉求，意味着把权利同时看作消极权利和积极权利。前者是一种免于忍受不必要干预的痛苦的权利，后者是一种选择自我生活方式和爱好包括结束生命的权利。因此，死亡权利的具体内容包括两个层面。一是消极性诉求：（1）拒绝任何导致不必要死亡决定的权利，如拒绝以所谓治疗或有益身心、有益于节约社会医疗资源等功利主义借口的被杀死的权利等；（2）拒绝任何药物治疗的权利，即使这会导致死亡也在所不惜。二是积极性诉求：（1）根据自己奉行的道德准则，选择以平静的方式死亡的权利；（2）如遇某些特定情况，事先表达有关死亡的自身意愿的权利；（3）接受保守治疗（消极缓解病痛）和临终关怀的权利，以及（4）决定安排后事、死亡时刻、死亡地点的权利等。所有这些都是自律的有尊严死亡权利的基本要素。可见，个体自律的法则确证了死亡权利的正当性，从价值基础上奠定了安乐死立法的法理根据。因此，西班牙法理学家罗伊格（Francisco Javier Ansuàtegut Roig）把个体自律（individual autonomy）作为安乐死道德的价值基础。[①]　瑞切斯（J. Rachels）也认为，在民主社会里，"个体自律的法则在预示安乐死的道德哲学的慎思和立法中具有不可替代的举足轻重的作用"[②]。

值得注意的是，苦难的客观事实和主体自律并非毫不相干，二者相互渗透，构成安乐死立法的事实根据和价值基础：自愿安乐死和其他故意杀人的事件相比，其不同之处并不在于通常认定的安乐死能够给被杀死者带来益处，而是医务人员根据一个人的自律请求有目的地将其杀死，即出自尊重安乐死请求者免于苦难的自由和有尊严死亡的权利——死亡权。"公道地说，安乐死的正当性只能在死亡会给帮助将死之人避免恶的情况下才

---

①　Francisco Javier Ansuàtegut Roig, "Euthanasia, Philosophy, and the Law: A Jurist's View from Madrid", *Cambridge Quarterly of Healthcare Ethics*, 2009 (18): 262-269.

②　J. Rachels, *Euthanasia and the End of Life*, New York: Oxford University Press, 1986, p. 38.

对其有益，而不是给他或她带来额外的善。"① 在生命质量极其低劣乃至给生命带来极度痛苦和巨大伤害的境遇中，死亡是对日复一日、不堪忍受的状况的一种解脱，是使生命免于无尊严、无价值存在的状态的一种消极自由。如果否认死亡权利、不尊重死亡权利乃至武断地剥夺死亡权利即绝对禁止安乐死，处在低劣境遇中的生命的唯一途径就是在巨大痛苦和极度无尊严的煎熬中耗尽自由的最后一线希望，必会给自律安乐死者或生命主体造成无尊严的痛苦煎熬和巨大伤害。就此而论，安乐死的范围不仅包括临终或逼近死亡境遇的人，而且应当包括那种死亡并非迫在眉睫，却在遭受生不如死的极大痛苦的人。

在苦难和个体自律的前提下，病人应当（并非必然）有权利授予专业医务人员剥夺自身生命权的权利。就是说，苦难和个体自律只是安乐死立法的两个必要条件，并非安乐死立法的充足理由。原因在于：其一，苦难和个体自律的可信度值得怀疑。病人对苦难的理解不同，其自律的时机和对安乐死的请求的偶然性不可否认。在荷兰，大约95%的人要求安乐死而不采用辅助自杀的方式。原因主要在于："和其他大部分的故意杀人不同，安乐死激发了病人睡眠的联系。在荷兰的记录资料电影中一个病人解释了她对安乐死的愿望：这只是睡眠，并能说，'这次我将不再醒来'，难道这不是很美妙么？"② 病人的这种美妙想象并不能构成医务人员行使剥夺其生命权的正当根据，因为病人的感受和想象千差万别，或许有的病人会把安乐死看作一种恶毒的杀戮。安乐死的唯一条件是死亡是唯一的最后诉求，因此，关键问题就转化为："在何种条件下，安乐死要求能够被确认为是真正的唯一的最后的请求？"③ 苦难和自律的偶然性并不能解决这个问题。其二，安乐死绝非一个简单的死亡事件，因为决定终止病人生命和实施杀死病人的行为以及承担安乐死责任的主体并非仅仅建立在个体自律的基础

---

① Jukka Vareltus, "Illnesll, Suffering And Voluntary Euthanasia", *Bioethics*, 2007 (2): 75-83.

② Theo A. Boer, "Recurring Themes in the Debate about Euthanasia and Assisted Suicide", *Journal of Religious Ethics*, 2007 (3): 529-555.

③ Theo A. Boer, "Recurring Themes in the Debate about Euthanasia and Assisted Suicide", *Journal of Religious Ethics*, 2007 (3): 529-555.

上。那么，何人或何种团体来回应（response）自律安乐死的请求，并为此承担责任（responsibility）呢？如果没有回应者或责任承担者，安乐死就只是一种主观愿望或仅仅是一种应当。安乐死不仅仅是个体自律的单向度的个体行为，因为请求者和回应者是交互主体的内在关系，这已经超出了个体自律的范畴。因此，把"应当"转化为"能够"，仅仅靠苦难和自律是不可能的。众所周知，在荷兰，大约95%的安乐死是发生在家庭的医生和病人关系中的私事。最重要的原因是他们之间建立了良好的信任感，病人相信医生会慎重考虑他们的权利。比利时的医务人员对安乐死立法并不认同，他们的态度很难达到和安乐死请求者的相互信任。即使在荷兰，也不可避免未能建立相互信任的情况。如此一来，新的问题在于：（1）如何保证这种回应及责任承担的实践的正当性？（2）如果因各种原因如难以准确判断病情等不能迅速做出回应，如何应对这种悬而未决的安乐死请求？

要解决苦难和个体自律无能为力的这类问题，就需要在个体自律基础上建立安乐死实践的伦理机制：应对问题（1）的权衡机制（安乐死伦理委员会）和应对问题（2）的缓冲机制（临终护理）。

三 伦理委员会

安乐死伦理委员会既是安乐死事宜的民主商谈的伦理平台，又是一个有效合理的安乐死立法与实践的权衡监督机制。它可由医务人员、安乐死者亲朋以及政治领域的专家委员会、医学协会、卫生保健机构、神学家、伦理委员会和法院中的相关人士等组成。其最重要的使命是完成如下事宜：（1）公开宣传、准确诠释安乐死法案的主要内容、基本要求、实施程序，如临终患者如何申请安乐死、安乐死如何实施以及对此的审查程序等等。（2）权衡判断并确定安乐死请求的正当性和实施时机的合理性，做出医务人员是否实施、如何实施、何时实施安乐死的决定，并授予医务人员具体执行的权利，同时明确与之相应的责任。（3）有效监督并保障安乐死执行过程的合法性，尤其关注的是，主治医生必须和其他涉及安乐死的相关人员商议，实施安乐死的所有程序必须记录病历表上。可见，和未立法境遇中的个别安乐死案例相比，安乐死立法并非使医生摆脱法律限制，相反，他们必须在极其严格的伦理程序的监督下合法地实施安乐死，并承担明确的法律责任和监督。

安乐死伦理委员会最为困难也是最为重要的使命是权衡生命价值并做出公正客观合理的判断。为此，我们专门讨论这个问题。通常认为，价值的本质在于给价值主体带来利益和快乐。其实，"说某物对某人有价值，绝不意味着是因为他或她相信它是有价值的，也不意味着仅仅因为某人有意识地关注它。相反，某物对某人有价值意味着某人一旦失去某物就会对他或她造成危害"①。就是说，价值的本质在于价值载体的缺失会给价值主体带来伤害或痛苦。生命价值就在于生命的延续不会给生命主体带来伤害或痛苦。生命价值的重要指标是生命质量。生命质量丧失殆尽，也就意味着生命价值的完全缺失。因此，生命质量是判断是否允许安乐死的生命价值根据。

把握生命质量有客观路径、主观路径和综合路径三种基本方式。

其一，客观路径主要是根据医生的诊断来决定的。客观生命质量可以归结为三类。（1）有限的生命质量：缺少生理或精神能力但依然具有正常体面的个人生活，不必考虑安乐死。（2）最低限度的生命质量，主要体现为永久性长期性的病痛、无有能力完成个人目标、完全挫败的生命希望，以及清醒意识、信息交往的高度降低等不可逆转的状况。这已经足以构成自愿安乐死的苦难基础，因此"安乐死立法的提出，是由最低质量生命的境遇所提出来的"②。（3）低于最低限度的生命质量是一种永久性植物状态，它是涉及非自愿安乐死的一种状态。

其二，病人利用医生提供的生命质量的客观资料，根据自己的主观爱好和价值理念，把客观生命质量转化为主观生命质量。主体对自己生命价值的最终决定是个人自律发起的结果，但这并不意味着它在任何情况下都是有效的。只有在考虑安乐死选择的案例中才是有效的。主观生命质量是

① J. Rachels, *Euthanasia and the End of Life*, New York: Oxford University Press, 1986, p.38.
② J. Rachels, *Euthanasia and the End of Life*, New York: Oxford University Press, 1986, p.38.

判断生命价值的基础，是自律境遇中的死亡权利的基础。自律的主观生命质量必须参考客观的生命质量来确定。在此意义上讲，相关主体具有对生命质量最终的发言权。

其三，由于个体差异和苦难病情折磨甚至是心里精神的痛苦都会直接影响个人对生命质量的判断，同一评价主体在不同的想心情或实践中对同一生命甚至会做出截然不同的质量判断。这种偶然性、情绪化的因素直接影响到安乐死判断的正当性和可信度。为了避免由此带来的判断错误，评价个体生命质量应该综合客观质量和主观质量考虑。西班牙哲学家槐瑞特（José Ferrater）提出了四类基本要素：充足适当的食物、公道合理的安全保障、令人满意的人际关系和免于压抑或郁闷的自由。据此，槐瑞特列出了如下延续生命的标准表。

情况	客观质量	主观质量	值得延续生命
1	是	否	否
2	否	是	是
3	否	否	否
4	是	是	是

国际哲学讨论显示，生命价值最终是和生命的概念和善的概念相关的。菲利普·福特（Philippa Foot）认为，决定安乐死道德的前提是生命是善或好（good）的。① 安乐死产生的是一种免于痛苦和恶劣状态的消极善。上表只有第 3 种情况，即在客观价值和主观价值都呈现"否"的情况下，死亡权利才具有得以确证的可能性。

安乐死伦理委员会作为安乐死立法与实践的权衡机制，应当从上述三个层面综合考虑、充分论证生命质量的诸要素，在民主协商的基础上，尊重安乐死请求者及其亲属、医务人员等相关人士的意愿和建议，明智地权衡判断并决定医务人员是否实施、如何实施、何时实施安乐死。

---

① P. Foot, "Euthanasia", *Philosophy and Public Affairs*, 1977（2）：85-112.

四 临终护理

安乐死关涉每个人的终极命运，是一个错综复杂、极具风险的重大生命伦理问题。是故，安乐死立法不可能短期内达成伦理共识。即使在安乐死立法的国家和地区，判断、抉择、实施安乐死也是一个充满争议和令人忧虑的实践过程。有鉴于此，既不能简单地拒斥安乐死立法，也不可强制性推行安乐死立法。相反，必须认真考虑和充分尊重各种认同或反对安乐死及安乐死立法的观念和行为，探求一条（亚里士多德式的）明智的判断选择和（笛卡尔式的）途中道德相结合的可行性伦理方案。其中，至关重要的一环就是安乐死实践的缓冲机制——临终护理。

临终护理涉及精神支持和身体关怀，包括阻止或降低生理病痛以保持生命质量和精神愉快的所有步骤和程序。临终关怀这个缓冲机制是磐路论证可否成功的一道防线，是生命伦理智慧的集中展现，因为它可以合理应对、有效缓解与安乐死密切相关的几个尖锐的矛盾冲突。

（1）自愿安乐死和非自愿安乐死的冲突。首先，当个人具有自我决定的自律能力时，即当自愿安乐死具有可能性时，它必会遭到滑坡论证的反对。其主要反对理由是：自愿安乐死意味着故意杀死一个无辜之人，其内在本质是不正当的。而且，自愿安乐死还会导致新的安乐死行为，包括自愿的、非自愿的甚至被强迫的安乐死，故其外在后果也是不正当的。另外，在某些文化传统中，自杀比谋杀更恶，甚至是不可宽恕的，结果"自愿安乐死或许比非自愿安乐死更恶"[1]。可见，自愿安乐死和非自愿安乐死的激烈冲突是安乐死立法举步维艰的重要根源。其次，当个人丧失了自我决定的自律能力时（处在一种植物人状态），即当自愿安乐死不具有可能性时，争论的焦点是可否提供一种合理的家长制或父权主义的非自愿安乐死。由于自律的缺位，确证与之相关的苦难以及非自愿安乐死的正当性就成了大难题。退一步讲，即使肯定家长式的参与安乐死的正当性，诸如如

---

[1] Theo A. Boer, "Recurring Themes in the Debate about Euthanasia and Assisted Suicide", *Journal of Religious Ethics*, 2007 (3): 529-555.

何承担规避安乐死风险的道德义务等问题依然矛盾重重。从实证的角度看，自愿安乐死和非自愿安乐死冲突的背后往往承载着数千年传统价值观念的冲突，短期内要想达成共识几乎是不可能的。临终关怀可以有效地解决、减轻痛苦之类的症状，在一定程度上缓解甚至化解这些冲突。

（2）就自愿安乐死而言，也存在消极安乐死（辅助性自杀）和积极安乐死的尖锐冲突。在立法和法理中，辅助性自杀常常比积极安乐死更易于得到宽恕和认可。瑞士和美国的俄勒冈州都只允许辅助性自杀。在荷兰的安乐死法中，不正当的安乐死的处罚的最高刑罚是判刑12年，不正当的辅助自杀的最高刑罚是判刑3年。主要理由是，辅助性自杀的主体不再活着，而且没有病人愿望的自杀相对较少。对于绝症病人而言，自杀即使是辅助性自杀，极有可能是一个孤独凄凉者经历巨大情感压力的过程。因此，许多医生认为积极安乐死比辅助性自杀要承担更多的情感压力。盖瑟（Constanze Giese）专门研究了德国的临终护理问题。他认为，尽管德国护士在护理临终病人的训练方面极其严格，当提起临终关怀的问题时，却很少听到护士的声音，而且护士们更是极少听到这样的声音。在临终关怀缺位的情况下，"讨论把临终时的不可接受的病痛状况作为所谓自我决定的积极安乐死的辩护理由是不公正的"①。死亡之渴望在绝大多数情况下并非完全和生理的不可避免的痛苦相关，大多是由缺乏尊严的生活境遇所导致的孤寂和凄凉感所产生的死亡渴望，或者对于自身死亡的现实的和非现实的恐惧所产生的逃避恐惧的死亡决定。在安乐死中，护理起着至关重要的作用。临终关怀的在场对于缓解死亡恐惧和情感压力具有不可替代的缓解作用。

（3）安乐死立法和安乐死非法的冲突。首先，对于没有安乐死立法的国家公民而言，有了临终关怀这个缓冲机制，个体虽然不能合法地请求安乐死，但可以在缓解痛苦、降低痛苦的过程中较为人性化地走向死亡，彰显死亡的人性尊严，使人之死不同于一般的动物之死。当然，这并不否定

① Constanze Giese, "German Nurses, Euthanasia and Terminal Care: A Personal Perspective," *Nursing Ethics*, 2009 (2): 231-237.

选择痛苦生存或痛苦死亡的权利。同时，立法机构也可以运用这个缓冲机制赢得足够的时间慎重考虑和论证安乐死立法问题，以缓解民众的愤怒、谴责和不满，减轻道德压力并理性地决定是否立法或何时立法。其次，对于安乐死立法的国家公民而言，这个缓冲机制就更为重要。一方面，它可以提供一个是否选择安乐死的缓冲环节和诉求程序，使具有安乐死愿望者有足够的心理准备时间，较为稳妥理性地选择或放弃安乐死；另一方面，安乐死愿望得以允许者，在临终关怀的机制中，可以从容地安排后事，表达个人的临终意愿，然后决定有尊严地死亡的时刻和方式，最后毫无遗憾地告别人间，安然祥和地走向生命的终结。更重要的是，它可以成为抵制滑坡论证所说的安乐死立法会导致合法杀人等指责的伦理机制。

简言之，临终护理可以有效化解安乐死立法与否的矛盾冲突，为每个国家或地区的安乐死立法的讨论和实践提供一条切实可行的路径。它是磐路论证中联结其他磐石使之有机地构成一条磐石之路的缓冲机制。

结　语

安乐死立法已经成为一个不得以任何借口（如文化差异、国情距离、经济发展、资源匮乏等等）企图回避的国际性问题。苦难、自律、伦理委员会和临终护理单独看来都不构成安乐死立法的足够根据，甚至在一定条件下都有可能成为滑坡论证的理由。但是，一旦把它们有机地统一起来，就构筑成一条具有一定可行性的安乐死立法的磐石之路。

磐路论证既不要求立即停止现有的安乐死立法，也不要求没有安乐死立法的国家或地区立即实施安乐死立法。它立足于经过道德哲学慎思论证的价值根据、理论基础和伦理实践，充分考虑关涉安乐死问题的各种因素，如文化、宗教、传统、法律、公民素质乃至自然科学等各方面的综合要素，主张通过民主商谈的程序合法有序地逐步进行，因为安乐死问题不但需要合理论证和法律保障，更需要具体境遇中的实践智慧和道德关切。或许，这才是保障死亡权的稳妥之道。

第七章　人造生命伦理

生命伦理的基本范围涵纳自然生命的伦理问题和人造生命的伦理问题以及生命伦理原则问题。据此，祛弱权视域的生命伦理原则、自然生命伦理以及人造生命伦理构成本课题研究的基本使命。

我们已经思考了祛弱权视域的生命伦理原则，并重点研究了祛弱权视域的自然生命伦理问题。这就是自然生命的延续、生存和死亡过程中四个层面的生命伦理问题：生育权利与生育责任、食物权与食品伦理、健康关爱权与身体伦理、死亡权与安乐死立法。

如果说生育权、食物权、健康关爱权是祛弱权在人类生存境遇中的具体化，那么死亡权则是人类死亡境遇中祛弱权的终极形式或终极诉求。不过，生而脆弱却又孜孜追求祛弱权的人类同时也是坚韧性的自由存在。人类的坚韧性不断超越自己的脆弱性，试图运用生物科学技术干预或谋划自然生命的孕育和生产过程，甚至不能遏制自己充当造物主（上帝）的内在冲动。这就必然出现祛弱权的极端危机——人造生命的伦理困境。这就要求我们直面祛弱权视域中人造生命带来的诸多伦理问题的关键：在反思人造生命带来的生命伦理学危机、人造生命之伦理生命的前提下，进一步讨论人造生命是否成为后生命伦理学乃至后伦理学发端的可能契机。

第一节　生命伦理危机

生命的奥秘是个古老而常新的科学和哲学问题，它曾经并正在激起诸多有识之士的强烈好奇心，其中最为激动人心的目标便是人造生命。

2010 年 5 月 20 日，美国科学家文特尔（J. Craig Venter）及其科研小组在美国《科学》（Science）杂志上报道了首例人造细胞"辛西娅"（Synthia）的诞生。"'辛西娅'的创造在生命技术领域是一个里程碑"[1]，它不仅标志着人造生命技术上的突破，更深刻的意义则在于其创造性引发了生命观念的剧烈冲突，带来了史无前例的重大伦理学危机。人类的脆弱性激发了对于人造生命带来的哲学和伦理问题的反思。本质上讲，这种反思是祛弱权或祛除脆弱性的正当诉求的深刻忧虑所致。

一 人造生命的伦理冲击

直面人造生命带来的这个伦理学危机，需要重新反思"何为生命"（"What is life"）这个著名的"薛定谔问题"（the Schrödinger question）。此问题是量子力学奠基人之一、诺贝尔物理学奖得主（1933）、深受叔本华哲学影响的奥地利物理学家埃尔温·薛定谔（Erwin Schrödinger）1944年在其《何为生命?》一书中明确提出的。[2]

面对人造生命这样震动全球的科学大事，当今诸多科学家、生物学家迫切渴望寻求一个科学的生命定义。为此，他们根本否定生命目的论，认为"生命存在的有目的行为是一种幻象，是机械论背后的表象"[3]。这些秉持科学生命观的科学家、生物学家们大多认同贝斯尼（H. Bersini）和莱西（J. Reisse）的观点：生命定义是三大领域即天体生物学、人造生命和生命起源的需求。[4] 在此共识的前提下，科学生命的具体定义极其繁多：枚敦（R. L. Mayden）罗列了 80 种（1997），赫密尼尔（P. Lherminier）等枚举了 92 种（2000），派伊（G. Palyi）等展示了 40 种（2002），珀帕

---

[1] Shailly Anand et al., "A new life in a bacterium through synthetic genome: a successful venture by craig venter", *Indian Journal of Microbiology*, 2010 (50): 125-131.

[2] 〔奥〕埃尔温·薛定谔《生命是什么?——活细胞的物理观》，张卜天译，商务出版社，2016，第 73~78 页。

[3] Andreas Weber and Francisco J. Varela, "Life after Kant: Natural purposes and the autopoietic foundations of biological individuality", *Phenomenology and the Cognitive Sciences*, 2002 (1): pp. 97-125.

[4] Jean Gayon, "Defining Life: Synthesis and Conclusions", *Origins of Life and Evolution of Biospheres*, 2010, Volume 40, Number2: 231-244.

（*R. Popa*）等收集了 90 种（2004）。① 概而言之，这些定义可大致归为两类：一类是理论生物学视域的定义，它把生命规定为个体的自我维持和一系列同类实体的无限进化过程；另一类是心理（心灵的超自然的精神）或环境视域的定义，它否定生命的进化和提升，把生命归结为心灵或环境的产物。二者的共同点是都把生命看作自然性事实存在。倘若如此，人造生命并非自然产物，所以不是生命。同理，如果用人造生命作为衡量生命的标本，自然生命并非人造产物，亦非生命。结果，传统意义的自然生命好像死了，人造生命似乎也死了。继黑格尔、尼采等所谓"上帝死了"、福柯等所谓"人死了"之后，人们不得不惊呼："生命死了？"

如果说上帝死了意味着终极价值的崩溃，哲学人类学意义上的人（实即人文科学意义上的人）死了则意味着统治奴役个体的权威（主要是政治权力）的消亡。个体借此摆脱了上帝和人的羁绊，只能相信自我，不过，个体毕竟还有自然科学的权威以及生命的依托。生命死了，意味着自然科学权威的消亡、意味着自然科学意义上的生命（包括人和其他生命）死了。如此一来，哲学的领地中只余下孤零零、凄惨惨的巨大的虚无，它既无终极价值可诉，又无权力和权威可求，甚至连基本的生命理念也无可凭依，似乎只能万般无奈地陷入孤苦无依的孤寂与恐惧的无底深渊之中。不难看出，"上帝死了""人死了"只不过是"生命死了"的哲学序曲，"生命死了"所拉开的哲学大幕深刻尖锐地凸显出前所未有的伦理学危机："生命死了"是否会成为伦理学的真正杀手？或者说，生命死了是否意味着伦理学死了？

直面这个伦理学危机的逻辑前提和基本途径在于：深刻反思当代科学生命论所直接反对的古典生命目的论，重新理解当代科学生命论，准确把握"生命死了"的哲学伦理学内涵及其潜藏的摆脱危机的全新的伦理学契机。

二　古典生命目的论

古典生命目的论有着悠久的哲学和伦理思想根基，其中最为著名、最

---

① Jean Gayon，"Defining Life：Synthesis and Conclusions"，*Origins of Life and Evolution of Biospheres*，2010（40）：231—244.

能体现其内在逻辑的三种哲学传统是：亚里士多德式的万物有灵论或泛灵论（life as animism）、笛卡尔式的机械论（life as mechanism）、康德式的有机体论（life as organization）。泛灵论是一种古老的追求生命普遍形式的观念，它以灵魂（soul）作为解释生命的普遍形式或基本原则。机械论否定泛灵论的形式原则的生命观念，从实证经验的角度即质料的角度考察生命的本质。有机体论则试图在批判泛灵论和机械论的基础上，把自由意志作为生命的终极目的。

（一）亚里士多德的泛灵论

亚里士多德是泛灵论的经典作家。对于亚里士多德而言，自然是有生命的自然（living nature）。生命根源于灵魂，或者说灵魂是生命存在的目的和原则，它体现为形式原则和个体性原则。

其一，灵魂是生命的形式原则。在亚里士多德的四因说中，灵魂属于形式因、动力因、目的因范畴，而非质料因范畴。灵魂不但是有生命身体的形式或形式因，而且是身体变化和发动的根源（动力因），更是赋予身体目的论指向的终极原因（目的因）。由于亚里士多德把动力因、目的因也归为形式因，所以可以简单地说，灵魂就是生命的形式原则。在亚里士多德看来，"人和动物是实体，灵魂则是逻各斯和形式"①。生命是形式和质料的综合体，灵魂是生命的形式和现实性，身体是生命的质料和潜在性。灵魂寓于身体之中，赋予身体以生命的形式，是身体的法则。灵魂和身体密不可分，"灵魂作为身体的形式和现实性，不能离开身体"②。因为灵魂存在的必要条件是意识到适当质料构成的存在自身。灵魂和身体（body）是一种目的论关系：灵魂的功能是质料和形式的共同产品，而不是抽象物。不同的生命个体拥有不同的灵魂和身体，对于生命个体而言，灵魂是其个体性原则。

---

① Ronald Polansky, *Aristotle's De anima*, Cambridge: Cambridge University Press, 2007, p. 185.

② Ronald Polansky, *Aristotle's De anima*, Cambridge: Cambridge University Press, 2007, p. 185.

其二，灵魂是生命的个体性原则。有生命的个体存在的灵魂可以划分等级，植物具有营养的灵魂，包括生长、营养和再生的能力。动物具有感知能力和运动能力、欲求能力，即感知灵魂。人类则具有理性和思想能力，可以称之为理性灵魂（a rational soul）①。各种等级的灵魂是作为工具的自然身体的第一行为现实性（the first actuality）。亚里士多德通过比较无生命的工具和身体器官（organ）阐明其灵魂的个体性原则。如果斧头是活的身体，其砍伐能力就是灵魂；如果眼睛是一个整体动物，看的能力就是其灵魂。灵魂的现实性（actuality）有两种情况：第一种是潜在的行为现实性，如斧头并没有砍伐东西，却具有这种行为能力；第二种是实际的行为现实性，如斧头实际砍伐了东西。相对于身体而言，灵魂意味着身体的能力（faculty），如同视力对于眼睛。② 就是说，灵魂是潜能及其现实相统一的能力。这是目的论的灵魂，因为灵魂是为了不同的生命功能发挥作用而存在的基本能力，灵魂的每一方面体现灵魂作用的特别功能。比如，感知的灵魂的功能是感知功能，并具有其感知客体。灵魂的个体性原则意味着灵魂的差异原则，这与灵魂的形式原则强调灵魂的共相不同。

泛灵论的实质在于，试图寻求生命的共相或形式——灵魂。不过，虚无缥缈的灵魂过于抽象，不能从经验的角度予以确证。从某种意义上讲，灵魂的个体性原则正是为了弥补这种不足，试图使灵魂具体化的一种努力。令亚里士多德始料不及的是，体现差异的个体性原则不可能根源于形式，这就意味着它可能根源于质料。换言之，灵魂的个体性原则早已潜藏了以质料为圭臬的机械论的种子。如果说机械论是泛灵论个体性原则的深化，泛灵论则是机械论发端的可能契机。从这个意义上讲，机械论其实是亚里士多德个体性原则的进一步深化。

（二）笛卡尔的机械论

笛卡尔是主张机械论生命观的经典哲学家。17 世纪以来，笛卡尔、培

① Mariska Leunissen, *Explanation and Teleology in Aristotle's Science of Nature*, Cambridge: Cambridge University Press, 2010, pp. 49-51.
② Anthony Kenny, *A New History of Western Philosophy*, Vol. I, Oxford: Oxford University Press, 2004, pp. 242-243.

根、霍布斯、拉美特利等机械论者否定了亚里士多德式的形式原则的生命观念，试图从实证经验的角度即亚里士多德所说的质料的角度考察生命的本质。在笛卡尔等机械论者看来，排除形式后，余下的便是质料或外延本身。外延是几何学的客体，是纯粹的机械的构成。因此，质料原则是机械论生命观的基本观理念。

在亚里士多德那里，具有因果关系的机械世界是从最为重要的目的因抽象而来的。笛卡尔认为知识是实践的、有用的，亚里士多德的终极目的因仅仅告诉我们显而易见的机械论的原因根据，即使终极目的因是真的，它对提升我们控制自然的能力和现实的实际行为依然毫无用处。笛卡尔用机械论诠释包括人的身体在内的所有生命存在，阐明有机体的运行机制。这反过来对我们掌握有机体行为有用，或者甚至可能"构建类似的有机体"①。人造生命正是把这一观念变为了现实。

具体而言，机械论的生命概念认为，所有生命功能只能是机械主义的，活的身体本身就是一架比人工制造物更为精密复杂的机器，它不需要灵魂之类的抽象理论原则解释其功能。和亚里士多德的灵魂和身体不可分离的观点相反，笛卡尔主张灵魂和肉体是相互独立的：灵魂可以没有肉体而独立存在，反之亦然。笛卡尔论证说，我可以假装没有身体，但不可以假装我完全不存在。相反，我思考对其他真理的怀疑，就确证着我自身的存在。如果我停止思考，我就没理由相信自己存在。因此，我是一个本质上寓居于思想中的实体（substance），为了存在，不需要任何地方，不依赖任何质料性的东西（material thing）。"因此这个'我'（'I'），也就是是我所是的灵魂（the Soul），和身体全然相异，却比身体更易于知晓；即使身体不复存在，灵魂亦将不会受丝毫影响。"这就是著名的"我思故我在（I am thinking therefore I exist）"的哲学命题②。此论意味着灵魂和肉体的关系并非密不可分，此灵魂依然是形式——这和亚里士多德是一致的。

① Etienne Gilson, *From Aristotle to Darwin and Back Again: A Journey in Final Causality, Species, and Evolution*, translated by John Lyon, Indiana: University of Notre Dame Press, 1984, p. 17.

② René Descartes, *A Discourse on the Method of correctly Conducting One's Reason and Seeking Truth in the Sciences*, translated by Ian Maclean, Oxford: Oxford University Press, 2006, p. 29.

值得注意的是，通常认为机械论不是目的论。实际上，笛卡尔的机械论依然是目的论者。他并没有否定动物认知中的认知目标（cognitive goal），也没有否定动物胎儿发展为特别物种的目标：骆驼胎儿发展为骆驼，马的胎儿发展为马，等等。不过，胎儿发展成特定的物种的根据并非其自身的内在因素——既非（马、骆驼等的）胎儿的身体质料不同，亦非（马、骆驼等的）胎儿的灵魂或精神不同，而是外在因素。这个外在因素是什么呢？笛卡尔秉持奥古斯丁的观点，认为它就是上帝，上帝是唯一的终极因（final cause）。在笛卡尔看来，我并非完美的存在，但必定有我和所有其他存在所依赖的完美的存在，那就是上帝。上帝创造了理性的灵魂，并把理性的灵魂和人这个机器结合起来。① 完美的上帝这个终极目的因是自然界的所有规律和理性灵魂的根源，也是机械论的归宿。至此，笛卡尔似乎又回到了亚里士多德的目的因即灵魂的形式原则。我们知道，亚里士多德把目的因、动力因归结为形式因，就是说，目的因其实是形式因的一种。是故，笛卡尔由质料因走向了形式因（上帝）——他在认同亚里士多德的灵魂形式的同时，用上帝取代灵魂作为机械论的目的因。表面看来，机械论的生命概念秉持外延质料原则，开显出和泛灵论的形式原则迥然相异的路径。其实，它正是从亚里士多德的个体性原则生发而来的，最终回归形式也是其内在逻辑的必然。换言之，机械论和泛灵论的理论视域是一致的，二者共同承担着探究生命本质的历史使命，只是致思的重点不同。

如前所述，亚里士多德由灵魂形式原则走向个体性原则（质料原则的变形）；笛卡尔的机械论从质料出发，最终走向质料的终极目的，回到了亚里士多德的形式原则。显然，笛卡尔的上帝只不过是亚里士多德的灵魂（形式）的别名而已。在质料和形式之间，机械论和泛灵论各执一端，却又不自觉地相互贯通。和亚里士多德不同的是，笛卡尔所说的上帝是外因（可称之为"外在目的论"），亚里士多德所说的灵魂则是内在原因（可

---

① René Descares, *The World and other Writings*, translated and edited by Stephen Gaukroger, Cambridge：Cambridge University Press, 2004, p. 119.

称之为"内在目的论")。在机械论这里，质料（身体）和形式（灵魂）的矛盾不但没有解决，反而带来了新的问题：质料和形式的对立、身体和灵魂的完全分离、外在目的（上帝）和内在目的（灵魂）的尖锐对立。如何解决形式原则和质料原则的冲突以及上帝、灵魂和身体之间的关系，是有机体论的哲学使命。

（三）康德的有机体论

康德是有机体论的经典作家。他在批判泛灵论和机械论的基础上，综合质料和形式，改造灵魂与上帝，建构了影响深远的有机体论的生命学说。

其一，批判泛灵论和机械论。康德肯定笛卡尔式的质料原则的重要意义，批判亚里士多德式的泛灵论是一种纯粹形式的、和质料的客观目的完全不同的分析的目的论（analytic of teleological judgment）①。同时，康德又肯定了亚里士多德式的形式原则和内在目的论的价值，认为笛卡尔式的机械论把外在的客观目的作为物理客体的可能性法则，是一种后果的质料决定论的判断，这种"决定论的判断不拥有任何自身法则能够为客体概念奠定基础"②。它仅仅追求经验的完全听命于偶然性的质料原则。比如，如果仅仅从自然后果来看鸟的身体结构：中空的骨骼结构、翅膀尾巴的位置等，都是极其偶然的，不能称之为原因，即不能把它看作目的。康德说："这就意味着，仅仅用机械论来审视自然，自然可以呈现出成千上万的各种不同方式，却不能精准地把自己呈现为奠定在法则基础上的一个统一体，就是说，它只是外在的自然概念，而非内在的自然概念。"③ 康德汲取了亚氏的目的因思想，主张在诠释一种被看作自然目的的事物时，机械论法则必须听命于目的论法则。④

---

① Immanuel Kant, *Critique of Judgment*, translated by James Creed Meredith, Oxford: Oxford University Press, 2007, pp. 190-212.

② Immanuel Kant, *Critique of Judgment*, translated by James Creed Meredith, Oxford: Oxford University Press, 2007, p. 213.

③ Immanuel Kant, *Critique of Judgment*, translated by James Creed Meredith, Oxford: Oxford University Press, 2007, p. 188.

④ Immanuel Kant, *Critique of Judgment*, translated by James Creed Meredith, Oxford: Oxford University Press, 2007, p. 246.

在康德看来，泛灵论和机械论的身体学说和灵魂学说总体而言都是经验的，这是二者在质料与形式以及灵魂上帝与身体诸方面相互冲突的根源所在①。康德的有机体论正是围绕解决这两大问题具体展开的。

其二，综合质料和形式。笛卡尔把机械性作为人的机器学说（man machine）和动物机器学说（animal machine）的共同基础。机械性表明，机器的每一部分都是其他部分的工具（或质料），而非其根据（或目的、形式）。康德并不否定笛卡尔关于器官工具性机械性的作用，但是主张机械论法则应当听命于内在目的论法则。亚里士多德的内在目的论主张生命自身的运动结果合符一种目的——作为形式原则的灵魂。他认为生命"既是通过自我营养而生长，也是通过自我营养而衰老"②。这一观念具备了生命是有机体思想的雏形，也表明纯形式的幻灵论其实是奠定在质料（身体的自我营养）基础上的。

康德综合质料和形式，把生命存在等同于有机体（organism），强调组织化（organization）的生命概念，提出了器官互为目的互为工具的有机体论。他认为自然目的性（natural purposiveness）是有组织的存在（organized being）即有生命的存在，因为它能够自我组织、自我维持、自我修复、自我生成。自然产物的每一部分，都通过所有其他部分而存在，都为了其他部分和整体而存在即作为工具（器官）而存在。一个器官（organ）引发所有其他部分，每一部分之间相互产生引发。因此，有组织的存在就是任何部分都既是其他部分的工具（或质料），又是其产生的原因根据（或目的、形式）③。只有这样，也正因如此，这样的一个产物作为有组织的和自我组织的存在能够成为自然的目的（a natural purpose）。有机体既是机械论的形式目的，又是泛灵论内在目的论在机械论质料支撑下的深化和具体化，因而成为机械论（质料）和泛灵论（形式）的先天综合判断得以可能

---

① Immanuel Kant, *Critique of Pure reason*, translated by Paul Guyer and Allen W. Wood, Cambridge：Cambridge University Press, 1998, p. 432.

② Ronald Polansky, *Aristotle's De anima*, Cambridge：Cambridge University Press, 2007, p. 171.

③ Immanuel Kant, *Critique of Judgment*, translated by James Creed Meredith, Oxford：Oxford University Press, 2007, pp. 200-212.

的根据。

现在，康德要解决的问题是，作为形式的内在目的（灵魂）和外在目的（上帝）的具体关系，以及二者（形式）和身体（质料）的具体关系。

其三，改造灵魂与上帝。康德认为，机械论和泛灵论的矛盾总根源在于，试图在现象界寻求身体的根据（灵魂、上帝），试图在物自体领域寻求灵魂、上帝的寓所（身体），即把三者混同于一个领域。为此，康德严格区分了现象界和物自体领域：有机体（主要是身体）属于现象界，灵魂和上帝（以及自由意志）属于和现象界全然不同的物自体领域，灵魂、上帝与身体具有严格的界限，各自独立，不可相互混淆——这是康德对笛卡尔的身体、灵魂在经验领域内相互独立的观点的批判改造。

同时，康德又批判改造了亚里士多德经验领域内灵魂身体一体观的思想。在康德这里，灵魂不朽（The Immortality of the Soul）、上帝存有（The Existence of God）和自由意志是物自体领域的三大悬设，前两者的终极目的都归于自由意志。上帝和灵魂是道德得以可能的保障，道德则是上帝和灵魂的目的。道德目的的主体是遵循自由规律的人。人是有理性的有机体（有限的理性存在者）：其形式是道德规律，其质料则是遵循自然规律的生物有机体（身体），其自然目的和自由目的通过目的论判断力来审视，似乎应当以自由目的为终极目的。① 就是说，康德用自由意志即纯粹实践理性取代了灵魂和上帝的至高地位：自由意志通过对不纯粹实践理性（即任性）的批判影响控制身体及其行为而有限地实践自由规律（即道德规律），试图牵强笨拙地把身体和自由意志联系起来。② 这和他的物自体与现象截然对立的理论前提是矛盾的，只能是一种"似乎""好像"的连结，并无真正的说服力，极易受到质疑否定。

值得肯定的是，康德把经验领域笛卡尔的上帝和亚里士多德的灵魂划归物自体领域，并用自由意志取代了幻灵论的灵魂（内在目的）和机械论

① Immanuel Kant, *Critique of Practical reason*, translated by Werner S. Pluhar, Indianapolis: Hackett Publishing Company, Inc., 2002, pp. 155-184.
② Immanuel Kant, *Critique of Pure reason*, translated by Paul Guyer and Allen W. Wood, Cambridge: Cambridge University Press, 1998, pp. 415-432.

的上帝（外在目的）而成为内在道德目的论的终极因，借此把人和自由意志从灵魂和上帝那里解放出来，凸显了人（有理性的有机体）的主体地位，使自由意志成为生命的终极目的，为理解把握生命的价值目的奠定了理论基础。问题是，灵魂、上帝、自由意志和身体之间以及道德目的和身体欲望之间不可逾越的界限和经验直觉相反，不能也不可能得到强有力的现实根据和经验科学的印证。这是机械论和泛灵论的矛盾在有机体论中的集中体现，也是整个古典生命目的论无法消解的致命缺陷。亚里士多德、笛卡尔、康德的生命目的论正是因其缺乏经验的实证根据，为当今的科学生命观对古典生命目的论的质疑乃至否定提供了借口。虽然当今科学生命论对古典目的论的全然否定过于武断（如前所论），却并非毫无根据。尽管如此，古典生命目的论和科学生命论依然为思考生命，尤其是思考人造生命这种具有明显目的性的生命提供了致思方向。

三　生命之重生

如果说生命目的论所探求的灵魂、上帝、自由意志等生命目的缺少强有力的实证证据，科学生命观则囿于自然科学的经验实证藩篱，完全抛弃或有意无意地忽视了生命的目的和价值。人造生命否定并超越了科学生命观和古典生命目的论的生命观念，为生命的浴火重生和伦理学危机的反思提供了契机。

（一）人造生命对生命目的论的超越

事实上，康德作为古典目的论集大成者，其有机体观念突破了机械论的藩篱，并深刻地影响了 19 世纪和部分 20 世纪的生物学家。一批现代生物学家秉承康德生命概念的精义，把活的存在（living being）和有机体等同起来。① 柏林洪堡大学的韦博（Andreas Weber）和弗瑞拉（Francisco J. Varela）等人认为，康德在《判断力批判》中把自组织（self-

---

① Jean Gayon, " Defining Life: Synthesis and Conclusions ", *Origins of Life and Evolution of Biospheres*, 2010（40）: 231-244.

organization）这一术语引入了生物学理论。此观点在新康德主义尤其在盎格鲁-撒克逊传统中是一种强劲的还原主义（reductionism，生命目的论的另一称号），它允许讨论有机体似乎（as if）拥有目的，同时又以严格的机械论实际地看待有机体。这种解读在今天产生了巨大影响，乃至把康德推向还原目的论生物学家之父的宝座。[①] 这种思想直接预制了合成生物学家们的科研致思方向。

在合成生物科学领域，文特尔以及一批正在成长的年轻学者如汤姆（Tom Knight）、德鲁（Drew Endy）、杰伊（Jay Keasling）和乔治（George Church）等把古典生命目的论建立在科学实验的基础上，致力于研究白手起家（from scratch）地设计和建构人造生物系统，试图以人造生命的科研成就为科学目的论提供强有力的证据。文特尔解释其研究目的时说："我们正在从阅读基因密码转向到写作基因密码。"[②] 首例人造生命"辛西娅"的成功，标志着写作基因密码的初步实现。它以无可辩驳的实证性科学成就把生命目的论的抽象理念转化为活生生的具体生命存在，弥补了古典生命论形而上的玄想的缺憾。文特尔及其研究所创造的合成生命主要由两部分构成：一部分是合成的自然存在的生命图谱染色体，这一基因组被植入活体细胞；另一部分则依赖活体生物的原动力。这种细胞不仅为植入的基因组提供了细胞膜的保护，还提供了细胞质的支持（包括许多细胞器，如线粒体、网状体、高尔基复合体等的支持）。文特尔称它是第一个以计算机为父母的生命。就是说，生命在还原一个基础性的单元的过程中，人类能够以一种添加的方式建造成复杂有机体。据此观点，一块精良的生命之砖（a well-defined "brick of life"）就足以从简单的活体实体建造成为更加复杂精密的有机体，或者至少开始了一个类似于进化的过程，它最终进入由自然生命和人造生命共同构成的生命世界。文特尔说："第一个综合基

---

① Andreas Weber and Francisco J. Varela, "Life after Kant: Natural purposes and the autopoietic foundations of biological individuality", *Phenomenology and the Cognitive Sciences*, 2002 (1): pp. 97-125.

② Henk van den Belt, "Playing God in Frankenstein's Footsteps: Synthetic Biology and the Meaning of Life", *Nanoethics*, 2009 (3): 257-268.

因（染色）体组，即一个自然器官的剥离版，仅仅是个开端。我现在想更上一层楼。……我计划向世人展示，我们通过创造出真正的人造生命，去读懂生命软件（the software of life）。以这种方式，我想发现破译密码后的生命是否是一种可以读懂的生命。"① 无论文特尔的这种未来构想能否实现，人造生命的过程已经用实证的科学成就确证了生命目的，使生命目的论在人造生命领域内获得了实证科学的支撑，超越并推进了古典生命目的论，这也意味着对（否定生命目的论的）科学生命观的超越。

（二）人造生命对科学生命观的超越

科学生命论立足科学实证的基本思路，也是人造生命必不可缺的基本思路。问题是，科学生命论囿于自然生命的事实性描述，遮蔽了生命目的论的深刻思考，致使人造生命这种具有明显目的性的生命形式在它这里完全丧失了立足之地。

其实，科学生命论追问生命的内涵，意味着理解把握乃至创造生命，其本身就是目的明确的思想和行为。科学生命观的思考和行为本身就是有其目的的，即自然科学是终极目的和最高价值。不过，相对于生命而言，自然科学只不过是为生命（主要是人）服务的工具理性（它具有工具价值），其终极目的是生命（主要是人）。在所有生命中，人是一种真正意义上的目的性存在，用克瑞斯（Roger Crisp）的话说："我们是寻求目的的存在者（goal-seeking beings）。"② 自我意识与认知能力是生命自我认知的基本条件。生命探究是人类精神装备的自由部分，人类更多的在于通过学习各种技术设置和科学知识使认识生命的能力极为精密并得到不断拓展。是故，与其说生命是自然科学的目的，不如说人是自然科学的目的。这正是生命目的论的立足点，也是人造生命的思想价值基础。

---

① Shailly Anand, Jaya Malhotra, Ankita Dua, Nidhi Garg, Anjali Saxena, Naseer Sangwan, Devi Lal · Mansi Verma, Swati Jindal, Jaspreet Kaur, Kirti Kumari, Aeshna Nigam, Neha Niharika, Jasvinder Kaur, Rup Lal., "A new life in a bacterium through synthetic genome: a successful venture by craig venter", *Indian Journal of Microbiology*, 2010（50）：125-131.

② Roger Crisp, "Hedonism Reconsidered", *Philosophy and Phenomenological Research*, 2006（3）, p. 638.

生命伦理学体系

　　人造生命（与合成生物学）的观念植根于伦理学和科学传统之中。生命目的论表明，理性只能洞悉自己根据自己的谋划而产生出的东西。这一思想深刻地影响着科学观念，用维科（Giambattisto Vico）的话说，真的和做的（the true and the made）是可以转变的。① 此观念表明，在知道和制作（knowing and making）之间，在理解客体和创造或再组合客体之间具有极其密切的联系。用著名物理学家费亦曼（Richard Feynman）的话说："我不能理解我不能创造的东西。"② 费亦曼（Richard Feynman）的名言用信息术语可以转变为纽曼（Von Neumann）的座右铭："如果你不能计算它，你就不能理解他。"③ 这些规则在 19 世纪的有机合成化学得到印证说明。合成化学是当今合成生物学的历史先驱，合成生物学采用合成化学的方法路径，并运用现代信息技术资源追求这种路径。合成生物学家的工作如同软件设计者一样，新的生命形式可以通过写出以四个 DNA 核苷酸组成的一组编码的程序设计出来。合成生物学家致力于依靠路径生产出适合人的目的生命机器或完全人造的有机体。合成生物学的目标远远超出了传统的生物技术，其目的在于创造或设计出新的生命形式，继而完成一种人的"建筑"（a human "architecture"）或方案，创造出根基上是全新的事物。人造生命的设计和创造成就把生命目的变为可以在实验室实验操作的科学程序和生命过程（这正是科学生命观的理念），把科学生命观固有但却被遮蔽的目的实证性地展示出来，以科学的事实彻底否定和超越了科学生命观的狭隘视域。

　　值得注意的是，古典生命目的论和科学生命论所讨论的生命是自然生命，因此二者同属自然生命论。人造生命的出世冲破了自然生命论的藩篱——这既意味着古典生命目的论的终结，也造就了当代科学生命论的末路——自然生命观范畴的"生命死了"。"生命死了"不仅仅是自然生命论

① Henk van den Belt, "Playing God in Frankenstein's Footsteps: Synthetic Biology and the Meaning of Life", *Nanoethics*, 2009 (3): 257-268.

② Henk van den Belt, "Playing God in Frankenstein's Footsteps: Synthetic Biology and the Meaning of Life", *Nanoethics*, 2009 (3): 257-268.

③ Henk van den Belt, "Playing God in Frankenstein's Footsteps: Synthetic Biology and the Meaning of Life", *Nanoethics*, 2009 (3): 257-268.

的涅槃而亡，其更深刻的含义是新生命观的浴火重生。就是说，新生命观是在人造生命超越科学生命观和古典生命目的论的基础上，涵纳人造生命和自然生命于一体的生命理念。

（三）何种生命观

生命是一个复杂的进化过程的自然产物。自然经过无生命到自然生命、从无意识的自然生命到有意识乃至有理性的自然生命（人）的演化进程，为人造生命奠定了基础。或者说，自然具有创造出人造生命的潜质。

其实，生命目的论和科学生命论都是人类试图知道生命的探究典范和论证方式。二者既是人类创造性的理论体现，也是自然生命通向人造生命的桥梁即自然生命创造出人造生命潜质的理论体现。作为人类，"我们活在一种双重存在之中：我们部分地以身体为中心（如同其他动物一样），但是由于我们具有反思自我以及世界、交往、艺术品等的能力，我们又诡异地居于我们之外，我们本身是一种不可逃逸的创造者，我们一直处在创造的途中"[①]。人是知道生命的生命，是体现着自然的创造性本质的生命。人的创造性一旦用于创造生命，并创造出生命——人造生命，也就肇始了自然生命和人造生命并存的全新境遇。

人造生命不仅是人的有意识创造的本质体现，而且是自然的创造性本质的彰显。或者说，自然通过自然生命中的人把其创造人造生命的潜质变为现实。创造性不但是自然生命和人造生命的本质，而且是自然的内在本质。美国麻省理工学院彻尔契（George Church）教授说："我们似乎被自然'设计'成为好的（善的）设计者，但是我们并非在做那种设计（以及微进化）不允许我们可做之事"，包括生物工程在内的各种工程的创造性"正是其自然（本质）"[②]。人既是自然生命，又是具有创造性的生命，同时又是能够且已经创造了人造生命的生命。是故，贝尔特（Henk van

① Michel Anderson, Susan Leigh Anderson, eds., *Machine Ethics*, Cambridge: Cambridge University Press, p. 133.

② Henk van den Belt, "Playing God in Frankenstein's Footsteps: Synthetic Biology and the Meaning of Life", *Nanoethics*, 2009 (3): 257-268.

den Belt）说：“人的创造，包括合成生命形式，将会被看作自然的、可以接受的。”① 创造是生命活力、生命本质的内核，是生命存在的根据和自然的本质。就是说，自然的本质是创造，创造是本真的自然。就此而论，新生命观是自然通过人这个具有创造性的自然生命创造出人造生命，借此确证自己的创造性本质的生命理念。新生命理念的实质是：人创造，故人存在；生命创造，故生命存在；自然创造，故自然存在。因此，创造，故存在或存在即创造。存在不是依赖外在权威（上帝、权力或自然生命）而存在，而是生命自身的创造或自然的本真所在。这就深刻地触及了哲学的本体内核——存在问题。

既然人造生命本身蕴含在自然生命之中，自然生命通过人把其潜质变为现实（标志性事件是人造细胞"辛西娅"的诞生），这也就意味着：（1）此前没有完成此创造性使命（人造生命）的上帝、人和生命的终结或退场。（上帝、人、生命不创造，故不存在。上帝权威的丧失、人文科学的人的权力权威的丧失、旧生命观的失效的本质在于，创造性的枯竭即哲学根基的枯竭）——这就是上帝死了、人死了、生命死了的真正含义，它同时也预示着新生命观的出场（生命创造，故生命存在）和新哲学基础"存在即创造"。就此而论，所谓"上帝死了"、"人死了"乃至"生命死了"等，只是从自然人的视域做出的论断，并没有也不可能从人造生命的全新视域诠释出其真意。（2）人造生命作为一种不同于自然生命的人工生命，意味着自然生命观被赋予了新的元素（人造生命）而获得了新的意义：它既把生命目的论的哲学玄想变成了实在的经验的可以重复操作的实验室作品，为传统生命目的论注入了实证性要素，又为科学自然生命观注入了目的论要素。（3）浴火重生后的生命是涵纳人造生命和自然生命于一体的生命理念，是人造生命和自然生命共同构成的生命系统。自此，生命不再仅仅是孤零零的自然生命，也不仅仅是人造生命，而是自然生命和人造生命相依并存的生命。形而上的孤立的自然生命和古典生命目的论的

---

① Henk van den Belt, "Playing God in Frankenstein's Footsteps: Synthetic Biology and the Meaning of Life", *Nanoethics*, 2009（3）：257-268.

死，换来的是自然生命和人造生命并存的新生命观的浴火重生。生命经此磨砺获得新的创造活力而重新活了起来。创造赋予生命以存在，存在因其创造而具有生命。

四　何种生命伦理危机

新生命观的出现彰显出这场惊天的生命伦理危机之实质，生命伦理危机的实质是创造性的危机或祛弱权的危机。面对前所未遇的人造生命，人类的经验、智慧、伦理、法律、习俗等立刻捉襟见肘，哲学与科学的焦虑、疑问、惶恐乃至抵制等接踵而至。或者说，人类的脆弱性暴露无遗。这种反应的深刻内涵集中体现为人造生命带来的深刻的伦理危机：人造生命导致"生命死了"，是否意味着生命伦理学或伦理学死了？

生命的浴火重生，意味着"生命死了"问题的否定以及伦理学危机后的伦理学命运，它是伦理学、生命与死生之间内在关系所具有的创造性本质的历史长卷在当今视域的壮阔展示。其一，它具有自古希腊以来的深厚悠远的伦理学根基。如果说"上帝死了""人死了"只是"生命死了"的序幕，"生命死了"则深刻全面地彰显出一以贯之的伦理学主题——从伦理学是训练死亡的学问（苏格拉底之死、柏拉图）到"上帝之死"（黑格尔、尼采等）、"人之死"（福柯等），从亚里士多德追求的恢弘慷慨气魄的最高幸福（沉思），到康德人为自然立法、人为人自身立法，再到海德格尔的向死而生等——这些深邃浩瀚的哲人玄思，展示的是绵延不绝的关乎死生的智慧历程。这一历程蕴含着伦理学深刻的创造性的自由本质：伦理学是通过训练死亡而展示其生命活力的无穷智慧，是死而求生、生而思死的对生命价值意义的上下求索。其二，这场哲学危机和哲学本身同样都植根于生命存在的本质之中。表面看来，生命与死似乎是绝对对立的。究其本质，生命实际上包括生和死两大基本要素，死恰好是生命的要素，只要有死的要素，生命就没有死，生命就依然活着，就依然具有创造力，反之亦然。"生命死了"的真正含义是生命并没有死，生命的本质是有死的、向死而生（海德格尔语）的具有创造力的生死相依的自由存在。其三，生命的本质就是伦理学的本质，生命的死生所具有的创造力决定着伦理学的生死创造力，伦理学的生死深刻地反思生命的死生的价值和意义。回首白骨累累的伦理学战场（套用黑格尔语），每一次旧伦理学的死亡都意味着新伦理学的重生和再造：这只是因为伦理学是扎根生命、直面死生、向死而生的自由之学。是故，从上帝之死、人之死、到生命之死的伦理学危机，同时亦是伦理学否定自我、化解危机，进而浴"火"（赫拉克利特意义的逻各斯之火）重生的创造性的逻辑环节和历史进程。

可见，直面死生、反思生死只是伦理学的现象或外在形态，它体现的是伦理学的有目的的创造性本质。"上帝死了"、"人死了"及"生命死了"只是旧伦理学直面新问题的创造力不足乃至枯竭的描述性表达，其深刻的伦理学意义是新伦理学的创造性契机。

如果说"上帝死了"、"人死了"及"生命死了"是在道说"伦理学不是什么"（伦理学不是依赖和凭借他者的权威的他律实践），新生命观则道说着"伦理学是什么"（伦理学是自由的自律的创造性实践）。因此，伦理学是不依赖外在权威的自身具有创造性的自由，是自然的创造性本质的自由。由此观之，在摧枯拉朽般的伦理学进程中，新的意义的生命（综合了自然与人工的生命）是在超越原生命观的基础上或者说是在原生命观之死的历程中脱颖而出的哲学曙光。人造生命所引发的生命死了不是伦理学的杀手，而是催生伦理学智慧重新焕发青春的浩浩东风。这就预示着一个重大的伦理学转折：人造生命带来的伦理学危机，同时也因新生命观的出世而带来的全新的伦理学问题，给伦理学带来了涅槃重生的绝佳契机。伦理学绝不仅仅是傍晚时刻才缓缓起飞的猫头鹰（套用黑格尔语），它更是黎明破晓之时奋翼冲天、遨游死生、探求目的、秉持自由精神的雄鹰。

生命伦理学乃至伦理学涅槃重生的契机首先在于追问人造生命存在的价值和意义。从终极意义上讲，生命包括遵循自然规律的自然生命（natural life）和遵循自由规律的伦理生命（ethical life）两个基本层面。那么，人造生命是否具有伦理生命？这就涉及伦理生命的确证。

第二节　伦理生命

生命和伦理之间的关系问题既是一个重要的科学哲学问题，又是一个重要的道德哲学问题。

自古以来，生命和伦理之间的关系一直是人类孜孜探究的重大问题。这是因为生命和伦理密不可分：伦理是生命对其自身价值的确证，生命是伦理存在的主体根据。如果说生命是伦理的自然存在根据，那么伦理则是生命对其自身价值的确证或者说伦理是生命存在的价值根据。既然如此，人们自然会追问：（1）伦理生命何以可能？如果答案是肯定的，那么（2）何为伦理生命？尽管这两个有关伦理生命的基础问题是无法通过生命科学实验加以解决的，但是古典生命目的论对伦理和生命内在关系的深刻思考，业已开启了探究伦理生命的大门。

如果确证了伦理生命，从伦理生命的视角思考人造生命，也就可以把握人造生命存在的价值和意义。

一　伦理生命何以可能

苏格拉底早就追问生命为何是善的问题，并试图诠释生命和伦理的内在关系。这一致思方向深刻地影响了古典生命目的论。古典生命目的论的三大典范是亚里士多德式的万物有灵论、笛卡尔式的机械论、康德式的有机体论，它秉持苏格拉底的思路，致力于诠释"伦理生命何以可能"的问题。在古典生命目的论看来，生命并非盲无目的的存在，而是具有明确价值目的的存在。生命的价值目的可能是恶，也可能是善。所以，生命要么是趋恶的，要么是趋善的。问题在于，生命可否以恶为目的？如果答案是否定的，那么生命可否以善为目的？如果答案是肯定的，伦理生命就具有了可能性。

（一）生命可否以恶为目的

亚里士多德在《论德性与恶习》中，认为恶是源自人类灵魂的非正义、不慷慨（小气吝啬）、思想狭隘等，它往往导致仇恨、不平等、贪婪、低贱、不宽容、痛苦和伤害等不良后果。这和生命的终极目的即幸福这个最高善是背道而驰的①。在亚里士多德这里，最大幸福是沉思这种理智德性，恶危害幸福且最终悖逆了理智德性，因而不能成为生命的目的。和亚里士多德不同，笛卡尔认为上帝（而非幸福）是生命的终极目的。恶不仅仅源自理性和理智德性的丧失，更在于放弃了生命实践的道德责任。最伟大的心灵放弃了道德责任，就会"造就最大的恶"②。是故，这种偏离正道、悖逆上帝的恶，不能成为生命的价值目的。笛卡尔和亚里士多德的观点非常明确，恶和终极目的（幸福或上帝）——至高的善背道而驰，因而不能成为生命的目的。不过，他们的观点主要致力于分析恶的现象，没有深入探究恶的本质。鉴此，康德并不分析偶然性的恶的现象或行为体现，而是批判性反思恶的人性根源，致力于把握恶的本质。

康德认为，生命目的并非上帝或幸福，而是人，人之目的是自由或道德法则。人性的根本恶（the radical innate evil in human nature）源自那种选择并决定背离自由的道德法则的恶的自然禀性。它主要包括人性脆弱（the frailty of human nature）、人心不纯（the impurity of human heart）、人心堕落（the depravity of human heart）等三大恶之禀性。人性脆弱就是选择能力在遵循道德法则时的主观的消极软弱性。人心不纯是指合乎义务的行为并不纯粹是出自义务的，即不是为义务而义务，而是掺杂了义务之外的功利、偏好、快乐等要素。人心堕落或腐败是指选择能力具有使道德动机屈从于非道德动机的禀性。在这种境遇中，即使出现了合乎道德法则的善的行为，它仍然是恶，因为它从道德禀性的根基上败坏了道德。③ 康德特别强调说："值得注意的是，这些恶的禀性（就其行为而言）是植根于人甚至是最好（善）的人之中的。"④ 就是说，每一个人和所有人都具有恶之

---

① *The Complete Works of Aristotle*, *Volume 2*, edited by Jonathan Barnes, New Jersey: Princeton University Press, 1984, pp. 1982-1985.

② René Descartes, *A Discourse On the Method of Correctly Conducting One's Reason and Seeking Truth in the Sciences*, translated by Ian Maclean, Oxford: Oxford University Press, 2006, p. 5.

③ Immanuel Kant, *Religion Within the Boundaries of Mere Reasons and Other Wrings*, translated by Allen Wood and George Di Givanni, Cambridge: Cambridge University Press, 1998, pp. 53-56.

④ Immanuel Kant, *Religion Within the Boundaries of Mere Reasons and Other Wrings*, translated by Allen Wood and George Di Givanni, Cambridge: Cambridge University Press, 1998, p. 54.

禀性，坏（恶）人、好（善）人乃至最好（善）的人都具有这种恶的禀性。恶之禀性是道德目的的死敌，是对自由法则的戕害，绝不能成为人和生命的目的。

尽管道德恶植根于人性且不可完全根除，某些大恶甚至能够危及人类，但是恶、大恶只能横行一时，并非生命之目的。既然恶不能成为生命的目的，那么生命可否以善为目的？

（二）生命可否以善为目的

古典生命目的论的观点非常明确：恶是善的死敌，善是生命的目的。为了阐明此论，亚里士多德明确区分了人和动物的界限，主张善（主要指德性和幸福）乃人独有的目的即善是知识、行为追求的目的。德性是个体行为和社会的目的，幸福（Happiness, *eudaimonia*）是生命的终极目的（the ultimate end in life）。在《论德性与恶习》中，亚里士多德专门讨论了源自灵魂的善如正义（justice）、慷慨（liberality）和宽宏（magnanimity）等值得称道的德性。[①] 在此基础上，亚里士多德主张理论理性高于实践理性，认为幸福的最好标准是理智德性，理智德性范畴的沉思（contemplation）则是最大的幸福。[②] 至此，亚里士多德已经合乎逻辑地走向了伦理目的——理智德性。不过，理智德性注重沉思和认知，相对弱化了实际道德行为的选择、判断和具体实践智慧，笛卡尔试图弥补这个不足。

在笛卡尔这里，人与动物之间依然存在不可逾越的鸿沟（这一点和亚里士多德是一致的）。笛卡尔说："当我审视在这样的身体中发生的功能时，我才确切地发现那些我们未曾反思的发生在我们身体上的事，因此没有来自我们灵魂的贡献。就是说，我们的灵魂部分不同于身体部分，其本性（如我所说过的）仅仅是思考（think）。或许可以说，这些只不过是缺乏理性的动物和我们类似的一些功能。但是我发现这种依赖思考的功能没

① *The Complete Works of Aristotle*, *Volume 2*, edited by Jonathan Barnes, New Jersey: Princeton University Press, 1984, pp. 1982-1985.

② Jon Miller Edited, *Nicomachean Ethics: A Critical Guide*, Cambridge: Cambridge University Press, 2011, pp. 47-65.

有一种仅仅属于我们人类。不过，一旦假定上帝创造了理性灵魂并依我说所的方式把灵魂赋予身体，就发现这些功能仅仅属于我们人类。"① 笛卡尔认可亚里士多德所注重的理性，主张唯一能够使人和动物相区别的是上帝赋予人类的理性和善感，因此人的精神生命（mental life）是最终提供道德责任可能性的联合统一体。不过，笛卡尔并不同意亚里士多德关于理智德性是最高善的目的的观点。他明确地批判说："仅仅拥有善的心灵（good mind）是不够的，最为重要的是正确地应用它。最伟大的心灵能够做出最大的恶也能够做出最大的善。那些行动极慢却能够总是沿着正当的道路行走的人比那些行动迅捷却偏离正道的人走得更远。"② 笛卡尔试图借用上帝这一神圣的道德权威，强调道德实践的重要性和实际行为的重要价值。这既是对亚里士多德把理智德性置于实践德性之上观念的颠倒，也为康德深刻论证实践理性高于理论理性提供了经验性的理论资源。

德性是生命的目的（亚里士多德）以及上帝是生命目的、实践理性（道德）高于理论理性（笛卡尔）的思想，为道德目的论的进一步发展奠定了重要的理论基础。显然，在实践理性高于理论理性的前提下，如果德性摆脱（亚里士多德式的）灵魂和（笛卡尔式的）上帝的羁绊，成为生命的根本目的，道德目的论也就水到渠成了——这正是康德有机体论的伟大使命。康德认为，泛灵论、机械论的幸福或上帝不是终极目的，因为"终极目的就是不需要其他任何目的作为可能条件的目的"③。人的自由（freedom）——超于任何感官的能力——是无条件的目的，因此是此世界最高目的（the highest end）。换言之，假定把自然看作一个目的论体系，"人生来就是自然的终极目的"④。康德据此颠倒了上帝、灵魂和道德自由的地位，把道德法则和自由意志作为上帝和灵魂的目的，上帝和灵魂则成

---

① Stephen Gaukroger, *Descartes' System of Natural Philosophy*, Cambridge: Cambridge University Press, 2002, p. 216.

② René Descartes, *A Discourse On the Method of Correctly Conducting One's Reason and Seeking Truth in the Sciences*, translated by Ian Maclean, Oxford: Oxford University Press, 2006, p. 5.

③ Immanuel Kant, *Critique of Judgment*, translated by James Creed Meredith, Oxford: Oxford University Press, 2007, p. 263.

④ Immanuel Kant, *Critique of Judgment*, translated by James Creed Meredith, Oxford: Oxford University Press, 2007, p. 259.

为道德得以可能的保障。或者说，生命的内在终极目的是道德法则和自由规律，灵魂和上帝则从属于道德法则和自由意志。康德借此把亚里士多德、笛卡尔的道德观念深化为实践理性高于理论理性，生命的终极目的是（道德或伦理的）善——这就是其道德目的论。康德明确地说："道德目的论，或伦理目的论，将会试图推断源自自然中的理性存在者的道德目的的原因和属性——一种可以先天知道的目的。"① 在此基础上，康德明确提出德福一致的至善目的。康德的独特贡献就在于，把人和自由意志从亚里士多德的灵魂和笛卡尔的上帝那里解放出来，使道德和自由意志成为生命的本质，凸显了人的道德主体地位。道德目的论历经磨砺，在康德哲学这里终于脱颖而出，赫然屹立于哲学和生命目的论的殿堂之上。至此，古典生命目的论有力地论证了生命应当以善为目的，它所孕育的伦理生命的雏形业已清晰可辨。

人是生命中能够反思生命、认识生命的生命（至少就目前所知的生命范围而言，这是事实）。一般而论，人们首先反思人之外的其他生命，这意味着对人的生命的间接反思，因为人也是生命中的一种，具有和其他生命共有的目的（如前所论的灵魂、质料、有机体等）。除了追问人和其他生命的共相外，更深刻的则在于反思人自身的殊相即人独有的区别于其他生命的本质内涵，追问人的独特的存在目的。是故，对生命的间接反思最终会直接指向人自身所独有的理性和自由意志，追问人存在的价值意义和目的。生命的目的和价值是人赋予的。就此而论，生命的目的也就是人的目的。可见，对生命的追问和反思是一种目的性的探究而非盲目的狂想，没有目的的追问是毫无价值的。这就是古典目的论至今依然深刻地影响着生命观念和伦理思想的内在原因。

二 何为伦理生命

其实，古典生命目的论已经阐明了伦理生命得以可能的两大理据：一

① Immanuel Kant, *Critique of Judgment*, translated by James Creed Meredith, Oxford：Oxford University Press，2007，p. 263.

是否定性理据，即恶的本质决定了恶不可能成为生命目的；二是肯定性理据，即善的本质决定了生命应当以善为目的。那么，何为伦理生命呢？伦理生命是一种自觉选择的以求善为目的的生命。它既是祛恶之生命，又是求善之生命。需要说明的是，这里所说的善是广义的善（包括幸福、正当、责任等），并非通常所讲的狭义的善（主要指"幸福"）。

（一）伦理生命是祛恶之生命

赛耶尔（Andrew Sayer）说："伦理生命是一种难以获得一致认识的重要对象，且总是面临危险，因而对我们而言是规范性的生命。"[①] 伦理生命面临的危险就是恶。一般而言，恶是悖逆理性和自由意志、不负责任的任性，是践踏尊严和权利的负面价值，主要指危害个人或人类的言行及其产生的后果，如奸邪、犯罪、欺凌、伤害、痛苦、污秽下流、恶毒危险、灾祸、失败、厄运等。因此，恶是对善的危害，祛恶是伦理生命的存在基础。

善（good）、恶（evil）冲突有三种基本方式，相应地，祛恶有三个基本规则（为简洁起见，以下以 G 表示善，以 E 表示恶）。(1) 两善（G_1，G_2）冲突。设若 $G_1 > G_2$，则选择 G_1。如果说两善冲突取其大即选择 G_1 为积极善（positive good），两善冲突取其小即选择 G_2 是一种消极善（negative good）。尽管消极善（G_2）的后果和积极善（G_1）都是善，但是其动机具有恶的趋向，其后果是对善的减轻，因而也是一种恶，应当祛除之。(2) 善（G）恶（E）冲突，显而易见，选择善，拒斥恶。(3) 两恶（E_1，E_2）冲突是最难以抉择的。如果不进行选择，听任双恶（E_1，E_2）并行，则为放弃善之责任的大恶。如果选择，无论选择 E_1 还是 E_2 都是恶。这种必然出现恶的境遇，已经超出了道德边界，不可能出现传统伦理理论所追求的道德标准。德性论、功利论、义务论和权利论都将无能为力，因为它们的选择都是善。比较而言，E_1、E_2 并行之恶，甚于二者择一之恶。是故，

---

① Andrew Sayer, *Why Things Matter to People: Social Science, Values and Ethical Life*, Cambridge: Cambridge University Press, 2011, p. 145.

后者是恶的减轻，二恶择一是明智的。设若 $E_1 = E_2$，则只能凭道德直觉当机立断，二者择一。设若 $E_1 > E_2$，则选择 E_2。相对于两恶并存或两恶取重而言，两恶取一、两恶相权取其轻（lesser of evils）是消极恶，两恶并存或两恶取重则是根本恶（积极恶）。虽然消极恶（E_2）的后果和根本恶（E_1）都是恶，但是其动机具有善的趋向，其后果是对恶的减轻，对伦理生命的伤害是一种减弱。或许这就是亚里士多德早就主张恶中取其最小的伦理选择规则的原因。[①] 特别需要注意的是，根本恶（radical evil）是对伦理生命的致命威胁。康德从形上层面研究了根本恶的理据，阿多诺（Theodor Adorno）把根本恶（radical evil）规定为社会性恶，其中种族灭绝之恶（the evil of genocide）是典型的根本恶（radical evil）。种族灭绝植根于如下信念："'异类'（other group）对同类的个人、社会和国家利益构成威胁，乃至需要以一种果断的、粗暴的方式予以解决。异类是内在令人厌恶的、不可同化的，不仅仅是使其作为一个被抛弃的异类处在一个遥不可及的地方，而且要名副其实地予以彻底毁灭。"[②] 这根本恶"已经导致了如同真正地狱般的东西"[③]。因此，根本恶是要绝对弃绝的恶。

不可忽视的是，通常意义上的恶是自由选择的必须承担相应责任的恶（即康德说的道德恶）。此外，还有另一种恶：它是一种非自由选择的不必或不能承担相应责任的恶。如果前者称为内在恶（internal evil），后者则可称为外在恶（external evil）。外在恶常常是源自自然界的破坏性力量给人类带来的灾难、苦难等负价值性存在如地震、火山、飓风、龙卷风、洪水等自然灾难，还包括给人类带来或可能带来危害的生物或生命，如毒蛇、鲨鱼、凶猛食肉动物甚至虫子、病毒、瘟疫等。究其实质，外在恶的实体本身属于事实范畴，并非价值载体。如果它们对人类没有造成任何影响和后果，也就无所谓善恶。之所以称之为外在恶，只是由

---

① Aristotle, *The Nicomachean Ethics*, translated by David Ross, Revised by Lesley Brown, Oxford: Oxford University Press, 2009, p. 36.

② Calvin O. Schrag, "Otherness and the problem of evil: How does that which is other become evil?", *International Journal of Philosophy and Religion*, 2006 (60): 149-156.

③ Theodor Adorno, *Metaphysics: Concept and Problems*, translated by Edmund Jephcott, Cambridge: Polity Press, 2001, p. 105.

于它们对人类或人类所伦理关照的客体造成了危害或可能造成危害，而被赋予恶的负面价值。尽管如此，外在恶毕竟是对生命的戕害和摧残，是对善的践踏和危害。而且，外在恶会诱发内在恶，为内在恶的衍生提供机遇和条件（如枪为枪击案提供了条件、核武器为核辐射提供了机遇）。伦理生命虽然无法完全控制外在恶，但应当尽力躲避或减少外在恶。灾难预防机制、自然科学、医疗卫生、法律制度等都是伦理生命对抗外在恶的坚强举措和实践路径。虽然祛恶之生命是消极性善，但它是求善之生命的前提和基础。

（二）伦理生命是求善之生命

求善之生命是在祛恶的基础上，融自由、理性、自律、至善于一体的实践智慧之生命。或者说，它是以自由为基点，以理性、自律的伦理实践为基本路径，以追求幸福德性一致的至善为最高目的的价值性存在。

亚里士多德在《尼科马克伦理学》的开篇就说："善乃万物所求之目的。"① 以善为目的的生命即伦理生命。用黑格尔的话说，伦理生命的实体是善，其本质则是自由，"伦理生命是作为活着的善的自由理念，这种善在自我意识中具有其知识和意志，并通过自我意识的行为而成就其现实性。类似地，正是在伦理存在中，自我意识具有其发动作用的目的和自在自为的基础。因此，伦理生命是自由的概念，自由的概念是已经成为实存世界和自我意识的本质"② 。其实，自由并不仅仅是抽象的理念，而是具体境遇中理性（rationality）的生命谋划和自律（autonomy）的实践智慧。在罗尔斯看来，理性的生命谋划有两大基本法则："（1）当其生命谋划运用于所有境遇的相应部分时，是一种合理性选择原则的谋划，以及（2）在此境遇中的谋划将会是他完全深思熟虑的理性选择，就是说，是对相关事实了如

① Aristotle, *The Nicomachean Ethics*, translated by David Ross, Revised by Lesley Brown, Oxford: Oxford University Press, 2009, p. 3.

② G. W. F. Hegel, *Elements of the Philosophy of Right*, translated by H. B. Nisbet, Cambridge: Cambridge University Press, 1991, p. 189.

指掌、对其后果详细斟酌之后的谋划"①。在理性判断、选择和谋划的基础上，自律的实践智慧体现为遵循道德法则，严格审慎地控制欲望和提升德性，不断地积累善、提升善，促进德性和幸福一致的至善。诚如明尼苏达州立大学哲学系教授马科（Mark Chekola）所言，"理性和自律存在之处，作为拥有理性和自律之人的目的是善的，因而它们应当和幸福一起作为善之生命的构成部分"②。善之生命谋求并实践德性和幸福一致的至善的基本规则是：首先，理性、自律地谋求最大幸福；其次，如果不能谋求最大幸福，即在必须放弃某些幸福的情况下，则放弃最小幸福；最后，谋求最大幸福的底线是不得造成恶的后果。这里需要注意的是，边沁、密尔的古典功利主义谋求最大多数人的最大幸福。其问题在于：为了实现这个目的可能去伤害少数人的幸福进而产生恶果。对于善之生命而言，只有在不给每一个人造成伤害的前提下，谋求每一个人的最大幸福才是善的。如果说"不伤害每一个人"是德性的底线规则，"谋求每一个人的最大幸福"则是德性和幸福的鹄的。这种把德性和幸福融为一体的正当地求善的实践智慧，就是德福一致的至善，也是伦理生命的内在价值。在这个意义上，德沃金说："善之生命存在于一种灵巧娴熟、炉火纯青的生存之道的内在价值之中。"③ 不过，伦理生命也不可忽视其外在价值。

既然伦理生命是求善的生命，善的价值观念就特别值得重视。为此，英国兰卡斯特大学教授赛耶尔强调："我们是伦理的存在，其意义不仅仅是说我们必然总是伦理地行动，而且是说在我们生成的过程中，我们要根据一些什么是善或什么是可以接受的观念来评价行为。"④ 如前所论，通常意义上的善是自由选择的必须承担相应责任的善（包括至善），这是伦理

---

① John Rawls, *A Theory of Justice*, Cambridge, Massachusettes：Harvard University Press, 1971, p. 408.

② Mark Chekola, "Happiness, Rationality, Autonomy and the Good Life", *Journal of Happiness Studies*, 2007（8）：51-78.

③ R. Dworkin, "Foundations of liberal equality", in *Equal Freedom：Selected Tanner Lectures on Human Freedom*, edited by S. Darwall, Ann Arbor：University of Michigan Press, 1999, pp. 190-306.

④ Andrew Sayer, *Why Things Matter to People：Social Science, Values and Ethical Life*, Cambridge：Cambridge University Press, 2011, p. 143.

生命自身所求的内在善即道德善（内在价值）。不过，还有另外一种善：它是伦理生命赋予的并非自由选择的不必或不能承担相应责任的善——外在善（外在价值）。外在善主要是自然界所具有的保护性力量或可供人类与其他动植物生成发展的优良资源。青山、绿水、阳光、空气、矿物、果实、森林等是这类善的常见形态。外在善本身是无目的的自然事实，只是由于它们对人类对或人类所关照的客体带来了实际的利益和好处，才被赋予善的正面价值。既然外在善是由内在善的伦理生命赋予和决定的具有伦理价值的存在，其获得和失去也就依赖于内在善。如麻雀在除四害的时代，是四害之一，而今却是保护对象，即获得了善的认可，具有了外在善的价值。农药曾经作为杀死害虫、增产丰收的有效手段被大力使用（外在善），而今却因其有害健康、污染环境而丧失了外在善的价值。相对于内在善，外在善是第二位的。内在善是自由意志的产物和本质体现，是外在善的根据，它常常体现为包容、互惠、共存、和平、友善、公正等对生命的良性价值和实践意义。虽然如此，外在善为内在善提供了存在、发展和提升的境遇和条件。因此，伦理生命要理性自律地综合外在善和内在善以更好地实现德福一致的至善。

结　语

根本上讲，生命包括遵循自然规律的自然生命（natural life）和遵循自由规律的伦理生命（ethical life）两个基本层面。在这个意义上，伦理生命是相对于自然生命而言的自由生命。从自然生命到伦理生命（自由生命）是生命自身的质的变化和提升。自然生命应当但未必具有伦理生命。伦理生命必定具备自然生命，因为伦理生命是在自然生命的基础上对生命目的和价值的深刻肯定和具体实践。就是说，伦理生命是祛除内在恶和外在恶，追求内在善和外在善的自由存在。相对于自然生命而言，伦理生命既确证了生命的存在意义，又提升了生命的价值品位。

从伦理生命的视角思考生命，生命就具有了存在的价值和意义，人造生命也同样具有存在的价值和意义。凭直觉而言，人造生命是具有伦理生命的生命。或许这是因为：人造生命是肇始后生命伦理学的可能契机。

第三节 后生命伦理学

生而脆弱却又孜孜追求祛弱权的人类一直试图干预甚至计划自然生命的孕育和生产过程，乃至不能遏制自己充当造物主（上帝）的内在冲动。这就必然出现祛弱权的极端性困境——人造生命的伦理困境。

众所周知，1978 年 7 月 25 日，人类历史上第一个试管婴儿路易斯·布朗在英国一家医院诞生。就其象征意义而言，这是人类繁殖的技术革命。如库尔特·拜尔茨所说，这是"一个迄今一直在人体的黑暗中发生的过程，不但被带到了实验室的光明之中，而且还被置于技术控制之下，它就超越了通常意义上的技术进步。同时，它又只不过是一次发展的开端；在这一发展之中，人的整个繁殖过程的每一步骤，都将会被一个接一个地从技术上加以掌握"[①]。生殖工程同时带来了诸多生命伦理问题。

进入 21 世纪，人造生命的重大突破，既给生命伦理学带来了深刻危机，也给生命伦理学带来了涅槃重生的契机。或许，这是祛弱权摆脱其终极性困境的可能出路。如前所述，2010 年 5 月 20 日，美国《科学》杂志报道了以文特尔为首的科研小组在合成生物学领域取得的重大成就：创造出由人造基因控制的细胞——"辛西娅"[②]。人造细胞的成功标志着人造生命技术从基因组到细胞的突破性进展，预示着人造生命由可能性转向现实性，同时也向实践理性领域的当下生命伦理学和伦理学发起了强劲的挑战。

如果说当下生命伦理学与当下伦理学是奠定在自然生成的研究对象基础上的"自然"伦理学，那么奠定在人工建造的研究对象（人造生命）基

[①] 〔德〕库尔特·拜尔茨：《基因伦理学：人的生殖技术化带来的问题》，马怀琪译，华夏出版社，2001，第 1 页。

[②] Gibson D, Glass J, Lartigue C, Noskov V, Chuang R, Algire M, Benders G, Montague M, Ma L, Moodie M, Merryman C, Vashee S, Krishnakumar R, Garcia N, Pfannkoch C, Denisova E, Young L, Qi Z, Shapiro T, Calvey C, Parmar PP, Hutchinson CA 3rd, Smith HO and Venter JC, "Creation of a bacterial cell controlled by a chemically synthesized genome", *Science*, 2010 (10): 1-5.

础上的"人工"伦理学则可以暂时命名为后生命伦理学或后伦理学。祛弱权视域下,后生命伦理学或后伦理学可能有望在突破有机和无机、人工和自然、必然和自由等界限的基础上,突破生命伦理学和伦理学的藩篱,为伦理学注入全新的要素和价值观念,担负起催生新型生命伦理学或新型伦理学的历史使命。

当下伦理学以自然物或自然人为研究对象,人造生命引发的生命伦理问题则渴求把人造生命也作为伦理学的研究对象。这就对当下伦理学的研究领域和基本格局(理论伦理学、应用伦理学)构成全面冲击之势,很有可能催生出一种把人造生命作为研究对象的后生命伦理学或后伦理学——在没有深入探究此领域之前,姑且这么称谓。设若如此,人造生命就有望成为后生命伦理学或后伦理学发端的可能契机。问题在于:这如何可能?或人造生命是否有资格成为后生命伦理学乃至后伦理学发端的可能契机?此问题可以分解为两个层面:(1)人造生命可否成为后生命伦理学的研究领地?如果答案是肯定的,那么,(2)人造生命如何成为后生命伦理学发端的可能契机?

一 后生命伦理学领地

人造生命可否成为后生命伦理学的研究领地呢?人造生命引发了生命安全、生命保护和生物恐怖主义等诸多挑战当下伦理观念的全新问题。如何应对之,是生命伦理研究不可推卸的历史使命。早在 1994 年,德内特(Daniel Dennett)就思考了此类问题。他断言:"在直面人造生命之时,哲学家有两种途径可供选择:要么把人造生命看作一种研究哲学的全新途径,要么仅仅把它当作当下哲学运用当下哲学方法予以关注的新的研究对象。"① 与此相应,研究人造生命带来的伦理问题也有两种基本路径可供选择:一是纳入当下伦理学范畴,运用当下伦理学的思路方法研究相关伦理问题;二是超越当下伦理路径,以一种全新的思路研究相关伦理问题。如

---

① John P. Sullins, "Ethics and artificial life: From modeling to moral agents", *Ethics and Information Technology*, 2005 (7): 139-148.

此一来，选择何种路径就成为研究人造生命带来的伦理问题的首要任务。需要特别说明的是，这里并不讨论人造生命方面的纯粹自然科学和技术问题，而是以此为讨论前提，因为伦理学不必也不应该等到科技的完全成熟发展及其带来的伦理问题充分暴露时再去讨论，必须也应该以深刻的伦理反思走在科技发展的前面。这样才能彰显伦理学的价值判断和实践引领功能，避免常常出现的伦理学研究落后于科学研究的消极被动局面。

值得肯定的是，人造生命有望给现代社会带来全新水准的舒适便利。但是，"这项技术也潜在地具有各种相关的风险和危害，因为其主要目的关涉到对生命有机体的控制、涉及和合成"①。结果，人造生命改变并模糊了物体和信息、生命和非生命、自然进化物和人工设计物、有机和无机、创造者和被造物之间的界限。对此，生命伦理学家凯斯（Leon Kass）说："所有的自然界限都是可以争论的。一方面是我们人类自身的界限、人和动物的界限，另一方面是人和超人或上帝的界限、生命和死亡的界限。在21世纪的诸多问题中，没有什么比这更重要的了。"② 质言之，人类自己设计并合成生命的理念肇始了一种全新的生命概念和革命化的生物技术，同时也提出了当下伦理学始料未及的全新伦理问题。这些问题强劲地撼动着当下伦理学的藩篱。当下伦理学大致经历了理论伦理学、应用伦理学的基本演进历程，其研究对象从根本上讲都是自然产物（包括自然生命）。和当下伦理学奠定在自然产物的基础上迥然相异，人造生命带来的伦理问题奠定在人造产物（主要是人造生命）的基础上。这些问题远远超出了当下伦理学的视域，对当下伦理学所秉持的一些深层价值和道德直觉以及诸多根深蒂固的伦理区分和划界产生了猛烈的冲击，严重威胁着当下伦理学的基本理念和基本格局。因此，不可停滞在当下伦理学的框架内，仅仅把人造生命简单地看作运用当下伦理方法研究的一种新对象。相反，应当把人造生命看作一种研究伦理学的全新途径——后伦理学。或许，后伦理学

① M. Schmidt et al.（eds.），*Synthetic Biology：the technoscience and its* societal consequences，London，New York：Springer，2009，pp. 65-79.

② Henk van den Belt，"Playing God in Frankenstein's Footsteps：Synthetic Biology and the Meaning of Life"，*Nanoethics*，2009（3）：257-268.

生命伦理学体系

有望在突破有机和无机、人工和自然、必然和自由等界限的基础上，突破理论伦理学和应用伦理学的藩篱，为伦理学研究注入全新的要素和价值观念，担负起催生新型伦理学的历史使命。

虽然当下伦理学和后伦理学的界限（自然产物与人造产物的界限）从总体上看好像十分明晰，然而，不可忽视的是，达尔文主义伦理学、基因伦理学和神学伦理学都曾对当下伦理学产生了极大的冲击和影响，也都和人造生命的伦理问题密切关联且极为相似，极易带来模糊不清的理论问题。是故，厘清它们和人造生命带来的伦理问题之间的本质区别，是后生命伦理学得以可能的必要前提。

首先，人造生命与达尔文主义伦理学的本质区别。达尔文在其《自传》中把自己的伦理思想概括为，上帝和来世绝不可信，生活的唯一规则在于"追随最强烈的或最好的冲动或本能"①。这是达尔文主义伦理学的基本观点。19世纪末20世纪初，哈耶克尔（Ernst Haeckel）、布赫（Ludwig Büchne）、卡尔内里（Bartholomäus von Carneri）等一批达尔文主义者的观点虽然各有不同，但"他们都认同，包括伦理在内的人类社会及其行为的各个方面都可以用自然进程加以解释。他们否定任何神圣干预的可能性，蔑视身心二元论，拒斥自由意志而偏爱绝对决定主义。对他们而言，自然的每一种特征——包括人的精神、社会和道德——都可以用自然的因果关系来解释。所以，任何事物都必定遵循自然法则"②。奠定在生物进化论基础上的达尔文主义伦理思想诠释了自然与自由的表面联系，却轻率地抹杀了二者的本质区别，即以自然本能取代自由规律，试图建构一种以自然进化为基础的生物进化论伦理学。达尔文主义伦理学虽然强烈冲击了盛行当时的自由、平等、博爱等价值观念，但是并没有也不可能超越当下伦理学，因为它探讨的依然是自然产物范围内的伦理问题。与自然进化的伦理观念不同，人造生命引发的后应用伦理问题以人工创造设计的人造产物为研究对象。诚如斯密特（M. Schmidt）所说："合成生物学家不但想要生命

---

① Charles Darwin, *Autobiography*, New York: Norton, 1969, p. 94.

② Richard Weikart, *From Darwin to Hitler: Evolutionary Ethics, Eugenics, and Racismin Germany*, New York: Palgrave Macmillan, 2004, p. 13.

有机体适合人的目的，他们还致力于生产出生命机器或完全人造的有机体。因此，由合成生物学导致的生命世界的技术化扩展将会更加广阔、更加彻底、更加系统化。人的创造进入了一个全新的领域，生命和非生命之间的差异变得更加模糊不明。专家们认为，这种科学特性使合成生物学成为一种不同于当下生物技术的全新学科，也同样提出了全新的伦理挑战。"①　如果说生物进化论否定上帝和自由，主张生命是自然演化的自然作品的话，那么人造生命则肯定人自身在某种程度上类似上帝而具备了创造生命的能力和自由，主张生命也可以是人工设计的人工产品。就是说，人造生命是人这个创造者的被创造者，由此带来和达尔文主义进化论伦理学截然不同的后生命伦理话题。

其次，人造生命与基因伦理学的本质区别。基因伦理学是达尔文主义生物进化论伦理学的深化和拓展。如果说达尔文主义生物进化论伦理学以外在的自然进化现象为理论基础的话，基因伦理学则以内在自然机理的基因图谱为理论基础。出于对基因问题的严肃思考，英国著名科学家道金斯在《自我的基因》一书的前言中说："我们是生存机器——一种被盲目地输入了程序以便保存为称作基因的自我分子的机器人载体。这是一个依然令我震撼惊异的真理。"②　这个真理虽然比进化论所揭示的伦理存在更加深刻，但是它研究的依然是奠定在自然人基础上的当下伦理问题。其实，即使被生殖技术或基因工程干涉的有机体也依然是自然产物，因为从某种程度上讲，其整个身体和新陈代谢依然是源自进化的自然目的的结果。众所周知，人类基因组计划（Human Genome Project）自 2000 年 6 月完成后，生命科学进入"后基因组时代"。相应地，人造生命带来的伦理问题并非基因伦理问题而是"后基因组时代"的伦理问题，即属于后伦理的问题。原因主要在于，人造生命或人造有机体和道金斯所看到的自然机器人载体有本质区别：它是合成生物学家有目的地自觉地设计出来的科学产品或人造有机体。在生物学从生物分类基础学科向信息基础学科转变的途中，

① M. Schmidt et al.（eds.），*Synthetic Biology：the technoscience and its* societal consequences，London，New York：Springer，2009，pp. 65-79.

② Richard Dawkins，*The Selfish Gene*，Cambridge：Cambridge University Press，1989，p. XXI.

"（合成）生物学家梦想着造就控制生命的机器，如同工程师控制计算机芯片的设备配置一样"①。合成生物学是一种编码（the code name），它运用细胞设备，从对现存有机体修修补补式的改变，到白手起家（from scratch）式的设计生命。可以说，生物科学家文特尔等人合成的最小染色体组作为支撑复制有机体的最小基因单元，回应了古典笛卡尔式的理性还原主义者模型观念。换言之，在将生命还原为一个基础性的单元的过程中，人们能够以一种添加的方式建造起来一种综合的复杂有机体。据此观点，一块精良的"生命之砖"（a well-defined "brick of life"）就足以从简单的活体实体建造成为更加复杂精密的生命有机体，或者至少开始了一个类似于进化的过程。② 显然，人造生命引发的并非基因伦理问题，而是后生命伦理学问题。

特别需要提及的是，基因伦理学是生命伦理学的前沿课题之一。目前生命伦理学的研究对象也是自然物，属于当下伦理学的应用伦理学领域。从某种意义上讲，人造生命带来的伦理问题可以作为生命伦理学的全新话题。据此，或许可以谨慎地把生命伦理学大致分为两部分：研究自然生命的生命伦理学和研究人造生命的生命伦理学，后者和前者具有本质的区别。不过，这种区别绝不仅仅是生命伦理学领域自身的变革，还关涉整个伦理学转向的全新话题：由自然生命的伦理思考转向人造生命的伦理革命。人造生命的伦理意义不仅仅是生命伦理学自身的自我超越，更是当下伦理学超越自身，进而转向后伦理学的可能契机。

最后，人造生命与神学伦理学的本质区别。达尔文主义伦理学、基因伦理学都是世俗伦理学，涉及的是对自然和伦理关系的思考。与此不同，神学伦理学试图思考万物的神圣创造者（通常指上帝或神）和被创造者之间的伦理关系。正因如此，人造生命不可避免地遭到神学伦理学的质疑和反对：人是否在充当上帝或取代上帝而成为造物主？神学伦理学视域的创造者-被创造者与人造生命视域的创造者-被创造者之间的区别，决定着二

---

① McEuen P，Dekker C，"Synthesizing the future"，*ACS Chemical Biology*，2008（3）：10-12.

② Mihai Nadin，"Anticipation and the artificial：aesthetics，ethics，and synthetic life"，*AI & Soc*，2010（25）：103-118.

者的本质差异。

关于人造生命问题，文特尔说："第一个综合基因（染色）体组，即一个自然器官的剥离版，仅仅是个开端。我现在想更上一层楼。……我计划向世人展示，我们通过创造出真正的人造生命，去读懂生命软件（the software of life）。以这种方式，我想发现破译密码后的生命是否是一种可以读懂的生命。"① 世界首例人造生命"辛西娅"的成功，标志着"写作"基因密码的初步实现。用文特尔的话说："我们正在从阅读基因密码转向到写作基因密码。"文特尔把此合成生命称为第一个以计算机为父母的生命。② 这就是人造生命视域的创造者-被创造者间的关系的深刻体现。不过，文特尔等合成生物学家无论是读懂理解生命，还是创造设计生命，本质上只能读懂理解或创造设生理生命，而非伦理生命。一旦生理生命进入伦理生命的领域，即进入自由生命的领地，就不可能再被完全读懂理解乃至创造设计，因为伦理生命是自由的存在者，它不在生理规律和自然规律的控制之下，而是自由规律的承载主体。换言之，人造生命只能创造遵循自然规律的生理生命，而遵循自由规律的伦理生命并非创造设计者（合成生物学家）所能预料或控制的。在某种程度上，如同上帝创造了人并赋予人以自由意志，但是不能控制人的自由意志一样，合成生物学家同样不具备这种控制能力。和传统的自然机器或工程设计不同，一旦有目的地设计创造出来的人造生命脱离设计者而独立存在，其生命历程就有可能背离设计者或创造者的原初目的，甚至和该目的背道而驰，形成一种类似亚当夏娃悖逆上帝式的"新原罪"（New Sin）。这种"新原罪"还会导致一系列前所未遇的、不可控制、不可预测的新兴的未知伦理问题。不过，"新原罪"和"原罪"不同，后者是自然人和虚拟的或神圣的创造者之间的伦理关系，前者是人造人和现实的世俗的创造者之间的伦理关系。这就把人造生命带来的后伦理问题和宗教伦理问题严格区分开来。可见，人造生命对

① Shailly Anand et al., "A new life in a bacterium through synthetic genome: a successful venture by craig venter", *Indian Journal of Microbiology*, 2010（50）：125-131.
② Henk van den Belt, "Playing God in Frankenstein's Footsteps: Synthetic Biology and the Meaning of Life", *Nanoethics*, 2009（3）：257-268.

当下伦理学的冲击，不同于宗教伦理学对世俗伦理带来的伦理问题。

总体上看，包括达尔文主义伦理学、基因伦理学和神学伦理学在内的当下伦理学和后伦理学的本质区别在于：当下伦理学的研究对象是自然产物引发的伦理问题，后伦理学的研究对象是人造生命可能引发的一系列后伦理问题。从这个意义上讲，人造生命有资格成为后伦理学的可能研究领地。那么，人造生命如何成为后伦理学发端的契机？

二　后伦理学契机

人造生命可能引发的后伦理问题，主要包括身体伦理问题、优生伦理问题、自然生态伦理问题、国际正义问题、人权尊严和伦理责任等六大层面。反思和研究这些问题的伦理使命有望使人造生命成为后伦理学发端的可能契机。

（一）人造生命引发的身体伦理问题

人造生命技术和 DNA 的重新合成技术能够合成治病药物或身体器官等，这是一个关涉人类自身福祉和健康权益的身体伦理问题。合成生物学有目的、有针对性地设计生产出来的治病药物或人造器官如人造细胞、人造血液、人造子宫、人造心脏等将比传统的医疗技术更加具有目的性，更加富有成效。可以说，"'辛西娅'的创造在生命技术领域是一个里程碑，其在药物中的应用将能够拯救生命和增强健康"[①]。以器官移植的药物排斥问题为例，在当下医疗领域，它依然是一个不能甚至根本无望解决的生命和医学难题。如果合成生物学合成一个和原有器官的构造机能大致相同的器官，就可能解决这个难题，给生命和医疗带来前所未有的成效乃至奇迹。同时，它还有望解决器官供给和需求之间的尖锐矛盾冲突，避免不必要的人身伤害，甚至可能根本杜绝器官买卖的恶行。然而，人造生命技术一旦被误用或恶用，因人造生命具有自我复制、自我生成的能力，将会导

---

① Shailly Anand et al., "A new life in a bacterium through synthetic genome: a successful venture by craig venter", *Indian Journal of Microbiology*, 2010 (50): 125-131.

致伤害身体健康的致命危害甚至毁灭生命。这种风险高不可估，甚至可能比没有自我复制能力的原子弹带来更加可怕的灾难后果，由此可能引发前所未有的身体伦理问题。不过，这些问题与目前业已在欧美兴起的身体伦理学（ethics of the body）的研究对象不同，因为当下的身体伦理学研究的依然是自然生成的生命的身体伦理问题。[①] 思考人造生命引发的身体伦理问题必须秉持后伦理的有力论证。

（二）人造生命引发的优生伦理问题

理论上讲，生物合成的人类胚胎干细胞也可以用在生殖技术方面。一旦如此，必然导致人类优生的极端形式，这可能比从几个自然胚胎中选择优秀胚胎引发更严重的新的优生伦理问题。自柏拉图到基因工程以来涉及的优生对象都是自然生命，与这种传统优生范式不同，合成生物学带来的哺乳动物的细胞合成与优生对象则是人造生命。如今，"为生命技术开辟革命性路径的合成生物学业已形成，它是一种具有开创性和高度发展前景的科学与工程的综合，其目的在于建构出奇妙的实体和重新设计存在着的个体"[②]。在人造生命这里，优生成了一种人工设计、控制、规划的有目的的实践活动，自然淘汰、适者生存的优生法则受到史无前例的冲击。问题是，人工优生的合法性正当性何以可能？人工优生的后果如何预测和控制？谁来承担人工优生可能带来的灾难性后果（如新的种族歧视乃至种族灭绝之类的大灾难等）？更为麻烦的是，人工优生的人造人可否生育后代，如果不能，为什么？如果能，人造人生育的后代既是自然人又是人造人，是一种自然和人共的综合性存在者——他们将会引发更加错综复杂的伦理问题：人造人和自然人是否具有同等道德地位？人造人的后代和自然人的后代是否具有同等道德地位？人工优生的人造人和自然人发生冲突时，是否适用同样的伦理和法律规则？等等。人造生命可能带来的诸如此类的优

---

① Margrit Shildrick and Roxanne Mykitiuk (eds.), *Ethics of the Body*, Cambridge, Massachusetts, London, England: The MIT Press, 2005.

② Shailly Anand et al., "A new life in a bacterium through synthetic genome: a successful venture by craig venter", *Indian Journal of Microbiology*, 2010 (50): 125-131.

生伦理问题迫切需要实践理性的关切。

（三）人造生命引发的自然生态伦理问题

合成生物学家的一个特别目标和伦理使命是，合成微生物并运用这些合成微生物治理污染区域或降低环境污染，以便改善人类生存环境，解决目前运用自然物不能或难以解决的环境问题，为人类带来不可估量的环境福音。不可忽视的是，为了治理环境污染，需要把合成微生物释放进自然环境之中。合成微生物不同于合成化学物，因为它或许会自我繁殖自我复制并发生进化。这就潜在地具有如下危险：合成微生物相互配合、持之以恒地影响甚至取代自然内生的物种，某些自然物种或许会因此而逐渐衰弱乃至消亡。生物多样性的前景将因此变得模糊不明，环境治理的后果将因此更加诡异难测。我们并不清楚应当在何种程度上使自然处在此风险中以及我们是否有权利运用这种直接方式干扰生态系统，我们也很难对风险和益处进行确定性评估。① 令人担忧的是，这只是合成微生物的善用带来的潜在威胁。不可否认，如同电脑黑客一样，某些人可能无意误用甚至故意恶用合成微生物，即把合成微生物用于污染环境、干扰生态系统、削弱乃至取代自然内生物种，直接威胁物种多样性和生态环境平衡。这就极有可能导致生态系统的严重破坏和加速某些濒危珍稀物种的灭绝，给人类带来不可预料的祸患。这种威胁比人类当下的自然污染更加危险叵测、更加难以控制，甚至具有完全失控的可能性。与善用相比，避免人造生命的误用或恶用将是一个极其艰巨的历史使命，也是当下应用伦理学尤其是生态伦理学未曾深度观照的后伦理问题。

（四）人造生命引发的国际正义问题

目前合成生物学区域发展的巨大差异和国际社会共享其成果诉求之间的尖锐矛盾极有可能促发新一轮的全球正义问题。生命有机体形式的合成

---

① M. Schmidt et al., eds., *Synthetic Biology: The Technoscience and Its Societal Consequences*, London, New York: Springer, 2009, pp. 65-79.

生物产品可望比化学合成品更有成效，这种运用在发展中国家尤为重要。合成生物产品可以取代发展中国家运用传统方法生产的低效率的同类或相似产品。遗憾的是，合成生物学的发展需要高投入的生命科技设置和高新科学知识与技术训练。迄今为止，这些科技知识和产品都集中在富有发达国家，贫穷发展中国家很难具备生产合成生物产品的各种条件和科学资源。如不改变这种现状，"或许合成生物学的作用仅仅在于强化贫穷国家对富有国家的依赖"①。合成生物学领域关涉人造生命问题的科技知识和科技产品将会严重加大发达工业化国家和发展中国家之间的经济和设施的差距。这将促发不同国家之间的新的贫富悬殊——人造生命资源的贫富悬殊，由此引发前所未有的国际正义问题。罗尔斯说得好，"正义否认为了其他人享有更大的善而丧失某些人的自由是正当的。……在一个公平的社会里，基本自由是理所当然的，正义所保障的权利绝不屈从于政治交易或社会利益的算计"②。就人造生命而言，享有人造生命带来的便利，避免人造生命带来的危害是每个人的基本自由和权利。由于人造生命技术和设置集中在发达富有国家，这极有可能导致贫穷国家屈从于政治交易或社会利益算计的国际不公正，并可能危害个人的基本自由和权利，进而肇始一种新的人性尊严和国际人权问题。

（五）人造生命引发的人性尊严和人权问题

2005 年 10 月 19 日，联合国教科文组织成员国全票通过的《世界生物伦理与人权宣言》的首要原则即总第 3 条 "人的尊严和人权"规定："1. 应充分尊重人的尊严、人权和基本自由；2. 个人的利益和福祉高于单纯的科学利益或社会利益。"人造生命（尤其是人造人）技术使自然人的尊严遭受到空前的危机：自然生命的神圣性和神秘性在合成生物学面前荡然无存（需要说明的是，这是以人造人技术的成熟为前提的，尽管目前技术还没有真正达到这一点，但是这并不妨碍我们思考这个问题）。这涉及

---

① M. Schmidt et al. (eds.), *Synthetic Biology: the technoscience and its societal consequences*, London, New York: Springer, 2009, pp. 65-79.

② John Rawls, *A Theory of Justice*, Cambridge, Mass.: Harvard University Press, 1971, p. 28.

人性尊严的根本问题：人造人是不是人？如果人造人不是人，人造人就会被贬低为一种非人的物种而不配享有人的尊严。由此而来的不可回避的问题是：人造人不是人的命题何以可能？其正当性根据何在？如果承认人造人是人，他就应当配享人的尊严。但是，人造人是被自然人（合成生物学家）设计和创造而成的产品，其尊严和自然人的尊严必定有着重大差异。由此而来的不可回避的质疑是：与自然人的尊严相比，人造人的尊严是何种尊严？其根据何在？

更为严重的是，这些尊严问题直接威胁到作为自然权利的人权理念。人权作为一种人人生而具有的自然权利，其普遍性伦理规则的地位在人造生命这里遇到了颠覆性的冲击。因为人造生命中的人造人，并非自然人，很难具有自然权利的人权资格。如果不承认人造人是人，就可以否定其人权资格。难题在于，其伦理正当性如何可能？如果承认人造人是人，就必须承认人造人具有人的资格，因而应该享有人权。显然，这种人权的正当性合法性并非传统意义的自然权利（natural rights），只能是一种人造权利（artificial rights）。关于自然权利意义的人权，玛哈尼（Jack Mahoney）说："人权能够作为一个普遍性伦理规则，指导所有人在全球化境遇之中的行为。"① 与作为自然权利的人权不同，作为人造权利的人权何以可能、这种人权如何作为一个普遍性伦理规则指导所有人在全球化境遇之中的行为等等，都是传统人权伦理未曾遇到的问题。由此还可能生发一系列必须予以重新反思和诠释的后应用伦理问题：人造权利和自然权利的关系如何、如何处理二者的关系、涵纳自然权利和人造权利的人权理念是否具有普遍性伦理法则的资格、自然权利的义务和人造权利的义务有何关系、与人造权利相应的责任和义务为何、如何履行和保障这些责任和义务等。

（六）人造生命引发的伦理责任问题

当下伦理学的基本伦理要素包括上帝、自然人和自然物。上帝与自然

---

① Jack Mahoney, *The Challenge of Human Rights: Origin, Development And Significance*, Malden: Blackwell Publishing Ltd., 2007, p. 166.

人和自然物具有本质的区别：上帝是创造者，自然人和自然物是上帝的作品——被创造者。合成生物学家创造生命的活动模糊甚至扼杀了这种区别，他们也因此难免受到"充当上帝角色"（Playing God）的伦理责难。早在 1999 年，文特尔的研究就已经被报道为在实验中扮演上帝。[①] 为了回应文特尔及其小组申请支原体实验室专利的消息，穆尼（Pat Mooney）于 2007 年 6 月明确宣称："上帝第一次遇到了竞争对手。文特尔及其同事们已经毁坏了社会界限，而公众甚至还没有机会争论合成生命所带来的影响深远的社会的、伦理的和环境的（暗含的）可能影响。"[②] 如果说神或上帝创造了自然物和自然人的话，创造生命的合成生物科学家则是类似于上帝或神的"神人"，即能够创造出人造生命的人。合成生命技术带来的自然与人工、创造者与被创造者、控制者与被控制者关系的改变和日益复杂化，集中体现为人造生命者和上帝之间的地位问题，以及人造有机体的道德地位和"创造者"对它的责任问题。对此，安娜德（Shailly Anand）等人说："正在创造着的生命是控制其他有机体的最极端的形式，也赋予科学家和社会以一种新的责任和身份地位。"[③] 人们自然会追问：科学家作为创造者，其本身也是被创造者，他有何资格进行创造？如果答案是否定的，根据何在？如果答案是肯定的，创造者是否对其被创造者负有责任？如果创造者不承担责任，这和创造者自身的自由意志是相矛盾的，因为创造者是有目的的自由设计者和理性存在者。质言之，人造生命的创造者既然享有了创造生命的权利，就应该对人造人的行为负责。然而，他是否有能力对此负责？他有何资格或是否可能为自己的创造产品承担责任？他应当承担什么责任？如何追究其责任（尤其在创造者死亡之后）？相应地，被创造者（人造生命）是否应该为自身的行为负责？是否有能力对此负责？如果答案是否定的，根据何在？如果答案是肯定的，人造生命要承担

① Henk van den Belt, "Playing God in Frankenstein's Footsteps: Synthetic Biology and the Meaning of Life", *Nanoethics*, 2009（3）：257-268.

② Henk van den Belt, "Playing God in Frankenstein's Footsteps: Synthetic Biology and the Meaning of Life", *Nanoethics*, 2009（3）：257-268.

③ Shailly Anand et al., "A New life in a Bacterium through Synthetic Genome: A Successful Venture by Craig Venter," *Indian Journal of Microbiology*, 2010（50）：125-131.

何种责任？如何承担责任？其理据为何？等等。人造生命引发的诸多伦理责任问题聚集成不可逃匿的后伦理难题。

综上所论，如果以人造生命为研究领地、以人造生命带来的诸多伦理问题为研究基础的后生命伦理学是可能的，也就大体上确证了人造生命成为后生命伦理学发端的契机的可能性。之所以这么讲（即"大体上确证"），是因为我们自然会由此推出一个假言命题：如果后生命伦理学可能的话，它应当属于伦理学体系。于是，又一个必须回应的伦理问题出现了：人造生命是否有资格成为伦理学的研究对象并被纳入伦理学体系？如果不回答这个问题，"人造生命是否有资格成为后生命伦理学发端的契机"的问题也就不可能得到彻底解决。

其一，如果答案是否定的，我们将不得不完全否定人造生命带来的上述诸多不可回避的重大伦理问题——这显然是不可能的。其实，人类伦理史已经多次证明，断然否定已经存在和可能存在的事物，只不过是掩耳盗铃般的自欺型武断，不但不能解决任何伦理问题，反而会使该问题更加复杂，乃至陷入进退维谷的尴尬困境，最终又被迫回到该问题上来。是故，直面而不回避上述问题才有可能探求到出路。

其二，如果答案是肯定的，它和当下伦理学是相互矛盾的。当下伦理学的研究对象主要由自然生成的物、自然生成的人和自然生成的上帝构成（上帝在本质上是自然生成的人的作品，就此而论，它也属于自然生成的存在）。与此迥然不同，人造生命无论是人，还是其他生命如动物、微生物等，都是人工设计创造的产品。和当下伦理学视域的上帝是自然创造者（就上帝在本质上是自然生成的人的作品而言，上帝的创作能力是自然人赋予的。在此意义上，上帝是自然创造者）不同，合成生物学家属于人工创造者。是故，人造生命的伦理问题并不属于当下伦理学范畴，也不能被纳入当下伦理学体系。

其三，出路何在？虽然人造生命并不属于当下伦理学范畴，也不能被纳入当下伦理学体系，但是这并不能否定人造生命成为伦理学研究对象并被纳入伦理学体系。如果我们不囿于当下伦理学的视域，从后伦理学的角度思考此问题，人造生命所引发的上述诸问题足以确证其自身为伦理学研究对象，并被纳入伦理学体系。不过，与当下伦理学所不同的是，它应当是涵纳人造生命和自然生命于一体的伦理学，即融合当下伦理学和后应用伦理学于一体的伦理学。倘若如此，当下伦理学的藩篱就被撤除了，人造生命也就有望成为后生命伦理学发端的契机。

结　语

自然生命和人造生命的差异和联系决定着当下伦理问题和人造生命伦理问题的表面对立和内在关联。如果说理论伦理学、应用伦理学是奠定在自然生成的研究对象基础上的"自然"伦理学（natural ethics），后生命伦理学和后伦理学则是奠定在人工建造的研究对象基础上的"人工"伦理学（artificial ethics）。鉴此，似乎可以把伦理学的发展轨迹简洁地归结为当下伦理学（理论伦理学、应用伦理学）与后伦理学的自由实践历程。

目前，尽管后生命伦理学和后伦理学方兴未艾，但人造生命带来的全新的伦理问题和伦理路径却是当下伦理学无法应对的。这种前所未有的伦理领地或许是当下伦理学突破自身瓶颈，迈向新型伦理学体系的前提。或者说，后生命伦理学和后伦理学的使命是，在重新反思当下伦理学的基础上，以一种全新的视角，研究自然生命（以及自然物）和人造生命的内在关系，确证（或否证）人造生命的道德地位、思考人造生命和自然生命（以及自然物）的道德关系。需要说明的是，我们这里无意标新立异地建构所谓后生命伦理学或后伦理学体系，而是把相关的后伦理问题提出来，以期抛砖引玉。好像可以预言：后生命伦理学和后伦理学的话题将是一个艰辛辩驳、歧见纷呈的论争领地。

至此，祛弱权视域的生命伦理学彻底跨出既有生命伦理藩篱，进入新的理论形态。一个更为广阔、更为深刻的伦理领域将如朝阳一般显现在人类面前。或许，那就是后生命伦理学和后伦理学的领地：脆弱性伦理学或道德形而下学。

结束语：
走向脆弱性伦理学或道德形而下学

在谈到生命伦理领域中生殖工程干预的善恶问题时，德国著名生命伦理学家拜尔茨说："任何这类干预都包含着涉及我们自身和我们后代的决定；不仅他们是否该活，而且他们应该怎样活，都是由我们决定的。……我们后代的生命质量和生存机会主要取决于我们进行操纵时所依据的价值。当然，我们知识的可靠性和完整性、我们技术的作用范围和完全性也起着非常重要的作用；但是，一步一步地向前推进使得这些科学技术问题是可以解决的。在此前提下，纳入我们决定中的价值立刻就成了一个中心问题。"① 其实，所有的生命伦理学问题亦是如此。生命伦理价值不仅仅是道德的绝对命令，也不仅仅是道德相对主义的多元价值，更不能是道德虚无主义的无价值、无立场的狐疑不决。这个价值应当具有普遍性，而且能够直面现实的各种具体的生命伦理冲突并为之提供化解冲突的价值基准。或者说，它应当是一元价值与多元价值有机统一的生命伦理的实践规则。

我们知道，康德曾经试图寻求一种道德绝对命令或道德律。在《实践理性批判》的结尾，康德深刻地写道："有两样东西，人们越是经常持久地对之凝神思索，它们就越是使内心充满常新而日益的惊奇和敬畏：我头上的星空和我心中的道德律。"② 这是因为道德律"向我展示了一种不依赖于动物性、甚至不依赖于整个感性世界的生活，这些至少都是可以从我凭

① 〔德〕库尔特·拜尔茨：《基因伦理学：人的生殖技术化带来的问题》，马怀琪译，华夏出版社，2001，第185页。
② 〔德〕康德：《实践理性批判》，邓晓芒译，人民出版社，2004，第220页。

借这个法则而存有的合目的性使命中得到核准的，这种使命不受此生的条件和界限的局限，而是进向无限的"①。当康德试图寻求类似自然规律的道德规律时，他把人类的坚韧性几乎发挥到了极致。类似自然规律的道德规律之内涵如谢林所说："自由应该是必然，必然应该是自由。"② 如此一来，人类的脆弱性就被遮蔽在自由规律的绝对命令之内。其实，康德也意识到诸如懒惰之类的禀赋之恶是人类难以摒弃的宿命，他甚至明确地把脆弱规定为人的本性之趋恶的倾向③。可见，寻求伦理价值以及生命伦理价值必须正视人类的脆弱性这一基本的经验事实。

出于对人类脆弱性的考虑，拜尔茨不无忧虑地说："在未来改良人类的计划中，有关目标的确定方面也会出现困难；倘若是围绕未来的人应该更好地适应不断提高的科学-技术文明之要求这一点，那么对我们的后代在明天的世界上必须具备的素质就应当有所预见。可是，只要看一看未来之规划者部分荒诞不经的错误预测，就会知道，在实现这一意图时，失策的可能性该有多大。"④ 是故，生命伦理学应当以研究人的脆弱性为基点，以祛弱权为价值基准，确证"集脆弱性与坚韧性于一体"的人的伦理地位和权利，最终辨明处于这一地位的人如何被置于尊重生命、造福众生这一崇高的生命科学的目标之下。为此，我们从探索生命伦理学实践中具有权利冲突性质的重大现实问题入手，从生命科学和生命伦理学的内在逻辑中挖掘祛弱权的深层意蕴，阐明祛弱权的内涵、逻辑，确立祛弱权在生命伦理学中的价值基础地位，进而反思祛弱权的生命伦理学应用等相互纠葛的学术难题。

其实，探索祛弱权在生命伦理冲突中的应用，也是祛弱权本身不断经受洗礼、验证乃至深化的过程。我们从祛弱权的全新视角反思、审视生命伦理学视域中的重大现实问题，把握祛弱权视域的其他生命伦理权利如死

① 〔德〕康德：《实践理性批判》，邓晓芒译，人民出版社，2004，第220页。
② 〔德〕谢林：《先验唯心论体系》，梁志学、石泉译，商务印书馆，2006，第275页。
③ 《康德论上帝与宗教》，李秋零编译，中国人民大学出版社，2004，第305页。
④ 〔德〕库尔特·拜尔茨：《基因伦理学：人的生殖技术化带来的问题》，马怀琪译，华夏出版社，2001，第93页。

亡权、生育权、食品权与健康权等之间的关系，在祛弱权的基础上把生殖伦理、食物伦理、身体伦理、死亡伦理作为生命伦理基本问题，并在研究生命伦理的这些问题中不断修正、丰富、完善祛弱权的丰厚内涵。如此一来，祛弱权有资格成为一元价值与多元价值有机统一的生命伦理的实践规则。这可能为生命伦理学的研究提供一种新的尝试、新的方法，也可能为相关问题如人造生命、生育技术、安乐死、食品科技、身体健康、克隆人、医患冲突、医疗改革等方面的立法提供新的哲学论证和法理依据。

一般而言，自由是真理的本质。海德格尔说："真理的本质乃是自由。"[①] 自由也是伦理的本质。或者说，真理的本质不仅仅是知道真，也不仅仅是知道善，还应当且能够实践真和善，把真和善落实到此在的经验生存与生命过程之中。自由的具体经验形式之一就是人人具有的正当诉求或人权，祛弱权正是自由的先验本质在生命伦理领域的具体诉求和经验路径的价值根据，也是真理本质在生命伦理领域内的实践要求。或许正因如此，祛弱权如同其他权利一样，具有崇高的地位。德沃金（Ronald Dworkin）曾主张权利是"王牌"（trumps），他认为真正的权利高于一切，即使以牺牲公共利益为代价也要实现权利。[②] 值得重视的是，包括祛弱权在内的各种权利需要正义的社会制度予以保障。罗尔斯说："正义否认为了其他人享有更大的善而丧失某些人的自由是正当的。……因此，在一个公平的社会里，基本自由是理所当然的，正义所保障的权利绝不屈从于政治交易或社会利益的算计。"[③] 祛弱权的保障需要正义的社会制度为实体支撑，也需要伦理主体承担相应的责任。牛津大学的格雷弗（James Griffin）说："如果知道权利的内容，就因此知道相应的义务内容。"[④] 祛弱权的内容需要相应的义务或责任。一些人要求祛弱权，另一些人有责任提供祛弱权的相应保证。这一使命虽然超出了本课题的研究范围，但也是应当关注

---

① 〔德〕海德格尔：《路标》，孙周兴译，商务印书馆，2007，第 214 页。
② Ronald Dworkin, *Taking Rights Seriously*, Cambidge, Massachusetts：Harvard University Press, 1977, p. xi.
③ John Rawls, *A Theory of Justice*, Cambidge, Massachusetts：Harvard University Press, 1971, p. 4.
④ James Griffin, *On Human Rights*, Oxford：Oxford University Press, 2008, p. 108.

的重要生命伦理问题。

祛弱权视域的生命伦理研究即生命伦理学体系好像基本完成了，这也似乎预示着即将开启新的伦理学进程。如果我们从祛弱权往前推进，或许可以扬弃坚韧性优先原则的伦理学和道德（伦理）形而上学，构建脆弱性优先原则的脆弱性伦理学与道德（伦理）形而下学。

参考文献

中文文献

〔英〕阿克顿：《自由与权力》，侯健、范亚峰译，商务印书馆，2001。

〔奥〕埃尔温·薛定谔：《生命是什么？——活细胞的物理观》，张卜天译，商务印书馆，2016。

〔美〕博登海默：《法理学：法律哲学与法律方法》，邓正来译，中国政法大学出版社，1999。

程新宇：《生命伦理学前沿问题研究》，华中科技大学出版社，2012。

〔美〕戴斯·贾定斯：《环境伦理学》，林官明、杨爱民译，北京大学出版社，2002。

〔德〕费希特：《伦理学体系》，梁志学、李理译，商务印书馆，2007。

《福柯集》，杜小真编选，远东出版社，1998。

〔美〕富勒：《法律的道德性》，郑戈译，商务印书馆，2005。

〔德〕伽达默尔：《真理与方法》上卷，洪汉鼎译，上海译文出版社，2004。

甘绍平、余涌主编《应用伦理学教程》，中国社会科学出版社，2008。

甘绍平：《伦理学的当代建构》，人民出版社，2015。

甘绍平：《人权伦理学》，中国发展出版社，2009。

甘绍平：《应用伦理学前沿问题研究》，江西人民出版社，2002。

〔美〕格雷戈里·E. 彭斯：《医学伦理学经典案例》，聂精保、胡林英译，湖南科技出版社，2010。

〔德〕哈贝马斯：《在事实与规范之间》，童世骏译，三联书店，2003。

《哈贝马斯精粹》，曹卫东选译，南京大学出版社，2004。

〔德〕海德格尔：《存在与时间》，陈嘉映、王庆节译，三联书店，1999。

〔德〕海德格尔：《路标》，孙周兴译，商务印书馆，2007。

《海德格尔选集》下，孙周兴选编，上海三联书店，1996。

〔德〕海因里希·罗门：《然法的观念史和哲学》，姚中秋译，三联书店，2007。

韩跃红主编《护卫生命的尊严——现代生物技术中的伦理问题研究》，人民出版社，2005。

〔德〕黑格尔：《法哲学原理》，范杨、张企泰译，商务印书馆，1982。

〔德〕黑格尔：《历史哲学》，王造时译，上海书店出版社，2003。

〔德〕黑格尔：《小逻辑》，贺麟译，商务印书馆，2004。

〔德〕胡塞尔：《洲科学的危机与超越论的现象学》，王炳文译，商务印书馆，2005。

〔德〕卡尔·雅斯贝尔斯：《时代的精神状况》，王德峰译，上海译文出版社，2008。

〔德〕康德：《道德形而上学原理》，苗力田译，上海人民出版社，1986。

〔德〕康德：《法的形而上学原理》，沈叔平译，商务印书馆，1991。

〔德〕康德：《判断力批判》，邓晓芒译，人民出版社，2002。

〔德〕康德：《实践理性批判》，邓晓芒译，人民出版社，2000。

《康德论上帝与宗教》，李秋零编译，中国人民大学出版社，2004。

《康德著作全集》第6卷，李秋零主编，中国人民大学出版社，2007。

《康德著作全集》第7卷，李秋零主编，中国人民大学出版社，2008。

〔德〕库尔特·拜尔茨：《基因伦理学：人的生殖技术化带来的问题》，马怀琪译，华夏出版社，2001。

〔德〕库尔特·拜尔茨：《基因伦理学》，马怀琪译，华夏出版社，2000。

李恩昌等：《中国医学伦理学与生命伦理学发展研究》，世界图书出版西安有限公司，2015。

〔美〕列奥·斯特劳斯：《自然权利与历史》，彭刚译，三联书店，2006。

〔法〕列维纳斯：《总体与无限》，朱刚译，北京大学出版社，2016。

卢风：《应用伦理学——现代生活方式的哲学反思》，中央编译出版社，2004。

罗秉祥、陈强立、张颖：《生命伦理学的中国哲学思考》，中国人民大学出版社，2013。

〔美〕罗纳德·德沃金：《认真对待权利》，信春鹰、吴玉章译，上海三联书店，2008。

〔美〕罗纳德·德沃金等：《认真对待人权》，许章润主编，广西师范大学出版社，2003。

〔德〕马克思：《1844 年经济学-哲学手稿》，刘丕坤译，人民出版社，1979。

〔德〕马克思：《1844 年经济学-哲学手稿》，中央编译局译，人民出版社，2000。

《马克思恩格斯全集》第 3 卷，人民出版社，1960。

《马克思恩格斯全集》第 40 卷，人民出版社，1982。

〔德〕马克斯·韦伯：《社会科学方法论》，朱红文等译，中国人民大学出版社，1992。

马中良、袁晓君：《当代生命伦理学：生命科技发展与伦理学的碰撞》，上海大学出版社，2015。

〔英〕梅因：《古代法》，沈景一译，商务印书馆，1959。

〔英〕齐格蒙特·鲍曼：《后现代伦理学》，江苏人民出版社，2003。

邱仁宗：《生命伦理学》，中国人民大学出版社，2010。

任丑：《道德哲学理论与应用》，西南师范大学出版社，2016。

任丑：《黑格尔的伦理有机体思想》，重庆出版社，2007。

任丑：《伦理学》，中国农业出版社，2015。

任丑:《伦理学体系》,科学出版社,2016。

任丑:《人权应用伦理学》,中国发展出版社,2014。

〔法〕萨特:《存在与虚无》,陈宣良等译,杜小真校,生活·读书·新知三联书店,2007。

〔法〕萨特:《他人就是地狱》,周煦良等译,陕西师范大学出版社,2003。

〔德〕石里克:《伦理学问题》,孙美堂译,华夏出版社,2001。

〔荷〕斯宾诺莎:《伦理学》,贺麟译,上海人民出版社,2015。

〔美〕汤姆·L.比彻姆:《哲学的伦理学》,中国社会科学出版社,1990。

〔美〕汤姆·比彻姆、詹姆士·丘卓斯:《生命医学伦理原则》,李伦等译,北京大学出版社,2014。

万俊人主编《20世纪西方伦理学经典》(第四卷),中国人民大学出版社,2005。

王荣发、朱建婷:《新生命伦理学》,华东理工大学出版社,2011。

王伟等主编《中国伦理学百科全书·应用伦理学卷》,吉林人民出版社,1993。

王延光主编《中西方遗传伦理的理论与实践》,中国社会科学出版社,2011。

〔美〕威廉·韩思:《伦理学:美国治学法》,社会科学文献出版社,1994。

吴能表:《生命伦理学》,西南师范大学出版社,2008。

《西方哲学原著选读》上卷,北京大学哲学系外国哲学史教研室编译,商务印书馆,2005。

《西方哲学原著选读》下卷,北京大学哲学系外国哲学史教研室编译,商务印书馆,2005。

夏勇:《人权概念起源》,中国社会科学出版社,2007。

谢地坤主编《西方哲学史》第七卷,江苏人民出版社,2005。

〔英〕休谟:《人性论》(上册、下册),关文运译,商务印书馆,

1980。

〔古希腊〕亚里士多德:《尼各马科伦理学》,廖申白译,商务印书馆,2003。

杨伯峻译注《孟子译注》,中华书局,1962。

杨通进:《环境伦理:全球话语 中国视野》,重庆出版社,2007。

余涌:《道德权利研究》,中央编译出版社,2001。

张传有:《道德的人世智慧》,人民出版社,2012。

郑明哲:《道德力量的来源:基于生命哲学的阐释》,世界图书出版广东有限公司,2013。

周辅成主编《从文艺复兴到十九世纪资产阶级哲学家政治家思想家有关人道主义人性论言论选辑》,商务印书馆,1966。

周辅成主编《西方伦理学名著选辑》上卷,商务印书馆,1964。

朱伟:《生命伦理中的知情同意》,复旦大学出版社,2009。

外文文献

Aaron Zimmerman, *Moral Epistemology*, London and New York: Routledge, 2010.

Adela Cortina, "Legislation, Law And Ethics", *Ethical Theory and Moral Practice*, 2000 (3).

Alan R. White, *Rights*, Oxford: Oxford University Press, 1984.

Alasdair Macintyre, *A Short History of Ethics*, Printed in Great Britain by T. J. Press (Padstow) Ltd., 1984.

Alasdair MacIntyre, *Dependent Rational Animals-Why Human Beings Need Virtue*, Chicago: Carus Publishing Company, 1999.

Andrew Sayer, *Why Things Matter to People: Social Science, Values and Ethical Life*, Cambridge: Cambridge University Press, 2011.

Andrew Williams, *EU human rights policies*, Oxford: Oxford University Press, 2004.

Aristotle, *The Nicomachean Ethics*, translated by David Ross, revised by

Lesley Brown, Oxford: Oxford University Press, 2009.

A. J. M. Milne, *Human Rights and Human Diversity: An Essay in the Philosophy of Human Rights*, London: The Macmillan Press Ltd., 1986.

A. MacIntyre, *After Virtue*, London: Duckworth, 1981.

Ben Mepham (ed.), *Food Ethics*, London: Routledge, 1996.

Bruce Fleming, *Sexual Ethics: Liberal vs. Conservative*, New York: University of America, Inc., 2004.

B. Orend, *Human rights: Concept and Context*, Perterborough: Broadview Press, 2002.

Charles Darwin, *Autobiography*, New York: Norton, 1969.

Charles Darwin, *The origin of species*, London: Pengium books, 1968.

Charles E. Harris, Michael S. Pritchard, Michael J. Rabins, *Engineering Ethics: Concepts and cases*, California: Wadsworth/Thomson Learning, 2000.

Christian Coff, *The Taste for Ethics: An Ethic of Food Consumption*, translated by Edward Broadbridge, Dordrecht: Springer, 2006。

David Hume, *A Treatise of Human Nature*, Oxford: Oxford University Press, 1978.

David N. Weisstub (ed.), *Autonomy and Human Rights in Health Care: An International Perspective*, Dordrecht: Springer, 2008.

Deryck Beyleveld and Reger Brownsword, *Human Dignity, Human Rights and the Human Genome*, in Working Papers, Reseach Projects, Vol. III, Centre for Ethics and Law, Copenhagen, 1998.

Dominic McGoldrick, *Human Rights and Religions: The Islamic Headscarf Debate*, Oxford: Hart Publishing, 2006.

É. Durkheim, *Moral Education*, trans by E. K. Wilson and H. Schnurer, New York: Free Press, 1973.

Eberhard Schockenhoff, *Natural Law And Human Dignity: Universal Ethics in A Historical World*, translated by Brian McNeil, Washington, D. C. : The Catholic University of America Press, 2003.

Edward Stein, *The Mismeasure of Desire: the Science, Theory, and Ethics of Sexual Orientation*, Oxford: Oxford University Pess, 2001.

Ellen FrankelPaul, Fred D. Miller, Jr., and Jeffrey (ed.), *Natural Rights Liberalism from Locke to Nozick*. Combridge: Combridge University Press, 2005.

Emmannuel Levinas, *Otherwise Than Being*, translated by Alphonso Lingis, Pittsburgh: Duquesne University Press, 1998.

Emmanuel Levinas, *Totality and Infinity: An Essay on Exteriority*, translated by Alphonso Lingis, Pittsburgh: Duquesne University Press, 1969.

Enrico Pattaro (ed.), *A Treatise of Legal Philosophy and General Jurisprudence: The Law and the Right*, Volume 1, Published by Springer, Printed in the Netherlands, 2005.

F. Klug, *Values for a Godless Age: The Story of the UK's New Bill of Rights*, London: Penguin, 2000.

Geoffrey Gorer, Erich Fromm, *Escape from Freedom*, New York: Farrar and Rinehart, 1941.

Gregory E. Pence (ed.), *The Ethics of Food: A Readers for the Twenty-First Century*, Lanham, New York: Rowman & Littlefield Publishers, Inc., 2002.

G. E. Moore, *Principia Ethica*, Cambridge: Cambridge University Press, 1993.

G. W. F. Hegel, *Elements of the Philosophy of Right*, translated by H. B. Nisbet, Cambridge: Cambridge University Press, 1991.

Hannah Arendt, *Between past and future: Eight exercises in political thought*, New York: Penguin, 1978.

Hannah Arendt, *On Violence*, New York: Harcourt, Brace and World, 1970.

Hans Jonas, *The Imperative of Responsibility: In Search of an Ethics for the Technological Age*, translated by Hans Jonas with David Herr, Chicago &

London: Chicago University Press, 1984.

H. A. L. Fisher, *A History of Europe*, Vol. I: Ancient andMedieval, London: Edward Arnold, 1943.

H. L. A. Hart, *Essays in Jurisprudence and Philosophy*, Oxford: Clarendon Press, 1983.

H. L. A. Hart, *Law, Liberty and Morality*, Oxford: Oxford University Press, 1963.

H. L. A. Hart, *The Concept of Law*, Oxford: Oxford University Press, 1961.

H. Tristram Engelhardt (ed.), *Global Bioethics: The Collapse of Consensus*, Salem, Mass: M& M. Scrivener Press, 2006.

H. Tristram Engelhardt, *The Foundations of Bioethics*, Second Editon, Oxford: Oxford University Press, 1995.

H. Tristram Engelhardt, *The Foundations of Bioethics*, Oxford: Oxford University Press, 1986.

Ian Brownlie (ed.), *Basic documents on human rights*, Oxford: Oxford University Press, 1981.

Immanuel Kant, *Anthropology, History, and Education*, translated by Mary Gregor, ect., Cambridge: Cambridge University Press, 2007.

Immanuel Kant, *Foundations of the Metaphysics of Morals*, translated by Lewis White Beck, Beijing: China Social Sciences Publishing House, 1999.

Immanuel Kant, *Religion Within the Boundaries of Mere Reasons and Other Wrings*, translated by Allen Wood and George Di Givanni, Cambridge: Cambridge University Press, 1998.

Immanuel Kant, *Critique of Judgment*, translated by James Creed Meredith, Oxford: Oxford University Press, 2007.

Jack Mahoney, *The Challenge of Human Rights: Origin, Development, and Significance*, Malden: Blackwell Publishing Ltd., 2007.

Jacob Dahl Rendtorff and Peter Kemp （ed.）, *Basic Ethical Principles in European Bioethics and Biolaw*, Vol. I, Printed in Impremta Barnola, Guissona （Catalunya-Spain）, 2000.

Jacques Derrida, *The Gift of Death*, translated by David Wills, Chicago: University of Chicago Press, 1999.

James Griffin, *On Human Rights*, Oxford: Oxford University Press, 2008.

James Rachels, *The Elements of Moral Philosophy*, New York: McGraw-Hill, 1993.

James W. Nickel, *Making Sense Of Human Rights: Philosophical Reflections on the Universal Declaration of Human Rights*, California: University of California Press, Ltd., 1987.

Jean-Jacques Rousseau, *The Social Contract.* Haimondaworth, Middle-sex: Penguin Books, 1968.

Jennifer and sørenHolm （ed. ）, Ethics Law and Society, Vol. I, Gateshead: Athenaeum Press Ltd., 2005.

Jeremy Waldron （ed. ）, *Nonsense upon Stilts: Bentham, Burke and Marx on the Right of Man*, London: Duckworth, 1987.

Jhon Stuart Mill, *On Liberty & Utilitarianlism*, New York: Bantam Dell, 2008.

Joel Feinberg, *Rights, Justice, and the Bounds of Liberty: Essays in Social Philosophy*, Princeton: Princeton University Press, 1980.

John Rawls, *A Theory Of Justice*, Massachusetts: Harvard University Press, 1971.

Jonathan Ives, Michael Dunn, Alan Cribb （eds. ）, *Empirical Bioethics: Practical and Theoretical Perspectives*, Cambridge: Cambridge University Press, 2016.

J. Finnis, *Natural Law and Natural Rights*, Oxford: Oxford University Press, 1980.

J. L. Mackie, "Can there be a Right-based Moral Theory?" In Studies in Ethical Theory (Midwest Studies in Philosophy, volume III), edited by Peter A French, Theodore E. Uehling, Jr., and Howardk. Wettstein, Minneapolis: University of Minnesota Press, 1978.

J. L. Mackie, "Rights, Utility, and External Costs." in Persons and Values: selected Papers Vol. II, Edited by Joan Makie and Penelope Makie, Oxford: Clarendon Press, 1985.

J. L. Mackie, "Rights, Utility, and Universalization." In Utility and Rights, edited by R. G. Frey, Minneapolis: University of Minnesota Press, 1984.

J. L. Mackie, *Ethics: Inventing Right and Wrong*, Harmondsworth: Penguin Books, 1977.

J. Smith & O. Cecil, *The longest run: Public engineers and planning in France*, The American Historical Review, 1990 (95).

J. Speak (ed.), *A Dictionary of Philosophy*, Basingstoke: Pan Reference, 1979.

J. S. Mill, *On Liberty*, Harmondsworth: Penguin Books, 1974.

J. Waldron (ed.), *Nonsense upon Stilts*, London: Duckworth, 1987.

Karl R. Popper, *The Open Society and Its Enemies*, Vol. 1, New Jersey: Princeton University Press, 1977.

Leo Strauss, *Natural Right and History*, Chicago: The University of Chicago Press, 1953.

Lon L. Fuller, *The Morality of Law*, New Haven: Yale University Press, 1969.

Martha C. Nussbaum, *The Fragility of Goodness: Luck and Ethics in Greek Tragedy and Philosophy*, Cambridge: Cambridge University Press, 2001.

Michael L. Morgen, *Dicovering Levinas*, Combridge: Combridge University Press, 2007.

Michael Foucault, *Ethics: Subjectivity and Truth*, edited by Paul Rabinow, translated by Robert Hualey and Others, London: the Penguin Group, 1997.

Michel Foucault, *The History of Suality*, Vol. 3, translated by Robert Hurley, New York: Random House, Inc., 1986.

M. Merleau-Ponty, *Phenomenology of Perception*, translated by Colin SmithLondon: Routledge & Kegan Paul Ltd., 1962.

M. Weber, *Economy and Society: An Outline of Interpretive Sociology*, translated by E. Fischoff et al., Berkeley: University of California Press, 1978.

Nigel Simmonds, *Law as a Moral Idea*, Oxford: Oxford University Press, 2007.

N. Bobbio, *The Age of Rights*, translated by Allan Cameron, Combridge: Polity Press, 1996.

O. Neill, *A Question of Trust: The BBC Reith Lectures* 2002, Cambridge: Cambridge University Press, 2002.

Pascal B., *Pascal's Pensées*, London: Everyman's Library, 1956.

Peter Dews, *The Idea of Evil*, Malden: Blackwell Publishing, 2008.

Raymond E. Spier (ed.), *Science and Technology Ethics*, London and New York: Routledge, 2002.

Richard Dawkins, *The Selfish Gene*, Oxford: Oxford University Press, 1989.

Richard Kraut, *What is Good and Why: The Ethics of Well-Being*, Massachusetts: Harvard University Press, 2007.

Richard Mervyn Hare, *The Language of Morals*, Oxford: Oxford University Press, 1964.

Richard Mervyn Hare, *Freedom and Reason*, Oxford: Oxford University Press, 1977.

Richard Weikart, *From Darwin to Hitler: Evolutionary Ethics*,

Eugenics, and Racismin Germany, New York: Palgrave Macmillan, 2004.

Rita Charon, MarthaMontello (ed.), *Stories Matter: the Role of Narrative in Meidcal Ethics*, London and New York: Routledge, 2002.

Roderick Frazier Nash, *The Rights of Nature: A History of Environmental Ethics*, Madison, Wisconsin: The University of Wisconsin Press, 1996.

Roger Cotterre, "Common Law Approaches To The Relationship Between Law And Moraliy", *Ethical Theory and Moral Practice*, 2000 (3).

Ronald Dworkin, *Law's Empire*, Massachusetts: Harvard University Press, 1986.

Ronald Dworkin, *Life's Dominion*, London: Harper Collins, 1993.

Ronald Dworkin, *Taking Rights Seriosly*, Massachusetts: Harvard University Press, 1978.

Saint Thomas Aquinas, *Summa Theologica*, translated by the Fathers of the English Dominican Province, Maryland: Christian Classics, 1911.

Samuel Stoljar, *An Analysis Of Rights*, London: The Macmillan Press Ltd., 1984.

Samuel Todes, *Body and World*, Massachusetts, London: The MIT Press, 2001.

Schinzinger, Roland and Mike W. Martin. *Ethics in Engineering* (3rd edition), Boston: McGraw-Hill Companies, Inc., 1996.

Scott M. James, *An Introduction to Evolutionary Ethics*, Chichester: John Wiley & Sons Ltd., 2011.

Shadia B. Drury, *Terror and Civilization: Christianity, Politics, and the Western Psyche*, New York: PalgraveMacmillan, 2004.

Terence Irwin, *The Development of EthicsA Historical and Critical Study*, Vol. I, Oxford: Oxford University Press, 2007.

Terry L. Price, *Understanding Ethical Failures in Leadership*, Cambridge: Cambridge University Press, 2006.

The Philosophy of John Stuart Mill, edited by Marshall Cohen, New

生命伦理学体系

York: Modern Library, 1961.

Theodor Adorno, *Negative Dialectics*, translated by D. Ashton, London: Routledge, 1973.

Thomas Pogge, *World Poverty and Human Rights*, Massachusetts: Polity Press, 2002.

Tom L. Beauchamp, *Philosophical Ethics: An Introduction to Moral Philosophy*, New York: McGraw-Hill Book Company, 1982.

Zygmunt Bauman, *Postmodern Ethics*, New Jersey: Wiley-Blackwell, 1993.

Theories of Rights, edited by Jeremy Waldron, Oxford: Oxford University Press, 1984.

后 记

遥想风云激荡的轴心时代。子在川上曰："逝者如斯乎，不舍昼夜。"

2000 年，我进入重庆医科大学从事生命伦理学的教学科研工作。2006年始，我入职西南大学哲学系继续从事伦理学和生命伦理学的相关工作。屈指算来，对生命伦理学相关问题的思考竟长达 21 年之久。从 2011 年国家社科基金项目立项算起，亦有十个春秋。

2003 年以来，我在武汉大学博士生阶段刻苦思索西方伦理学的内在逻辑，西南大学课堂之上高谈阔论伦理学体系的整体建构，中国社会科学院博士后流动站集中探究人权应用伦理学的价值基准，留学美国明尼苏达大学生命伦理研究中心时期深度思考生命伦理学前沿问题。这些学术历练铸就祛弱权视域的生命伦理问题之底蕴。从这个意义上讲，祛弱权视域的生命伦理问题的研究成果《生命伦理学体系》也是多年学术思考的凝练和总结。

如果说业已问世的《伦理学体系》是理论伦理学宏观领域的探索，《人权应用伦理学》是应用伦理学中观领域的研究，那么即将出版的《生命伦理学体系》则是具体的生命伦理学领域的把握。在这个普遍（理论伦理学）、特殊（应用伦理学）到具体（生命伦理学）的研究历程中，我有意无意地触及人造生命的伦理问题，进而开启了后伦理学的思考方向：脆弱性伦理学与道德形而下学。或许，这将会成为我个人新的学术起点。

这个学术起点又与当年讨论康德道德形而上学的一个颠倒性话题结合起来。2008 年，我在课堂上向研究生们自信地宣称即将肇始道德形而下学研究的学术理想。转眼之间，13 个春秋如白驹过隙，似行云流水，早已化为无形。道德形而下学的思路虽若隐若现，经年的承诺却始终未能兑现。而今，在完成生命伦理学研究的基础上，从人造生命带来的后伦理学问题出发，在本科生、硕士生、博士生、博士后和青年教师所组成的全新伦理学学术共同体的切磋商谈中，道德形而下学的研究终于可以提上议事日程了。此可谓自我学术观点的不期而遇。如果说道德形而上学是坚韧性优先的伦理学，那么道德形而下学则是脆弱性优先的伦理学。虽然脆弱性优先的道德形而下学不能指日可待，却依然经年可期。

夫大道之行，蕴秋收冬藏之涵，正为春生夏长之奠基也。秋冬既已灿然莅临，春夏虽遥遥，亦可望矣。诚如孔子所言："岁寒，然后知松柏之后凋也。"吾当摒弃俗务，凝神静气，重整旗鼓，再奋学力，毕数年之功，建构道德形而下学之鸿篇。

乱曰：三十未立四十惑，天命未知再远行。清风明月好相伴，踏遍青山又一程。

是为后记！

任　丑

2021 年 3 月 26 日

渝州悠然斋

图书在版编目（CIP）数据

生命伦理学体系 / 任丑著. -- 北京：社会科学文
献出版社，2021.11
ISBN 978-7-5201-9009-1

Ⅰ.①生…　Ⅱ.①任…　Ⅲ.①生命伦理学　Ⅳ.
①B82-059

中国版本图书馆 CIP 数据核字（2021）第 184214 号

生命伦理学体系

著　　者／任　丑

出 版 人／王利民
责任编辑／卫　羚
责任印制／王京美

出　　版／社会科学文献出版社・人文分社（010）59367215
　　　　　　地址：北京市北三环中路甲 29 号院华龙大厦　邮编：100029
　　　　　　网址：www.ssap.com.cn
发　　行／市场营销中心（010）59367081　59367083
印　　装／三河市尚艺印装有限公司

规　　格／开　本：787mm×1092mm　1/16
　　　　　　印　张：15.75　字　数：240 千字
版　　次／2021 年 11 月第 1 版　2021 年 11 月第 1 次印刷
书　　号／ISBN 978-7-5201-9009-1
定　　价／128.00 元